21世纪高等院校教材——生物科学系列

生物化学实验方法和技术

陈毓荃　主编

科学出版社
北京

内容简介

《生物化学实验方法和技术》不同于以前传统的生物化学实验指导书的编写模式。全书分为上、中、下三篇。上篇为生物化学实验方法和技术原理，分为生化分离方法、生化分析方法、生化制备方法、生化代谢研究方法等4章。中篇为生物化学实验，设计了基础训练、基本实验、重点实验、综合实验、选择实验等5个单元，共45个实验。下篇为附录，选择了重点知识、重点数据和重要资料共17项。

本书可供生物技术、生物工程、生物科学及农林院校的农学、植保、农化、园艺、林学等专业的学生及与生物科学相关的科技人员使用。

图书在版编目(CIP)数据

生物化学实验方法和技术/陈毓荃主编. —北京：科学出版社，2002.8
(21世纪高等院校教材——生物科学系列)
ISBN 978-7-03-010685-8

Ⅰ.生… Ⅱ.陈… Ⅲ.生物化学-实验-高等学校-教材 Ⅳ.Q5-33

中国版本图书馆CIP数据核字(2002)第054198号

责任编辑：刘　丹　霍春雁　李　锋/责任校对：陈玉凤
责任印制：吴兆东/封面设计：陈　敬

科学出版社 出版
北京东黄城根北街16号
邮政编码：100717
http://www.sciencep.com

北京虎彩文化传播有限公司 印刷
科学出版社发行　各地新华书店经销

*

2002年8月第　一　版　开本：B5　(720×1000)
2019年6月第十五次印刷　印张：17　插页：1
字数：324 000

定价：38.00元

(如有印装质量问题，我社负责调换)

本书编著人员

主 编 陈毓荃（西北农林科技大学）

编 者 （按姓氏笔画为序）

马静芳（甘肃农业大学）
文建雷（西北农林科技大学）
巩普遍（西北农林科技大学）
刘卫群（河南农业大学）
刘香利（西北农林科技大学）
张大鹏（西北农林科技大学）
陈毓荃（西北农林科技大学）
陈　鹏（西北农林科技大学）
范三红（西北农林科技大学）
易晓华（莱阳农学院）
孟　玲（沈阳化工学院）
赵丽莉（西北农林科技大学）
胡景江（西北农林科技大学）
高　玲（莱阳农学院）
郭红祥（河南农业大学）

审 校 李品愈（莱阳农学院）

前　　言

近几年来，我国高等教育改革步伐加快。不少院校组建了生命科学学院或生物学院，相继建立了生物技术、生物工程、生物科学等新专业。生物化学是这些专业的重要基础课，受到各院校的高度重视。如何改革生物化学教学，进一步提高教学质量，促进生命科学新专业的成熟与发展，有两个问题亟待解决，一是实现生物化学理论课教学与实验技术课教学的分离，真正加强实验课教学；二是编写一部适合生命科学各新专业需要又兼顾农林学科各相关专业使用的新型技术课教材。本书就是在这种形势下，经几所院校全体编者共同努力完成的。

这本《生物化学实验方法和技术》不同于以前传统的生物化学实验指导书的编写模式。全书分为上、中、下三篇。上篇为生物化学实验方法和技术原理，分生化分离方法、生化分析方法、生化制备方法、生化代谢研究方法等 4 章，把现代生物化学技术的精华系统扼要地介绍给读者。中篇为生物化学实验，设计了基础训练、基本实验、重点实验、综合实验、选择实验等 5 个单元，共计 45 个实验。实验内容层次分明，相对独立，由浅入深，循序渐进，着眼于学生的能力素质培养。由于安排了难易程度不一的选择实验单元，加大了各院校的选择余地，兼顾了学生知识面的开拓。经过讲授和操作，学生将受到系统的生化实验方法和技术的基本训练，他们获得的实验知识和实验技能系统新颖、实用，对将来从事科学研究具有奠基作用。下篇为精编的附录，内容广泛，实用性强，使本书具有部分工具书的属性，值得读者收藏，随时查阅。本书融入编者多年教学和科研的经验，是对所有参编院校历届版本生化实验教材的继承和发展。

本书由陈毓荃任主编，负责制定编写大纲，对全书进行统稿、修改，并承担了上篇全部、中篇的实验 5、8、9、17、35、36、37、38、44、45，下篇附录 1～13、15 的全部内容，附录 16 的大部分内容，实验 16、18～20、27、28 及附录 14 部分内容的编写。陈鹏承担了实验 11、16、18、19、27、30～32 和附录 9、16 的编写。胡景江、文建雷承担了实验 1、2、4、7 的全部内容和附录 16 部分内容的编写。实验 12、20 由张大鹏编写。范三红编写实验 22、上篇凝胶成像技术部分，并为全书绘制了大部分插图。实验 28 由巩普遍编写。赵丽莉编写了实验 6 和附录 16 部分内容。刘香利编写了实验 21。刘卫群、郭红祥编写实验 41～43。马静芳编写实验 13、33、34。高玲、易晓华编写实验 3、14、23、25、29、40。孟玲编写实验 10、15、24、26、39。

在编写过程中，参阅了众多书籍和资料，在参考文献中恕未能全部列出。李品愈教授在百忙之中精心审校全部书稿，提出许多宝贵意见。西北农林科技大学教材科薛辉、陈俊峰同志为本书的出版做了周密安排并给予热情支持。科学出版社李锋、霍春雁编辑为本书的出版和润色付出了辛勤劳动。在此一并表示衷心地感谢。

从决定编写本书开始到书稿完成,仅仅4个月时间。虽然有陈毓荃主编的《生物化学实验方法和技术》(世界图书出版公司,1999)为蓝本,但新增内容很多,时间显得过于仓促,错误及不当之处在所难免,敬请读者批评指正。

谨以此书敬献给我国农业生化奠基者之一阎隆飞教授。

编　者

2002年6月30日于杨凌

目　录

中篇　生物化学实验

下篇　附　录

上　篇

生物化学实验方法和技术原理

第一章　生物化学分离方法

细胞是生物体的基本结构单位。细胞体积虽小，其内含物成分却极为复杂。进行细胞成分的生化分析或从细胞中制备所需的生化物质，一般是先用适当的方法破碎细胞，并用相应的溶剂提取。细胞一旦破裂，各种组成成分就高度混合在一起。从细胞提取物中要获得某类或某种特定成分，必须采用各种有效的生物化学分离方法。其中最重要的方法是离心技术、层析技术、电泳技术和膜分离技术。

第一节　离心技术

当物体围绕一中心轴做圆周运动时，运动物体就受到离心力的作用。旋转速度越高，运动物体所受到的离心力越大。如果装有悬浮液或高分子溶液的容器进行高速水平旋转，强大的离心力作用于溶剂中的悬浮颗粒或高分子，会使其沿着离心力的方向运动而逐渐背离中心轴。在相同转速条件下，容器中不同大小的悬浮颗粒或高分子溶质会以不同的速率沉降。经过一定时间的离心操作，就有可能实现不同悬浮颗粒或高分子溶质的有效分离。在生命科学研究中广泛使用的离心机，就是基于上述基本原理设计的。

一、离心沉降速率影响因素

盛有某种悬浮物液体的容器静置时，在重力场作用下悬浮颗粒会逐渐沉降下来。假设悬浮颗粒具有刚性球状，在其自然沉降过程中同时受到摩擦力 F_1 和浮力 F_2 的双重作用：

$$F_1 = 6\pi\eta r_p \frac{\mathrm{d}r}{\mathrm{d}t} \tag{1-1}$$

$$F_2 = (\rho_p - \rho_m)Vg \tag{1-2}$$

(1-1)式中，η—溶剂介质的黏度系数；

r_p—悬浮颗粒的半径；

$\frac{\mathrm{d}r}{\mathrm{d}t}$—悬浮颗粒的沉降速率，即单位时间内沉降的距离。

(1-2)式中，ρ_p—悬浮颗粒的密度；

ρ_m—溶剂介质的密度；

V—悬浮颗粒的体积；

g—重力加速度。

当悬浮颗粒呈匀速沉降时，$F_1=F_2$，因此，

$$6\pi\eta r_p \frac{dr}{dt} = (\rho_p - \rho_m)Vg \tag{1-3}$$

由于球形颗粒体积 $V=\frac{4}{3}\pi r_p^3$，代入(1—3)式得

$$6\pi\eta r_p \frac{dr}{dt} = (\rho_p - \rho_m) \cdot \frac{4}{3}\pi r_p^3 \cdot g$$

$$\therefore \quad \frac{dr}{dt} = \frac{2r_p^2(\rho_p - \rho_m)g}{9\eta} \tag{1-4}$$

以上讨论的是悬浮颗粒在重力场中的自然沉降现象。如果该颗粒的沉降是在强大的离心力场中发生，颗粒受到的离心加速度 $\omega^2 r$ 代替(1-4)式中的 g，其沉降速率

$$\frac{dr}{dt} = \frac{2r_p^2(\rho_p - \rho_m) \cdot \omega^2 r}{9\eta} \tag{1-5}$$

(1-5)式仅适用于球形颗粒。对非球形颗粒来说，沉降过程中沉降运动的颗粒与悬浮介质之间的摩擦系数 f 不同于球状颗粒状况下的摩擦系数 f_0，(1-5)式经校正可得一般状况下的沉降速率：

$$\frac{dr}{dt} = \frac{2r_p^2(\rho_p - \rho_m) \cdot \omega^2 r}{9\eta(f/f_0)} \tag{1-6}$$

从(1-6)式可以看出，悬浮液中颗粒在离心力场中的沉降速率$\frac{dr}{dt}$主要受以下因素影响：颗粒半径 r_p 的大小、颗粒形状(影响摩擦系数 f)、颗粒与悬浮介质的密度差($\rho_p-\rho_m$)、一定温度条件下悬浮介质的黏度系数及离心加速度 $\omega^2 r$。在确定的离心操作中，沉降速率$\frac{dr}{dt}$实际上主要取决于悬浮颗粒所受到的离心力大小，即与离心机旋转的角速度平方值 ω^2 及颗粒距转轴中心线的距离 r 成正比。

习惯上以相对离心力 RCF 即离心加速度 $\omega^2 r$ 与重力加速度 g 的比值表示沉降颗粒在离心力场中所受到的离心作用：

$$\text{RCF} = \frac{\omega^2 r}{g} \tag{1-7}$$

其大小用重力加速度 g 值的倍数来表示，如 10 000 g，50 000 g 等。

(1-7)式中的角速度 ω 不便测量，而角速度 ω 与离心机转速 n(单位：r/min)之间有如下关系：

$$\omega = \frac{2\pi \cdot n}{60} = \frac{\pi \cdot n}{30}$$

$$\therefore \quad \text{RCF} = \frac{\omega^2 r}{g} = \frac{(\pi \cdot n/30)^2 \cdot r}{g}$$

$$= \frac{\pi^2 \cdot n^2 \cdot r}{900g} = 1.119 \times 10^{-5} n^2 \cdot r$$

这样，当知道了离心机转速 n 及转头半径 r 后，就很容易计算出相对离心力 RCF。需要指出的是，大多数离心机转头说明上标示 2 个半径参数，即最大半径与最小半径，其最大半径一般指从离心管底到旋转轴中心的距离。而科技文献作者所列离心力一般为平均离心力，表示离心管中溶液中心位点到旋转轴之间的离心力。

二、沉降系数

当一个已知大小和密度的颗粒悬浮在一种已知密度和黏度系数的液体中进行离心沉降时，它的 r_p、ρ_p、ρ_m、η 和 f/f_0 将是个定值，(1-6)式表示的沉降速率 $\frac{dr}{dt}$ 将与 $\omega^2 r$ 成正比，(1-6)式可改写成：

$$\frac{dr}{dt} = S\omega^2 r \tag{1-8}$$

(1-8)式中比例常数 S 称为沉降系数，表示单位离心力场下的沉降速率即通过单位离心力场所需要的时间，因此其单位为秒。1S 单位等于 1×10^{-13} 秒。质量未知的细胞器、亚细胞器、生物高分子常用 S 值粗略表示其大小，如 70S 核糖体、16S rRNA 等。

沉降系数 S 是一个实验值。(1-8)式可改写成：

$$S \cdot dt = \frac{1}{\omega^2} \cdot \frac{dr}{r}$$

对上式进行定积分，

$$S\int_{t_1}^{t_2} dt = \frac{1}{\omega^2}\int_{r_1}^{r_2} \frac{dr}{r}$$

得：

$$S(t_2 - t_1) = \frac{1}{\omega^2} \cdot \ln\frac{r_2}{r_1}$$

$$\therefore \qquad S = \frac{\ln\frac{r_2}{r_1}}{\omega^2(t_2 - t_1)} \tag{1-9}$$

将自然对数改为常用对数，得：

$$S = 2.303 \cdot \frac{\log(r_2/r_1)}{\omega^2(t_2 - t_1)} \tag{1-10}$$

由于 $\omega = \frac{2\pi \cdot n}{60}$，代入(1-10)式，得：

$$S = 2.1 \times 10^2 \cdot \frac{\log(r_2/r_1)}{n^2 \cdot (t_2 - t_1)} \tag{1-11}$$

在(1-11)式中，r_1、r_2—分别为离心测定起始与终止时颗粒与转轴中心的距离；

$t_2 - t_1$—为消逝时间，即测定终止与起始时的时间差(秒)；

n—离心机转速。

根据(1-11)式，通过离心操作可以测得某种悬浮颗粒或生物高分子的沉降系数。当同一物质被悬浮或溶解在不同溶剂中，或在不同温度条件下进行测定，会得到不同的结果。通常，在任何条件下测得的沉降系数都可换算成标准状态(20℃，纯水)下的S值($S_{20,w}$)。其换算公式如下：

$$S_{20,w} = (S_{T,m}) \cdot \frac{\eta_{T,m}(\rho_p - \rho_{20,w})}{\eta_{20,w}(\rho_p - \rho_{T,w})} \tag{1-12}$$

(1-12)式中，$S_{T,m}$—样品在m溶剂中温度为T时测得的沉降系数；

$\eta_{T,m}$—溶剂m在T温度时的黏度系数；

$\eta_{20,w}$—纯水在20℃时的黏度系数；

ρ_p—样品的密度；

$\rho_{T,m}$—溶剂m在T温度时的密度；

$\rho_{20,w}$—20℃时纯水的密度。

在生物化学研究中，沉降系数S有两个重要用途：

1. 预计沉降时间

对已知S值的物质，根据(1-9)式可预先计算出在离心管中完成沉降所需要的时间：

$$t_2 - t_1 = \frac{\ln \frac{r_2}{r_1}}{S\omega^2}$$

2. 测定物质分子质量

由测得的某物质的沉降系数，根据Svedberg公式可计算出其分子质量：

$$M = \frac{RTS_{20,w}}{D_{20,w}(1 - V\rho)} \tag{1-13}$$

(1-13)式中，R—气体常数，等于1.987卡/度·摩尔；

T—热力学温度；

$S_{20,w}$—标准状况下粒子的沉降系数；

$D_{20,w}$—理想状态(即以20℃的水为介质)时粒子的扩散系数；

V—微分比容，等于溶质粒子密度的倒数；

ρ—溶剂密度。

三、离心设备

离心机是生命科学研究中的一种基本设备，一般由离心机主机、转头、离心管三部分组成。根据性能，离心机分为三种类型，即低速离心机（转速在 2 000～6 000 r/min之间，最大 RCF 可达 6 000 *g*）、高速离心机（转速在 18 000～25 000 r/min 之间，最大 RCF 达 60 000 *g*）、超速离心机（转速在 40 000～100 000 r/min 之间，最大 RCF 达 803 000 *g*）。超速离心机按性能又分为分析型、制备型和分析制备型三类。做为生化分离手段，最常使用的是制备型超速离心机和高速离心机。

转头是离心机的重要组成部分，一般有数十种不同容量和性能的转头供用户选择。按旋转时离心管中心线与离心机转轴间的夹角大小，离心机转头主要有角度转头（角度在 14°～40°之间）、垂直转头（角度为 0）、水平转头（角度为 90°）三类。高速离心机和超速离心机的每个转头都规定了一定的使用限度，即运转次数（与转速无关）和运转时间（最大速度下）。如果转头使用达到了规定极限还要使用，其最大额定速度值应降低 10%，方可保证安全。在管理方面，每个转头必须单独建立档案，记录使用的次数和在最大转速下使用的时间。另外，转头上标定的最大额定转速是有条件的，实际使用时应遵守规定。

离心管及其管帽是转头的重要附件。制造离心管的材料主要有特种玻璃、塑料和不锈钢三类。应根据材质性质及离心实验要求选用。

四、制备超离心法

制备超离心法可用来分离细胞、亚细胞结构或生物高分子。根据分离的原理不同，制备超离心法又可分为差速离心法和密度梯度离心法两类操作方法。

1. 差速离心法

差速离心法又叫分级分离法。装有不均一粒子的离心管在离心机中高速旋转时，大小、密度不同的粒子将以各自的沉降速率移向离心管底部。如果设计一定的转速和离心时间，沉降速率最大的组分将首先沉淀在离心管底部，沉降速率中等及较小的组分继续留在上清液中。将上清液转移至另一离心管中，提高转速并掌握一定的离心时间，就可获得沉降速率中等的组分。如此分次操作，就可在不同转速及时间组合条件下，实现沉降速率不同的各个组分的分离（图 1.1）。

用差速离心法分离到的某一组分，其实并不十分均一，沉淀中往往混有部分沉降速率稍小一些的组分。此时，可在沉淀中添加相同介质令沉淀悬浮，再用较低转速离心，获得较纯的沉淀而洗去大部分杂质。如此反复采用高速、低速离心操作，即可获得较纯的组分。

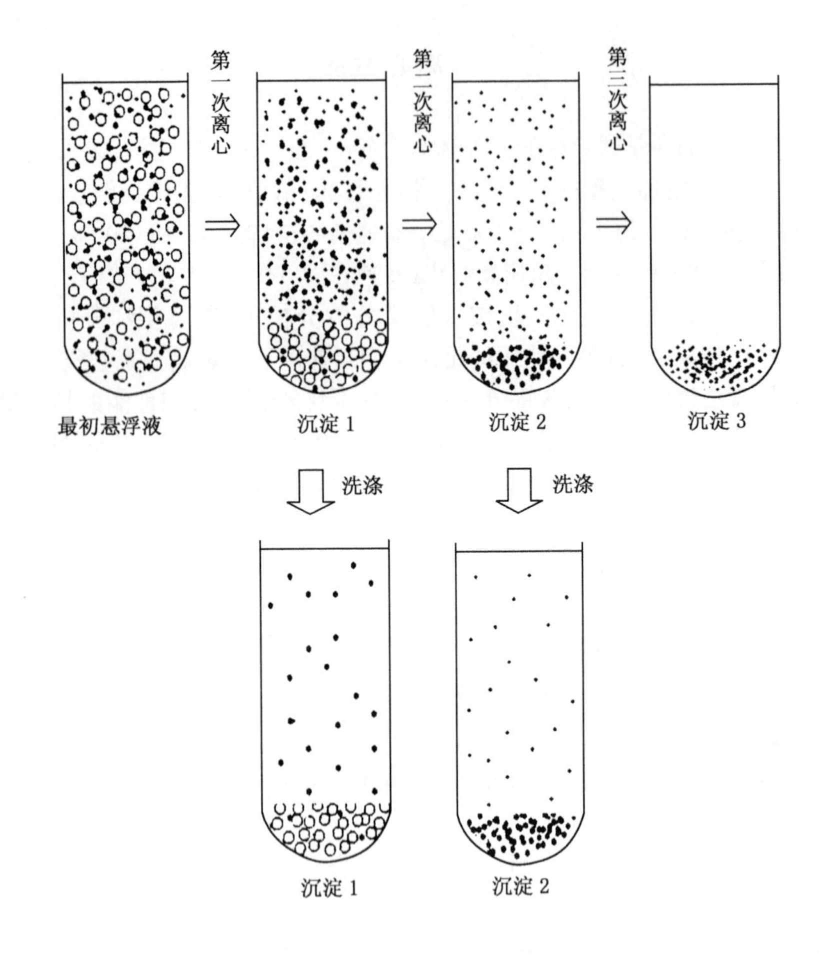

图 1.1　差速离心的操作步骤

差速离心法是基于不同组分沉降速率不同而实现混合物分离的方法，操作比较简单。但差速离心的效率低，费时间。得到的组分不太均一，悬浮洗涤方法虽然可以提高分离组分的纯度，但会降低其回收率，当组分差异过小时，多次洗涤、分离也将无济于事。此时，就需要考虑换用分辨率更高的离心方法。

2. 密度梯度离心法

离心操作如果在一种连续密度梯度介质中进行，这类离心方法就是密度梯度离心。它比差速离心法复杂，但具有很好的分辨能力。密度梯度离心可以同时使样品中几个或全部组分分离，这更是差速离心法所不及的。根据操作方法的不同，密度梯度离心法又可分为速率区带离心和等密度梯度离心两种。

(1)速率区带离心

首先在离心管中灌装好预制的一种正密度梯度介质液，在其表面小心铺上一层样品溶液(图 1.2)。离心期间，样品中各组分会按照它们各自的沉降速率沉降，被分离成一系列的样品组分区带，故称速率区带离心。

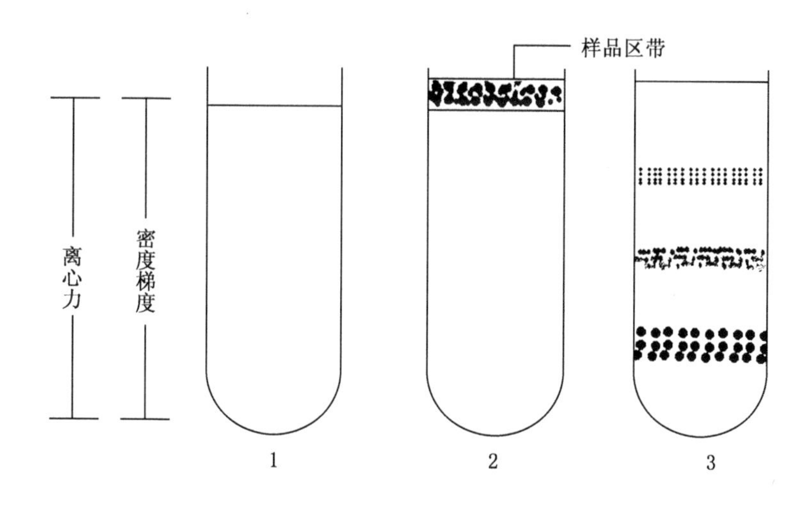

图 1.2　颗粒在水平转头中的速率区带分离

1. 装满密度梯度液的离心管；2. 把样品加在梯度液的顶部；3. 在离心力的作用下颗粒根据各自的质量按不同的速度移动

预制密度梯度介质的作用有两个，一是支撑样品，二是防止离心过程中产生的对流对已形成区带的破坏作用。但是样品液的密度一定要大于密度梯度介质的最大密度，否则就不能使样品各组分得到有效分离。也正因如此，速率区带离心时间不能过长，必须在沉降速率最大的样品区带沉降到离心管底部之前就停止离心。不然，样品中所有的组分都将共沉下来，不能达到分离的目的。

速率区带离心法依据样品中各组分沉降速率的差别而使其互相分离。离心过程中，各组分的移动是相互独立的。因此，S 值相差很小的组分也能得到很好的分离，这是差速离心法做不到的。但速率区带离心不适于大量制备实验。

(2)等密度梯度离心

如果离心管中介质的密度梯度范围包括待分离样品中所有组分的密度，离心过程中各组分将逐步移至与它本身密度相同的地方形成区带(图 1.3)，这种分离方法称为等密度梯度离心。

在等密度梯度离心中，组分的分离完全取决于组分之间的密度差。离心时间的延长或转速提高不会破坏已经形成的样品区带，也不会发生共沉现象。

作为分离方法，离心技术在生物化学研究中得到广泛应用。欲深入了解本领域知识，熟练操作离心机，可进一步阅读有关专著，接受专门培训。

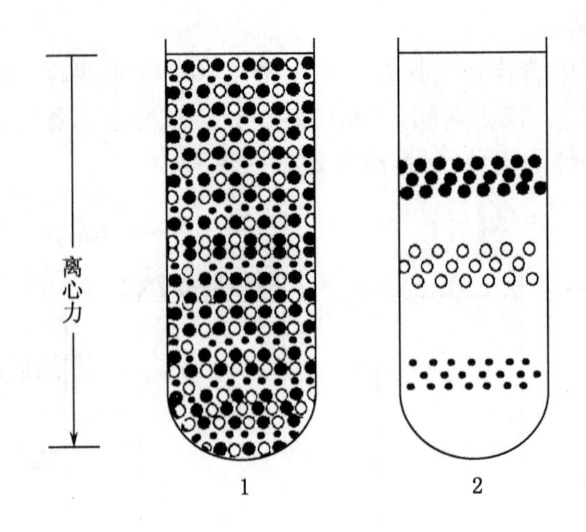

图 1.3　等密度梯度离心时颗粒的分离

1. 样品和梯度的均匀混合液；2. 在离心力作用下，梯度重新分配，样品区带呈现在各自的等密度处

第二节　层析技术

层析技术是一类物理分离方法，根据待分离混合物中各组分物理化学性质的差别，使各组分以不同程度分布在固定相和流动相两相中，由于各组分随流动相前进的速度不同，从而得到有效分离。

按照操作形式的不同，层析技术可分为纸层析、薄层层析和柱层析三类。尽管各种层析在原理和操作上有所不同，但其基本操作步骤都包括选择适当吸附剂、加样、展开、检出鉴定四个环节。本节重点介绍生物化学分离中常用的几种层析方法。

一、薄层层析

薄层层析是在玻璃板上涂布一层支持剂，待分离样品点在薄层板一端，然后让推动剂从上流过，从而使各组分得到分离的物理方法。常用的支持剂有：硅胶 G、硅胶 GF、氧化铝、纤维素、硅藻土、硅胶 G 硅藻土、纤维素 G、DEAE-纤维素、交联葡聚糖凝胶等。使用的支持剂种类不同，其分离原理也不尽相同，有分配层析、吸附层析、离子交换层析、凝胶层析等多种。推动剂和显色剂种类很多，本书附录十一、十二、十三可供读者参考选用。

薄层层析设备简单，操作简便，快速灵敏。改变薄层厚度，既能做分析鉴定，又能做少量制备。配合薄层扫描仪，可以同时做到定性定量分析，在生物化学、植物化学等领域是一类广泛应用的物质分离方法。

二、聚酰胺薄膜层析

用于层析的聚酰胺有两类，一类是锦纶66（尼龙），另一类是锦纶6。在这两类材质中，都含有大量酰胺基团，故统称聚酰胺。聚酰胺以其—CO—或—NH—与极性化合物的—OH或═O之间形成氢键，从而发生吸附作用。不同物质与聚酰胺之间形成氢键的能力不同。在聚酰胺薄膜上做层析分离时，流动相从薄膜表面流过，被分离物质在溶剂和薄膜之间按分配系数的大小，发生不同速率的吸附与解吸过程，从而使混合物得到有序的分离。

聚酰胺薄膜对极性化合物有特异的分辨能力，灵敏度高，操作方便，速度快，样点不扩散。有荧光的物质可用紫外灯检出，不必喷显色剂显色。聚酰胺薄膜可用来分离多种化合物。在蛋白质或肽的N末端残基分析中是个理想方法，对丹酰氨基酸的分析可达 $10^{-9} \sim 10^{-10}$ mol/L水平。

三、凝胶层析

凝胶层析又称凝胶过滤，是一种柱层析方法。层析柱中装着水不溶凝胶，常用的材料有交联葡聚糖（sephadex）、交联琼脂糖（sepharose CL）、聚丙烯酰胺凝胶（biogel P）、琼脂糖（biogel A）、多孔玻璃（bio glass）、聚苯乙烯（bio-beads）等，详情请参阅本书附录九。这些材料制成凝胶颗粒，颗粒内部形成多孔的三维网状结构。这些凝胶材料是高度亲水的，在水溶液里吸水显著膨胀。当在胶床表面加上分子大小不同的样品混合物并用洗脱液洗脱时，直径小于网孔直径的自由通透小分子可以进入胶粒内部，需层层扩散，流过很长路程才能出柱；而直径大于网孔直径受排阻的大分子不能进入胶粒内部，沿着胶粒之间的间隙向下流动，所经路程短，最先流出。通透性居中的分子则后于大分子而先于小分子流出。从而按由大到小的顺序实现大中小分子的分离（图1.4）。

凝胶层析操作条件温和，适于分离不稳定的化合物。凝胶材料本身不带电荷，不会与被分离物质相互作用，因而溶质的回收率接近100%。分离效果好，重现性强，完成一次分离需时较短。每个样品洗脱完毕，柱已再生，可反复使用。样品的用量范围宽广，从分析量到试验工厂量均适合。现已广泛用于生化物质的分离、脱盐、制备、分子质量测定等。

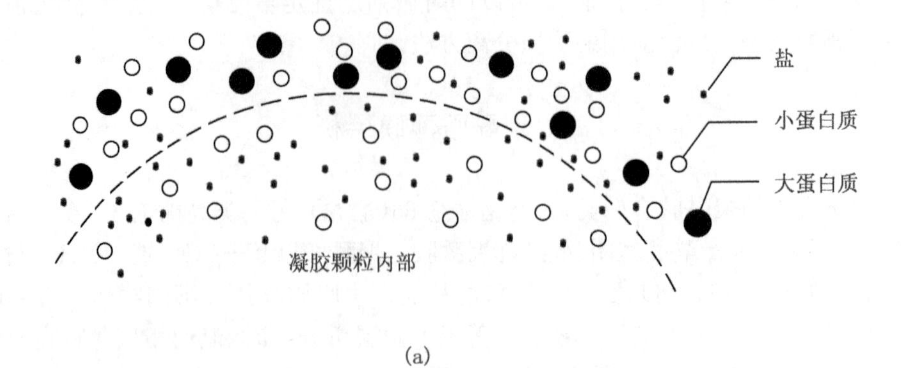

(a)

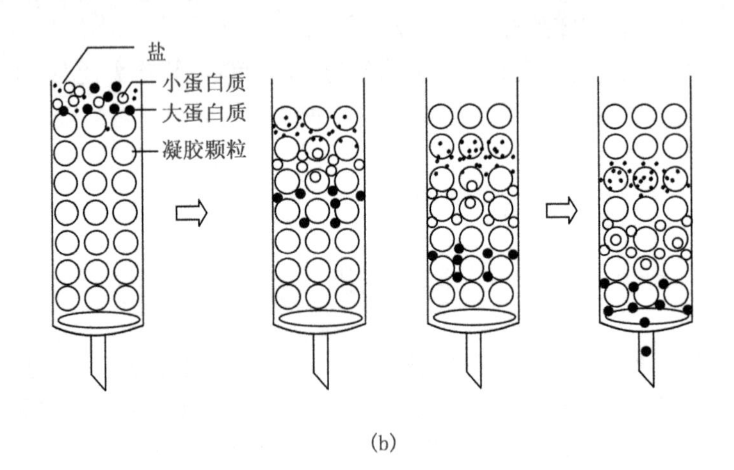

(b)

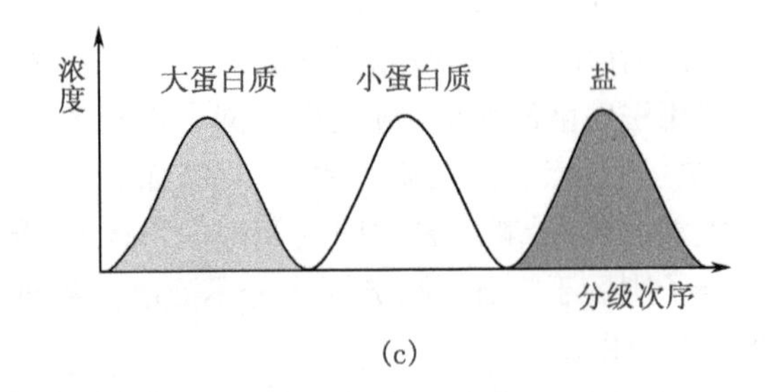

(c)

图 1.4　凝胶过滤法

(a)图解表示凝胶颗粒表面有给定大小范围的网孔；

(b)层析过程中不同大小分子逐步分离；(c)分级分离结果

四、离子交换层析

在含有可与周围介质进行离子交换的基质上进行化合物分离的方法叫离子交换层析。离子交换层析是根据物质的酸碱性、极性和分子大小的差异而预以分离的柱层析技术。

可用于离子交换层析的介质材料很多,应用最普遍的是离子交换树脂,这是人工合成的难溶于一般溶剂的高分子聚合物,可分为阳离子交换树脂和阴离子交换树脂两类。带有酸性可电离基团的以—SO_3H 表示,称为阳离子交换树脂。带有碱性可电离基团的以 R_4NOH 表示,称为阴离子交换树脂。

另外,把纤维素上少量羟基用弱电离基团取代制成的纤维素衍生物,在生化分离方面更为常用。它具有松散的亲水性网络,有较大的表面积,对生物高分子有较好的通透性。由于羟基被取代的百分比较低,离子交换纤维素的电荷密度比树脂低得多,所以洗脱条件温和,回收率高。常见的阴离子交换纤维素有磺酸甲基纤维素(SMC)、羧甲基纤维素(CMC)、磷酸基纤维素(PC)等,阳离子交换纤维素有二乙基胺乙基纤维素(DEAEC)、三乙基胺乙基纤维素(TEAEC)等。

根据离子交换层析原理设计的氨基酸自动分析仪在生化分离中是非常有用的工具。

五、亲和层析

亲和层析是利用某些生物分子之间专一可逆结合特性的分离方法。其基本操作过程如下:

1)寻找能被分离分子(称配体)识别和可逆结合的专一性物质——配基。

2)把配基共价结合到层析介质(载体)上,即把配基固定化。

3)把载体-配基复合物灌装在层析柱内做成亲和柱。

4)上样亲和→洗涤杂质→洗脱收集亲和分子(配体)→亲和柱再生(图 1.5)。

在亲和层析中可用琼脂糖、聚丙烯酰胺凝胶和受控多孔玻璃球做层析介质,以琼脂糖最为常用,它是琼脂脱胶产物,是由 ⟮D-半乳糖-3,6-脱水半乳糖⟯ 组成的链状高聚物。用琼脂糖做载体,非特异性吸附低,与被分离分子作用微弱。多孔结构具有很好的液体流动性。在较宽的 pH、离子强度和变性剂浓度范围内具有化学和机械稳定性。根据需要对其进行不同程度活化处理,可以很好地与配基共价结合。

配基是发生亲和反应的功能部位,也是载体和被亲和分子之间的桥梁。配基本身必须具备两个基团,一个能与载体共价结合,一个能与被亲和分子结合。可作配基使用的物质有酶底物的类似物、效应物、酶的辅助因子。在有些情况下,只要设法抑制酶的活性，也可用该酶底物作配基使用。有亲和分子的物质，原则上都可设法做配基使用，如固定化抗体可分离抗原，固定化抗原可分离抗体，固定化寡聚脱氧胸腺嘧啶核苷酸(oligo dT)可以亲和分离 mRNA 等。

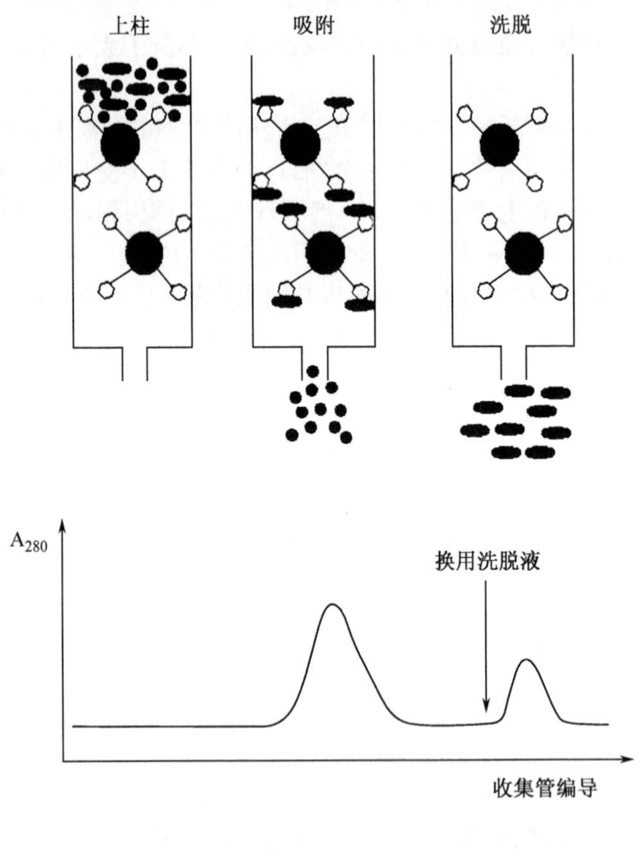

图 1.5　亲和层析操作过程和亲和层析图谱

● ——酶　●——杂蛋白　○——配基　●——固相载体

配基的固定化方法有多种，包括载体结合法、物理吸附法、交联法和包埋法等四类。亲和层析中常用小分子化合物作配基去亲和吸附与其相配的大分子物质。但固定配基的时候，往往占据了配基小分子表面的部分位置，由于载体的空间位阻效应可能影响配基和亲和分子的密切吻合，会发生所谓的无效吸附。此外，琼脂糖活化后需要与配基的游离氨基相连，如果小分子配基本身是不具有氨基的化合物，偶联就不能实现。为了解决这两个问题，可以在琼脂糖载体与配基之间接入不同长度的化合物接臂。

亲和层析是利用配基、配体之间专一可逆结合性质进行物质分离的方法，因此其专一性、选择性是极高的，往往通过一次亲和操作，就可把目的物从混合物中分离出来，对含量甚微的组分分离具有特殊的效果。

六、气相色谱

气相色谱是柱色谱的一种。气相色谱仪的结构见图 1.6。层析柱是其核心部分，有填充柱和毛细管柱两类，以前者较为常用。在填充柱里装有层析介质俗称担体，它可以是一种固体吸附剂，也可以是表面涂有耐高温液体(称固定液)的物质构成的固定相。在柱子进口端注入待分离样品(气体或液体)，在载气(称流动相，常用氮气、氦气、氩气等惰性气体)推动下，样品进入层析柱，在一定高温条件下，样品中各种组分气化并以不同的速率前进，从而逐渐分离开来。不容易被担体吸附或在固定相里分配系数小的组分，在柱中停留的时间较短首先从柱后流出，而容易被吸附或在固定相中分配系数大的组分，在柱中保留时间较长而后从柱中流出。不同时间流出的不同组分被柱后检测器检出，检出信号经放大后由数据处理机记录下各组分出峰图谱。根据各组分的保留时间与标准物质比较，实现定性分析。根据归一化法、内标法、外标法、叠加法，对各组分可以进行定量分析。

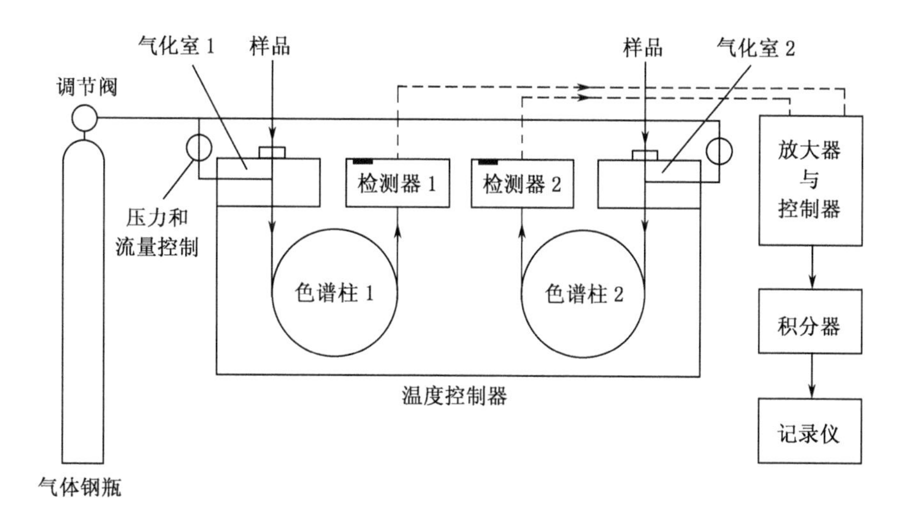

图 1.6 气相色谱仪结构简图

各种气体、有挥发性的物质或经过衍生处理在一定温度条件下可气化的组分，原则上都可以用气相色谱分离、分析。由于以惰性气体作为流动相，其黏度系数小，样品在气相与固定相之间的传质速率高，容易达到平衡，分离速度快。增加层析柱的长度，能显著提高分辨率。气体组分的检出比液体容易，氢火焰离子化检测器(FID)、火焰光度检测器(FPD)、电子捕获检测器(ECD)、化学发光检测器(CLD)等多种柱后检测器的使用，实现了组分检出的高度自动化。因此，气相色谱早已成为物质分离的现代方法。把气相色谱仪作为分离工具，与红外、紫外、质谱仪等联合使用，在生物物质的研究中发挥了越来越大的作用。

七、高效液相色谱

高效液相色谱是另一种柱色谱，由于它具有气相色谱的所有优点，又不要求样品是可挥发物质，凡是能用一定的溶剂溶解的组分原则上都可以用高效液相色谱来分离，在完成柱后检测的同时，样品可用部分收集器回收，因此，高效液相色谱在生化研究中成为倍受欢迎的分离方法。

高效液相色谱仪一般由溶剂槽、高压泵（有一元、二元、四元等多种类型）、分析柱、进样器（手动或自动两类）、检测器（常见的有紫外检测器、折光检测器、荧光检测器等）、数据处理机或色谱工作站等组成，其结构如图 1.7 所示。

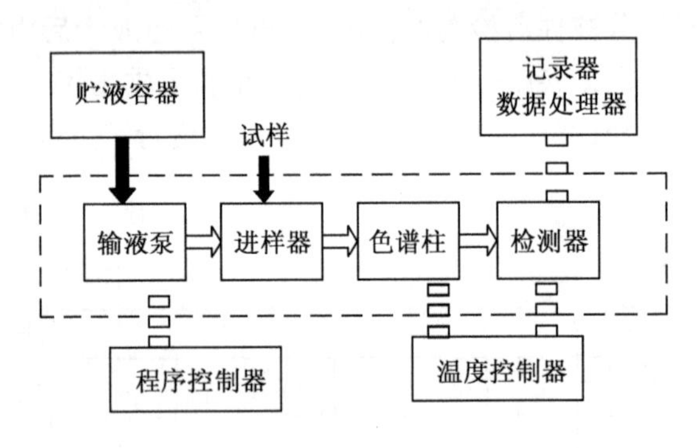

图 1.7　高效液相色谱仪结构简图

高效液相色谱仪的核心部件是耐高压的细目柱。柱中装有粒径极小的担体，它具有实心的内核和多孔的外壳，在薄壳中涂有固定液。当样品进入分析柱后，其中的各种组分随流动相前进的速率不同，从而实现有效的分离。柱中担体有不同的类型，分离的原理视担体种类不同而分为液-液分配层析、液-固吸附层析、离子交换层析、凝胶渗透层析等多种。它可以完成定性、定量分析，还可以用制备型色谱做一定量的制备。与气相色谱相配合，可以完成绝大多数生物物质的分离、分析。

第三节　电泳技术

带电粒子在电场的作用下，向着与其电性相反的电极移动的现象称为电泳。在一定条件下，混合物中各组分的大小、所带电荷等不同，在同一电场中经过一段时间的泳动，就可能实现组分间的有效分离，这就是生化分离中常用的电泳技术。

一、影响电泳的主要因素

若将带静电荷 Q 的离子置于电场中，它受到的电荷引力 $F_{引}$ 为：

$$F_{引} = EQ \tag{3-1}$$

(3-1)式中 E 为电场强度，单位为 V/cm，表示电场中单位距离上的电位差。

如果这种情况发生在真空中，带电粒子会朝着电极加速前进并且最后轰击电极。但在溶液中，加速运动的带电粒子与溶液之间存在阻力 $F_{阻}$。由于 $F_{阻}$ 与 $F_{引}$ 相对抗，故不会发生轰击电极现象。根据 Stokes 公式，运动的球形粒子在溶液中受到阻力 $F_{阻}$ 为：

$$F_{阻} = 6\pi r\eta v \tag{3-2}$$

(3-2)式中，r—球形粒子的半径；

η—溶液的黏度系数；

v—带电粒子运动速度。

在溶液中，当 $F_{引}=F_{阻}$ 时，

$$EQ = 6\pi r\eta v$$

整理后得：

$$v = \frac{EQ}{6\pi r\eta} \tag{3-3}$$

由(3-3)式可知，相同带电粒子在不同强度的电场里泳动速度是不同的。为了便于比较，常用迁移率(或称泳动度)代替泳动速度表示粒子的泳动情况。迁移率为带电粒子在单位电场强度下的泳动速度。若以 m 表示迁移率，在(3-3)式两边同时除以电场强度 E，则得：

$$m = \frac{Q}{6\pi r\eta} \tag{3-4}$$

由于蛋白质、氨基酸等的电离度 α 受溶液 pH 值影响，所以常用迁移率 m 和当时条件下电离度 α 的乘积即有效迁移率 U 表示泳动情况：

$$U = m \cdot \alpha \tag{3-5}$$

将(3-4)式 m 值代入(3-5)式得：

$$U = \frac{Q\alpha}{6\pi r\eta} \tag{3-6}$$

由(3-6)式可以看出，影响分子带电量 Q 及电离度 α 的因素如溶液的 pH、影响溶液黏度系数的因素如温度、分子的半径 r 等，都会影响有效迁移率。因此，电泳应尽可能在恒温条件下进行，并选用一定 pH 的缓冲液。所选用的 pH 以能扩大各种被分离组分所带电荷量的差异为好，以利于各种成分的分离。

除以上因素影响电泳结果外，还有离子强度、电渗现象也对电泳构成影响。一

般最适的离子强度在 0.02～0.20 mol/L 之间。离子强度过小会降低溶质的溶解度，离子强度过大会降低被分离组分的泳动速度并增加电泳过程中的发热量，使区带扩散变形。如果电泳不是在溶液中而是在支持介质中进行，还要注意选用无电渗或低电渗物质作支持体。所谓电渗是指在电场中，液体对于固体支持物的相对移动。电渗液流往往破坏电泳中已形成的区带，使其扩散变形。

综上所述可知，电泳受粒子本身大小、形状、所带电量、溶液黏度、温度、pH 值、电渗及离子强度等多种因素的影响。当电泳结果欠佳时，应检查或重新设计实验条件以便改进。

二、常用电泳支持介质

现在多数是在凝胶介质上通过区带电泳进行生物高分子的分离。常用的电泳支持介质主要有聚丙烯酰胺凝胶和琼脂糖凝胶。

聚丙烯酰胺凝胶是目前应用最广泛的电泳支持介质。其机械强度高，弹性好，透明，化学性质稳定，属非离子型化合物，没有吸附和电渗作用。

聚丙烯酰胺凝胶是由丙烯酰胺(acrylamide，缩写 Acr)和甲叉双丙烯酰胺(N, N'-methylene bisacrylamide，缩写 Bis)在催化剂作用下合成的。凝胶的物理性质用凝胶浓度(T)和交联度(C)两个参数进行描述：

$$T(\%) = \frac{\mathrm{Acr(g)} + \mathrm{Bis(g)}}{V(\mathrm{ml})} \times 100$$

$$C(\%) = \frac{\mathrm{Bis(g)}}{\mathrm{Acr(g)} + \mathrm{Bis(g)}} \times 100$$

凝胶孔径大小主要受凝胶浓度的影响，浓度越大，孔径越小。凝胶浓度过大，胶硬而脆，易折断。浓度太小，凝胶稀软，不易操作。通常把 7.5％的凝胶称为标准凝胶。当在标准凝胶上分离效果不理想时，可以调整凝胶浓度。当凝胶浓度确定之后，交联度为 5％时，凝胶具有最小孔径。如果用聚丙烯酰胺凝胶分离大分子核酸，通常要用大孔胶。为了提高其机械强度，最好加入 0.5％琼脂糖或在 3％凝胶中加 20％蔗糖。

由单体聚合成聚丙烯酰胺凝胶的反应靠催化剂系统提供的自由基启动。最常用的聚合催化系统有两种：

(1)过硫酸铵-TEMED 化学聚合催化系统

在此系统中，四甲基乙二胺(N,N,N',N'-tetramethyl ethylenediamine，缩写 TEMED)称为加速剂，它能以自由基的形式存在。微量 TEMED 的加入，可使过硫酸铵(ammonium persulfate，缩写 APS，称为引发剂)形成自由基：

$$S_2O_8^{2-} \rightarrow 2SO_4^{-}\cdot$$

这些自由基的产生可引发丙烯酰胺的聚合及与甲叉双丙烯酰胺的交联反应，

形成有一定平均孔径的聚丙烯酰胺凝胶。

(2)核黄素-TEMED光聚合催化系统

在此系统中,核黄素经紫外线光解形成无色基,再被痕量氧氧化形成自由基,引发聚合反应。TEMED的存在,可以加速聚合。本催化系统主要用于大孔浓缩胶的配制。

琼脂糖是一种直链多糖,在水浴中加热溶解,冷凝后靠糖链间氢键作用形成凝胶。调整琼脂糖浓度,可获得不同孔径的凝胶,用作电泳支持介质。由于琼脂糖具有亲水性及不含带电荷的基团,因此很少引起敏感的生化物质的变性和吸附,是分离生物高分子尤其是核酸的优良电泳介质。用琼脂糖配制电泳凝胶,只需将琼脂糖在缓冲液中加热溶化,在将要凝固前倒入电泳槽中即可,十分方便。

聚丙烯酰胺凝胶浓度一般取2.4%~20%,在此范围内可分离1.0×10^6~3.3×10^2 Da分子质量的生物大分子。琼脂糖浓度0.1%~2.5%,其分离的分子质量范围为5×10^8~5×10^4 Da。在以上范围内,电泳的相对迁移率与分子质量的对数($\log M$)呈线性关系。

三、聚丙烯酰胺凝胶盘状电泳

将丙烯酰胺、甲叉双丙烯酰胺、缓冲液和催化剂等溶液按一定比例加到用琼脂封了底的玻管中,聚合后得到圆柱胶。柱胶胶面之上加上待分离的样品,接入直流电源电路中,经过一定时间的电泳,样品中各组分在柱胶中得到分离,分布在不同层次上。电泳结束后将胶条剥出,经染色、脱色处理,从胶条侧面可见到一个一个的组分条带,与多个圆盘迭加在一起相似,故将在柱胶中进行的电泳分离技术称为聚丙烯酰胺凝胶盘状电泳。

实际操作时,在玻管中分两次灌胶。先灌下层的分离胶,待其聚合后再灌上层的浓缩胶。这样制得的凝胶柱实际上是个不连续体系。利用该体系中凝胶孔径的不连续性、缓冲液离子成分的不连续性、pH的不连续性及电位梯度的不连续性,先使进入柱胶的样品在浓缩胶中逐渐浓缩、在上下胶层界面上最终被压缩成很薄的样品区带,进入分离胶后再进行组分的分离,形成最终的分离区带。根据分离胶缓冲液pH值高低,有3种操作系统,分别为碱性系统、酸性系统和中性系统,其中以碱性系统最为常用。

碱性系统柱胶的上层胶为浓缩胶,由$T=3\%$,$C=2\%$的单体溶液和pH 6.7的Tris-HCl缓冲液组成,经催化聚合而成的大孔径凝胶。它承载样品并使样品在进入分离胶之前被浓缩成薄层,从而提高了电泳分离的分辨率。

下层胶为分离胶,由$T=7.5\%$,$C=2.5\%$的单体溶液和pH 8.9的Tris-HCl缓冲液经过硫酸铵催化聚合而成的小孔径凝胶。被浓缩的样品进入分离胶后,在电荷效应和分子筛效应共同作用下得到分离。

在浓缩胶中，除了有电荷效应和分子筛效应外，还存在着一种特殊的浓缩效应。该效应是多种不连续性综合作用产生的。

首先，浓缩胶和分离胶的孔径是不同的。样品在大孔的浓缩胶中电泳时受到的阻力小，泳动速度快。到达分离胶界面时，凝胶孔径突然变小，样品分子前进受到的阻力增大，泳动速度减慢，在界面处发生聚集而使样品受到浓缩。

另外，在碱性系统中，电极缓冲液 pH 为 8.3，浓缩胶 pH 为 6.7，分离胶 pH 为 8.9，电极缓冲液由 Tris-Gly(HCl)组成，而凝胶缓冲液均由 Tris-HCl 组成。强电解质 HCl 分布在整个系统中，由于其解离度在上述各 pH 条件下约等于 1，所以几乎完全解离，HCl 有效迁移率几乎等于其离子迁移率。只存在于电极缓冲液中的甘氨酸(pI=6.0)，在 pH 8.3 的电极缓冲液中大量解离，电泳开始后，甘氨酸一旦进入 pH 6.7 的浓缩胶，其解离度即大幅度下降，结果只有 0.1%～1%的极少部分分子解离成 Gly^-，其有效迁移率极低。一般蛋白质在 pH 6.7 条件下也解离成带负电荷的离子。这三种负离子在电场作用下都向正极移动。由于它们的解离程度各不相同，所以它们的有效迁移率有如下顺序：

$$m_{Cl}\alpha_{Cl} > m_{P}\alpha_{P} > m_{G}\alpha_{G}$$

式中 Cl、P、G 分别代表氯根、蛋白质和甘氨酸根。根据有效迁移率的大小，最快的 Cl^- 称为快离子或前导离子，最慢的 Gly^- 称为慢离子或后随离子。蛋白质介于快、慢离子之间。为了保持溶液的电中性及一定的 pH 值，加入与快、慢离子电性相反的 Tris 作缓冲配对离子，它分布在整个系统中。

电泳开始前，整个系统中都有快离子，只有电极缓冲液中含有慢离子。电泳开始后，快离子很快超过蛋白质跑到最前面，在快离子和慢离子之间形成一个离子较少的低离子浓度区即低电导区。因为串联回路中各处电流密度是相等的，故在低电导区自动形成一个高电位梯度。这个次生电位梯度使蛋白质和慢离子尾随在快离子之后加速前进。当电位梯度和迁移率的乘积彼此相等时，三种离子的移动速度相等。在此稳定状态建立之后，在快离子和慢离子之间形成一个稳定而又不断向阳极移动的界面。有效迁移率居中的蛋白质就聚集在这个移动的界面附近，被浓缩成一个狭窄的中间层。所以，浓缩效应是系统四种不连续性综合作用的结果。这种效应只存在于浓缩胶中。甘氨酸一旦进入 pH 8.9 的分离胶，由于其 $pK_2=9.7$，甘氨酸迅速大量解离，很快赶上并超过蛋白质。这样，在浓缩胶中形成的高电位梯度随着甘氨酸进入分离胶而彻底消失，分离胶中蛋白质在外加的均一电位梯度和 pH 条件下，靠分子筛效应和电荷效应进行分离。分离胶和连续体系中都不存在浓缩效应，这也正是不连续系统在设计上的独特之处。

四、连续密度梯度电泳

如果合成的聚丙烯酰胺凝胶从上至下是一个正的线性梯度凝胶，点在凝胶顶部的样品在电场中向着凝胶浓度逐渐增高的方向即孔径逐渐减小的方向迁移。随着电泳的继续进行，蛋白质受到孔径的阻力越来越大。电泳开始时，样品在凝胶中的迁移速度主要受两个因素的影响：一是样品本身的电荷密度，二是样品分子的大小。当迁移所受到的阻力大到足以使样品分子完全停止前进时，那些跑得较慢的低电荷密度的样品分子将“赶上”与它大小相同但具有较高电荷密度的分子并停留下来形成区带。因此，在梯度凝胶电泳中，样品的最终迁移位置仅取决于分子自身的大小，而与样品分子的电荷密度无关。样品混合物中分子质量大小不同的组分，电泳之后将依分子质量大小停留在不同的凝胶孔径层次中形成相应的区带。由此看出，在梯度凝胶电泳中，分子筛效应体现得更为突出。由于相对迁移率与分子质量的对数在一定范围内成线性关系，故可以用来测定蛋白质的分子质量，但仅适于球状蛋白质，且电泳要有足够高的伏特小时（一般不低于 2 000 伏特小时）。

连续密度梯度电泳具有如下优点：

（1）具有使样品中各个组分浓缩的作用。稀释的样品可以分次上样，不会影响最终分离效果。

（2）可提供更清晰的谱带，适于纯度鉴定。

（3）可在一张胶片上同时测定分子质量分布范围相当大的多种蛋白质的分子质量。

（4）可以测定天然状态蛋白质的分子质量，这对研究寡聚蛋白是相当有用的。

五、SDS-聚丙烯酰胺凝胶电泳

在聚丙烯酰胺凝胶电泳中，蛋白质的迁移率取决于它所带净电荷的多少、分子的大小和形状。如果用还原剂（如巯基乙醇或二硫苏糖醇等）和十二烷基硫酸钠（缩写 SDS）加热处理蛋白质样品，蛋白质分子中的二硫键将被还原，并且 1 g 蛋白质可定量结合 1.4 g SDS，亚基的构象呈长椭圆棒状。由于与蛋白质结合的 SDS 呈解离状态，使蛋白质亚基带上大量负电荷，其数值大大超过蛋白质原有的电荷量，掩盖了不同亚基间原有的电荷差异。各种蛋白质-SDS 复合物具有相同的电荷密度，电泳时纯粹按亚基大小靠凝胶的分子筛效应进行分离。有效迁移率与分子质量的对数成很好的线性关系。所以，SDS-聚丙烯酰胺凝胶电泳不仅是一种好的蛋白质分离方法，也是一种十分有用的测定蛋白质分子质量的方法。应该注意的是，SDS-聚丙烯酰胺凝胶电泳法测得的是蛋白质亚基的分子质量。对寡聚蛋白来说，为了正确反映其完整的分子结构，还应用连续密度梯度电泳或凝胶过滤等方法测定天然构象状态下的分子质量及分子中肽链（亚基）的数目。

六、等电聚焦电泳

聚丙烯酰胺凝胶中加入一种合成的两性电解质载体，在电场的作用下会自发形成一个连续的 pH 梯度。蛋白质样品在电泳中被分离，运动到等电点胶层时就失去所带电荷而稳定停留在该处，样品中不同蛋白质组分等电点不同，因而在等电聚焦电泳中得到有效分离。在等电聚焦电泳中，利用各蛋白质组分等电点的差异，并不利用凝胶的分子筛作用。它的分辨力高，可分离等电点相差 0.01～0.02 pH 单位的蛋白质，可用来准确测定蛋白质的等电点，精确度可达 0.01 pH 单位。

七、双向凝胶电泳

先将混合物在一个直径 1 mm 的玻管凝胶中进行等电聚焦电泳。聚焦后将凝胶条小心地从毛细管中取出，然后放到另一平板凝胶的顶部(垂直板)或一端(水平板)，再让胶条中已经分离的组分在平板胶中走 SDS-聚丙烯酰胺凝胶电泳。由于蛋白质的等电点和分子质量之间没有什么必然的联系，因此，经过双向电泳可将数千种蛋白质分开，显示出极高的分辨力。

八、毛细管电泳

毛细管电泳是较新的电泳方法。首批毛细管电泳仪于 20 世纪 80 年代末问世，至今不过十几年历史。其仪器组成见图 1.8。

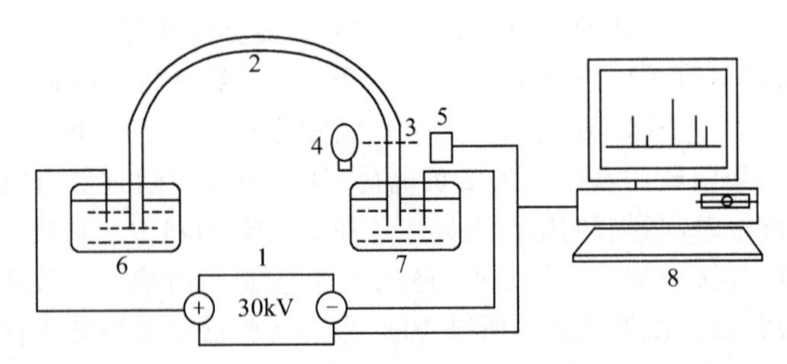

图 1.8　毛细管电泳仪示意图

1. 高压电源；2. 毛细管；3. 检测窗口；4. 光源；5. 光电倍增管；6. 进口缓冲溶液/样品；7. 出口缓冲溶液；8. 用于仪器控制和数据收集与处理的计算机

毛细管电泳是在内径仅 75μm 的毛细管内进行样品分离的新方法，毛细管内可以是凝胶如聚丙烯酰胺，也可以是溶液。毛细管两端分别浸入正、负两极电极缓冲液中，样品自正极进入毛细管，在 30kV 高压电源作用下，发生各组分的分离。当某一组分泳动到负极上方时，灵敏的检测器会检测出它的出现，在微机上显示出其图谱，并于电泳后打印出结果。

关于物质在毛细管中分离的原理，可作如下说明。毛细管的一端为正极(+)，另一端为负极(－)，样品中的正离子会在电场力的作用下从正极向负极运动。毛细管管壁的材质是玻璃的，硅酸是其主要成分，它可以发生如下的解离：

$$H_2SiO_3 \rightleftharpoons HSiO_3^- + H^+$$

结果使管壁带有一定的负电荷($HSiO_3^-$ 存在所致)。由于静电感应，管中缓冲液中的正离子和偶极分子水的正极趋向管壁，从而形成一个双电层。双电层中的正离子及定向排列的水分子在电场力和毛细张力的共同作用下，向负极定向移动，形成电渗流，其方向与电场力方向一致。不同组分受到的作用力是有差别的，正离子受到相同方向的电场力和电渗流的推动，前进速率最快；负离子受到两种力的作用但方向相反，电渗流的作用大于电场力，所以负离子也是向负极运动但运动速率最慢。不带电荷的组分虽然不受电场力作用，但强大的电渗流推动着它从正极向负极运动。所以，在毛细管中的样品中各种组分，不管是否带有电荷，也不管带何种电荷，都会从正极向负极运动，迁移速率按由大到小的排序是：正离子＞中性分子＞负离子。经过一定时间的电泳，各种组分会实现有效的分离。如果把单位电场强度下离子在一定的温度下在介质中迁移的速率称作淌度的话，那么毛细管电泳实质上是以高压电场为驱动力，以毛细管为分离通道，依据样品中各组分之间淌度和分配行为上的差异而实现分离的一类液相分离技术，兼有电泳和高效液相色谱两类分离技术的原理。毛细管电泳和一般电泳的区别是可以分离各种成分(带电与不带电)，同时，在普通电泳中起破坏作用的电渗流在毛细管电泳中却变成了有效的驱动力之一。毛细管电泳与高效液相色谱的区别在于用高压电源取代了高压泵，改善了流动相在毛细管中的流型，用塞式流型代替了分析柱中的抛物线流型，使得各组分峰宽变窄(近似谱线)，提高了分辨率。

毛细管电泳具有高灵敏度、高分辨率、高速度的特点，节省样品和试剂消耗，是一种极有前景的分离、分析方法。

九、电泳新技术

琼脂糖凝胶电泳通常只能分离分子大小在 50 kb 以下的 DNA 片段、病毒和质粒。为了分离数百万碱基的核酸大分子，1984 年 Carle 和 Olsen 设计了一种正交交变电场凝胶电泳(orthogonal-field-alternation-gel electrophoresis，缩写 OFAGE)，见图 1.9。在凝胶的对角线上安置了互相垂直的两组电极，交替改变电场的方向，点在凝胶上的 DNA 样品大分子随着脉冲电场方向的改变，周期性地改变分子构象和迁移方向，但总的迁移方向是直线前进的。在这种正交交变脉冲电场里，

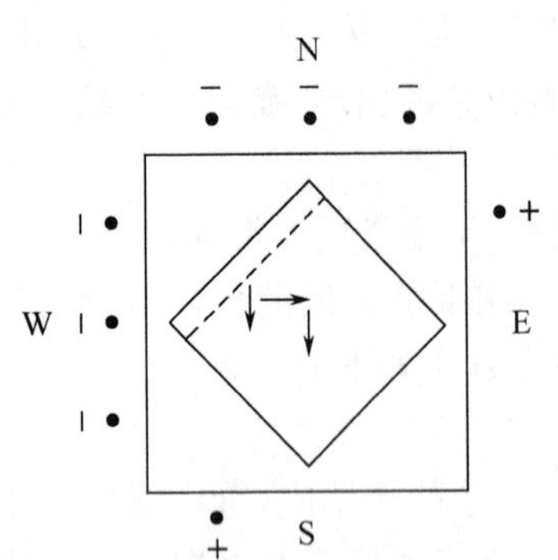

图 1.9　正交交变电场凝胶电泳示意图

黑点分别表示水平和垂直的电极。凝胶板以 45°角放电泳槽、中央箭头表示 DNA 从点样孔移动的方向

DNA 分子松弛、变形所需时间与其分子质量成正比，因此，在相同的电泳时间里，小分子 DNA 比大分子 DNA 有更多的有效迁移时间，迁移距离大，跑在大分子 DNA 前边。当经过足够长的时间电泳，大、小不同的 DNA 分子就会得到有效的分离。

1986 年 Carle 等人又进一步报道，用周期反转电场凝胶电泳（field-inversion gel electrophoresis，缩写 FIGE）也能将 DNA 大分子分开。将普通电泳仪稍加改装，只要周期改变电泳仪电源的正负电极，就能进行 FIGE，但正向电泳时间必须大于反向电泳时间，或正向电泳电压要高于反向电泳电压，才能保证样品中各 DNA 分子单方向前进。

后来，用 OFAGE 和 FIGE 双向电泳，把酵母 17 条染色体 DNA 在同一块凝胶板上完全分离，这是染色体 DNA 分子研究的一大突破。

十、电泳相关技术

1. 凝胶干燥技术

电泳之后，经染色、脱色的聚丙烯酰胺凝胶胶片，需做干燥处理，才便于保存或进一步扫描。现在有专用的凝胶干燥仪，在减压的条件下快速脱去湿胶中的水分。如果一次处理的胶片数量有限，手工干燥处理也是很实用的。准备两块面积稍大于凝胶板的玻璃，冲洗干净。把预先裁好的玻璃纸在水中浸透后平铺在第一块玻璃板上（玻璃纸面积要大于玻璃板），用玻璃棒赶掉玻璃纸与玻璃板之间可能存在的气泡。把脱过色的电泳凝胶片平铺在这张玻璃纸上。再将另一张在水中浸透的玻璃纸盖在凝胶表面，用玻璃棒赶掉夹层中可能存在的气泡。然后把多余的玻璃纸四边趁湿反贴到玻璃板背面，顺手把它放置到另一块玻璃板上，胶面朝上，借助玻璃和胶片的自重，把玻璃纸四边压实密封起来。置室内阴干（2～3 天），勿受阳光直射，也不要放在窗口等空气过于对流的地方。待凝胶充分干燥后，取下胶片，用刀片或剪刀切除多余的玻璃纸边，做好标记，夹在厚书中可以长期保存。其平整透明程度，往往比凝胶干燥仪处理的效果还好。

2. 凝胶扫描技术

电泳结果除了用照相记录以外，现在可借助薄层扫描仪对电泳图谱进行扫描处理，更便于定性、定量分析。在一个坐标系里，以迁移距离为横坐标，以吸光度为纵坐标，通过扫描仪处理原来的电泳条带图谱并转换成峰图。根据各峰与迁移距离的对应关系，极易比较出各个样品间的差异，完成定性分析。比较相同迁移距离的峰面积或比较不同峰的积分面积，可以进行定量分析，并找出许多内在的联系。这种方法在遗传分析、杂交优势预测、抗性分析等许多领域，都得到很好的应用。

3. 凝胶成像技术

随着计算机技术的迅猛发展，利用计算机采集、存储和分析实验数据是近几年仪器设备发展的总趋势。数码成像技术已应用于生物学研究的各个方面，典型的如：凝胶成像系统、显微数码摄像系统、菌落计数系统、细胞图像处理系统、基因芯片数据分析系统等。这些数码成像系统在原理上是类似的，都是将实验结果通过一定方式转化成计算机图像，然后对这些图像进行处理、识别、分析。

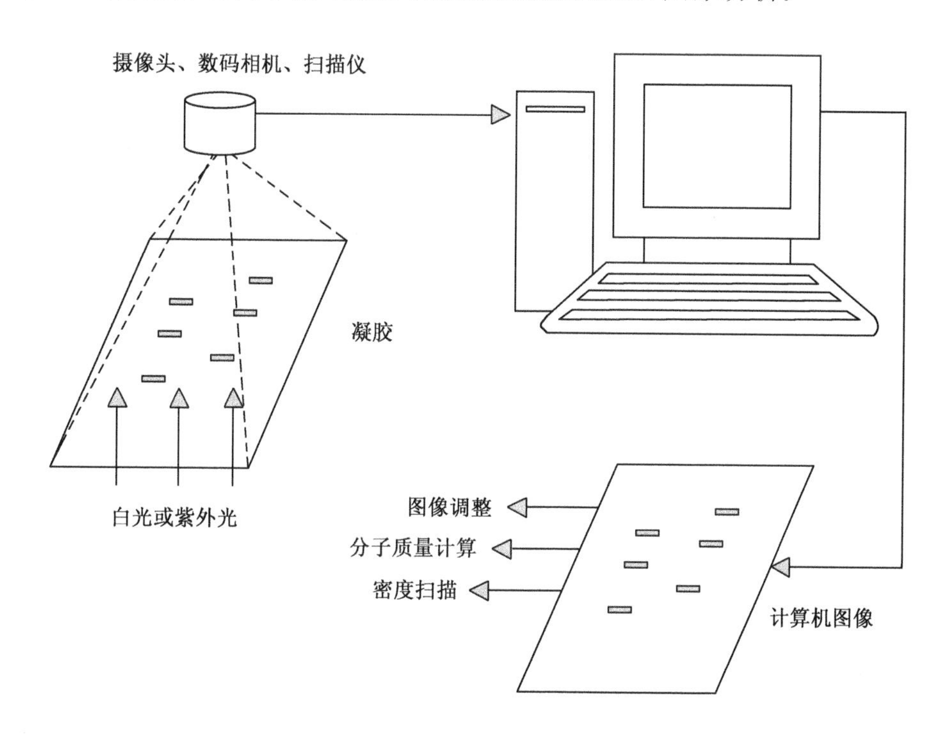

图 1.10　凝胶成像系统原理示意图

凝胶成像系统是生物化学和分子生物学实验中最常用的数码成像系统之一，广泛应用于蛋白和核酸电泳结果的分析。有助于研究人员正确、迅速地得到电泳结果照片和分析结果，使研究人员摆脱采用传统照相机方式记录电泳结果的繁琐操作过程。其原理如图 1.10 所示。基本操作过程可分为三个步骤，第一步，数据采集、存储。第二步，图像处理、分析。第三步，结果输出。

凝胶成像系统的关键过程：

(1) 数据采集

数据采集过程实际上是将光信号转变为数字信号的过程,该过程是通过摄像头、数码相机或扫描仪来完成的。对于蛋白电泳结果,通常用白光透射或反射,然后通过数码设备采集数据;在采集核酸电泳结果时,通常用紫外光透射,并在镜头前加滤光片,然后通过数码设备采集数据。摄像头具有反应速度快的特点,但分辨率较低,一般只有570线。数码相机数据采集速度较慢,但获得的图像的分辨率较高;扫描仪可获得更高分辨率的图像,但其采集速度最慢。数据采集是凝胶成像的关键步骤,数据采集的质量直接影响到后续的图像处理和分析。采集到的数据可以存储成不同格式的图像文件,常用的文件格式有BMP、TIF、JPG等。JPG是一种有损图像质量的图像压缩格式,使用此格式时应注意设置图像的质量。当电泳的结果保存为计算机图像后,就可以利用计算机程序对其进行处理、分析、发掘。

(2) 图像处理、分析和标注

1)图像处理

对图像进行分析是我们的目的,为了达到分析的目的,一般先对图像进行适当的处理以利于分析。图像有彩色图和灰度图之分,对于凝胶成像系统来说,首先要将彩色图像转变成灰度图像,灰度图有利于对图像进行分析比较。其次是对图形进行旋转、尺寸改变、亮度对比度调节等。这些过程和通用的图像处理软件是完全一致的(如Photoshop)。

2)图像分析

对于电泳结果的分析,首先是利用计算机程序自动识别图像中所有的可能的条带。然而这种识别并不是一个完全自动的过程,需要人工的干预,且结果会受到一些因素的影响。图像的质量会严重影响识别的结果,因而一般要对图像进行预处理。首先要进行倾斜校正,有一些软件可自动完成此过程。为了提高识别的正确率,通常要首先进行泳道定义。设置条带识别的域值是影响识别结果的重要因素,域值越高,识别的条带越少;域值越低,识别的条带越多。

A. 分子质量分析

目的条带分子质量的计算依赖于标准样品。在电泳点样时,一般要在样品泳道旁侧泳道加上标准样品,当电泳结果采集到计算机时,标准样品条带会和样品条带一起形成计算机图像。设置标准样品所在泳道,并定义标准样品泳道各个条带对应的分子质量大小(核酸电泳结果可定义为核酸链的长度)。然后计算机会自动计算出样品泳道中各个条带的分子质量大小。分析的基本流程如下:

图像校正→泳道定义→条带识别→指定标准样品泳道→ 计算分子质量

B. 密度扫描

对电泳结果中各种不同条带进行相对定量时,会用到密度扫描功能。当图像处理成灰度图像时,图像中各个条带颜色的深浅和条带的密度在一定范围内成正比。当泳道指定后,计算机会自动扫描出泳道中各个条带的密度,结果以峰值图给出。根据峰值图进行积分，可计算出各个条带的相对量。在进行条带扫描时，图像的倾斜校正非常关键。

3)图像标注

凝胶成像系统一般都会提供图像标注和图像管理功能。图像标注功能的作用主要是为了方便研究者将实验的一些信息直接标注在图像上，如实验的日期、各个泳道的样品特征、关键条带的分子质量以及一些重要的分析结果等。图像管理功能主要是为了方便用户对实验结果进行管理和查询。

(3) 结果输出

结果的输出包括两个方面，一是图像的输出，二是分析结果的输出。图像的输出效果依赖于图像本身质量和输出设备的质量。一般来说，摄像头数据采集获得的图像分辨率较低，输出结果不理想，数码相机和扫描仪采集的图像的分辨率较高可获得较高质量的输出结果。输出时打印机的质量也会严重影响输出质量，要获得高质量的输出图像一般需要专门的照片级的喷墨打印机或激光打印机，而且需要专门的照片输出打印纸。分析结果的输出主要涉及凝胶成像系统和其他数据分析和编辑软件之间数据的交换，通常凝胶成像系统可将分析结果保存为 Excel 或 Word 格式，以便对结果进行进一步的分析和编辑。

总而言之，凝胶成像系统是一种发展中的电泳相关技术，不同公司的产品千差万别，但其基本的原理和基本的功能大同小异。随着时代的发展这种技术将会日趋完善。

4. 凝胶印迹技术

1975 年苏格兰爱丁堡大学的 E. M. Southern 创立了印迹技术，巧妙地把凝胶电泳、固定化技术和分子杂交融合在一起，完成了对目的 DNA 片段的灵敏检测。后经多人发展这一方法，广泛用于 DNA、RNA、蛋白质及双向电泳的分子检测，形成了 Southern blotting, Northern blotting, Western blotting 和 Eastern blotting 技术。目前，这一技术在分子生物学、基因工程等领域发挥了重要作用，是一种高选择性、高灵敏度的分子检测方法。

电泳之后，样品混合物中的各种分子在凝胶中实现了分离。如果把一张固定化纸贴在胶面上，再利用一定的动力(毛细作用、接触扩散或电动力等)使凝胶上的区带转移到固定化纸上被固定，最后用特异性探针检出所需功能分子。

在进行印迹转移之前，通常对电泳胶片要先做平衡处理，以防因离子强度的改变造成区带的变形。印迹操作可以采取普通的毛细作用印迹，也可以用电印迹。印迹之后，要用一定的试剂对固定化纸上条带以外的活性基团进行封闭处理(称为猝灭)，以降低染色造成的背景值，提高检出灵敏度。最后利用蛋白质的生物活性或核酸的可杂交性，检出特定的功能条带。由于采用了分子探针或特殊标记(如荧光、放射性同位素、酶等)，检出灵敏度可达 1 pg～1 ng。

第四节　膜分离技术

用人工合成的某种材料作为两相之间的不连续区间实现不同物质分离的技术叫膜分离。膜的作用是分隔两相界面，并以特定的形式限制和传递各种化学物质。它可以是均相的或非均相的，对称型的或非对称型的，中性的或荷电性的，固体的或液体的。其厚度可以从几微米到几毫米。膜分离操作简单，效率较高，没有相变，节省能耗，特别适合处理热敏性物质。

一、膜的分类

根据膜的物理结构和化学性质，可将膜分为以下几类：

1）对称膜。对称膜是结构与方向无关的膜，这类膜或者是具有不规则的孔结构，或者所有的孔具有确定的直径。厚度 0.2 mm。

2）非对称膜。非对称膜有一个很薄的（0.2μm）但比较致密的分离层和一个较厚的（0.2 mm）多孔支撑层。两层材质相同，所起作用不同。

3）复合膜。这种膜的选择性膜层（活性膜层）沉积于具有微孔的底膜（支撑层）表面上，但表层与底层的材质不同。复合膜的性能受上下两层材料的影响。

4）荷电膜。即离子交换膜，是一种对称膜，溶胀胶（膜质）带有固定的电荷，带有正电荷的膜称为阴离子交换膜，从周围流体中吸引阴离子。带有负电荷的膜称为阳离子交换膜，从周围流体中吸引阳离子。阳离子交换膜一般比阴离子交换膜稳定。

5）液膜。

6）微孔膜。孔径为 0.05～20μm 的膜。

7）动态膜。在多孔介质（如陶磁管）上沉积一层颗粒物（如氧化锆）作为有选择作用的膜，此沉积层与溶液处于动态平衡，但很不稳定。

根据制膜材料的不同，还可将膜作如下分类：

1）改性天然物膜。醋酸纤维素、丙酮-丁酸纤维素、再生纤维素、硝酸纤维素等。

2）合成产物膜。聚胺（聚芳香胺、共聚胺、聚胺肼）、聚苯并咪唑、聚砜、乙烯基聚合物、聚脲、聚呋喃、聚碳酸酯、聚乙烯、聚丙烯。

3）特殊材料膜。聚电解络合物、多孔玻璃、氧化石墨、ZrO_2（氧化锆）-聚丙烯酸、ZrO_2^- 碳、油类。

在这些材料中，以改性纤维素和聚砜应用最广。

二、膜的性能

由于造膜材料、造膜方法和膜结构的不同,膜的性能有很大的差异。通常用以下参数描述膜的性能。

1. 孔道特征

孔道特征包括孔径、孔径分布和孔隙度,是膜的重要性质。膜的孔径有最大孔径和平均孔径。孔径分布是指膜中一定大小的孔的体积占整个孔体积的百分数,孔径分布窄的膜比孔径分布宽的膜要好。孔隙度是指整个膜中孔所占的体积百分数。

2. 水通量

水通量为每单位时间内通过单位膜面积的水体积流量,也叫透水率。在实际使用中,水通量将很快降低,如处理蛋白质溶液时,水通量通常为纯水的10%。各种膜的水通量虽然有所区别,由于溶质分子的沉积,这种区别会变得不明显。

3. 截留率和截断分子质量

截留率是指对一定相对分子质量的物质,膜能截留的程度,定义为:

$$\delta = 1 - C_P/C_B$$

式中,C_P—某一瞬间透过液浓度(kmol/m^3);

C_B—截留液浓度(kmol/m^3)。

如果$\delta=1$,则$C_P=0$,表示溶质全部被截留;如果$\delta=0$,则$C_P=C_B$,表示溶质能自由通透。

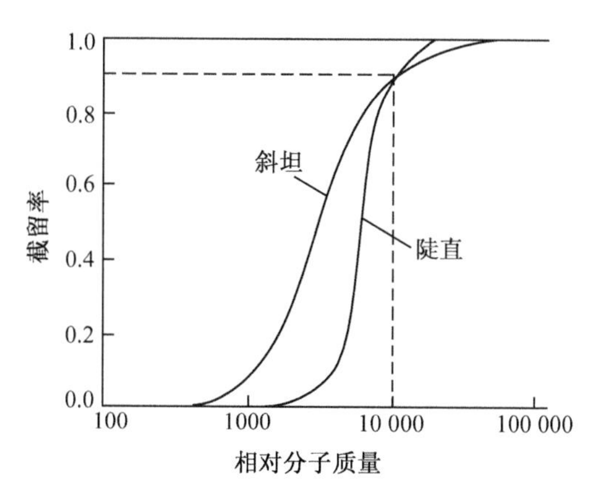

图1.11　截断曲线

用已知相对分子质量的各种物质进行试验，测定其截留率，得到的截留率与相对分子质量之间的关系称为截断曲线，如图 1.11 所示。

较好的膜应该有陡直的截断曲线，可使不同分子质量的溶质完全分离。

截断分子质量定义为相当于一定截留率（通常为 90%或 95%）的相对分子质量。显然，截留率越高、截断分子质量的范围越窄的膜越好。

另外，膜的性能参数还有抗压能力、pH 适用范围、对热和溶剂的稳定性、毒性等。本书附录二、三、四、五、六给出了某些商品膜的重要数据。

三、膜的使用寿命

膜的使用寿命受许多因素影响，除了贮存条件外，还受下列因素的影响。

1. 膜的压密作用

在压力作用下，膜的水通量随运行时间的延长而逐渐降低，这是由于膜体受压变密所致。引起压密的主要因素是操作压力和温度，压力、温度越高，压密作用越大。为了克服或减轻压密作用，可控制操作压力和进料温度（20℃左右）。当然最根本的措施是改进膜的结构，使其抗压密性增强。

2. 膜的水解作用

醋酸纤维素是酯类化合物，比较容易水解。为延长膜的使用寿命，可控制进液 pH 和温度。

3. 膜的浓差极化

浓差极化现象是随着运行时间的延长而产生的一种必然现象，虽然不能完全消除，但操作得当，可以有所减弱，如提高进液流速，采用湍流促进器或采用浅道流动系统等。

4. 膜污染

膜面沉积附着层或固体堵塞膜孔，都能造成膜污染，它不仅使膜的渗透通量下降，而且使膜发生劣化或报废。最好对料液进行适当的预处理，并改变操作条件，以防止可能的膜污染。一旦发生了膜污染，常用物理或化学清洗方法进行处理。

四、膜的分离技术

1. 渗透和透析

渗透是溶剂跨膜扩散的过程，在膜两侧渗透压差的推动下，溶剂从渗透压较小的一侧穿过膜流向渗透压较大的另一侧。透析是利用膜两侧溶质浓度差从溶液中分离出小分子物质而截留大分子物质的过程。一般来说,透析过程中同时存在着渗透作用,只是溶剂的运动方向与小分子运动的方向相反。渗透的结果使原溶液的浓度降低,即削弱了透析过程赖以进行的推动力。这是透析操作中需要集中考虑的关键问题。如果能不断除去扩散出来的小分子,就有可能彻底分离大小不同分子的混合物。

透析是利用半透膜进行的一种选择性扩散操作,简单易行。把料液盛于透析袋内,袋内留有挤去空气的空余部分,以防由于溶剂渗入造成料液体积增加而引起透析袋胀破。把透析袋置于透析外液之中。为了获得较快的透析速度,常常采取一些措施保持膜两侧浓度差具有最大值,如经常更换透析外液,或对流水做透析。连续搅动外液,或在透析袋内放置一些玻璃珠搅动内液,或在真空系统里做减压透析,都能有效地加快透析速度。但是透析外液尽量不用纯水,常使用一定 pH 的低盐缓冲液,这样可以避免袋内料液 pH 的变化和过分地稀释。

选用透析速度快而通透界限又明确的透析袋,可以收到良好的透析效果。Union Carbide各种型号的透析管、Spectro por 再生纤维素膜透析袋、新型纤维素酯膜透析袋的数据参见本书附录二、三、四。

2. 反渗透和超滤、微过滤

反渗透和超滤、微过滤均属加压膜分离技术,其区别是膜的孔径、膜两侧压力大小不同。如果在渗透装置的膜两侧造成一个压力差并使其大于溶液的渗透压(通常为 1～8 MPa),就会发生溶剂倒流,使得浓度较高的溶液进一步浓缩,这叫反渗透。膜的平均孔径<10Å 截留的是溶液中的溶质和悬浮物质,透过的是溶剂,因此反渗透可用于污水处理、海水淡化和纯水制造。

膜的平均孔径为 10～100Å,压力差为 0.1～0.6 MPa 时,它只截留大分子而允许水和盐类物质透过,这种操作叫超滤或透滤,可以脱盐并获得浓缩的大分子溶液。

当膜的平均孔径为 500Å～14μm,压力差为 0.1MPa 时,可以除去溶液中的较大颗粒、细菌菌体等而获得比较澄清的溶液,这叫微过滤或微孔过滤。Amicon 超滤膜数据见本书附录五、六。

3. 电渗析

在电场中交替装配阴离子和阳离子交换膜,形成一个个隔室,使溶液中的离子有选择地分离或富集,这就是电渗析,它使离子与非离子化合物分离。

4. 纳米过滤

纳米过滤介于超滤和反渗透之间,它也以压力差为推动力,但所需外加压力比反渗透低得多，能从溶液中分离出 300～1000 相对分子质量的物质而允许盐类透出，是集浓缩与透析为一体的节能膜分离方法，已在许多工业中得到有效的应用。

参考文献

B. D. 哈密斯，D. 利克伍德. 蛋白质的凝胶电泳实践方法. 刘毓秀，程桂芳译. 北京：科学出版社，1994

陈毓荃. 生物化学研究技术. 北京：中国农业出版社，1995

冯万祥，赵伯龙. 生化技术. 长沙：湖南科学技术出版社，1995

陶宗晋. 离心沉降分析技术. 北京：科学出版社，1983

汪家政，范明. 蛋白质技术手册. 北京：科学出版社，2000

王学松. 膜分离技术及其应用. 北京：科学出版社，1994

吴冠芸，潘华珍，吴翠. 生物化学与分子生物学实验常用数据手册. 北京：科学出版社，2000

叶正祥. 生物大分子离心分离技术. 长沙：湖南科学技术出版社，1990

中山大学生物系生化微生物学教研室. 生化技术导论. 北京：人民教育出版社，1978

第二章　生物化学分析方法

生物化学分析的直接目的是测定一定供试样本中某类或某种生化物质的含量或活性。由于细胞的组成极其复杂，各类生化物质含量有很大变化，稳定性各不相同，某种成分的存在可能对其他成分的测定工作构成干扰，因此，生物化学分析本身就是一件难度很大的事情。对于同一种生化物质，同时有多种分析方法可供选择，但任何分析方法，都有各自的优缺点和一定的适用条件。如何进行生物化学分析涉及问题很多。生物化学以生物高分子为主要研究对象，本章结合它们的测定问题做些方法学方面的讨论。

第一节　重量法

重量法是一种经典的分析方法，但在生物化学分析中，它又有不同的特点。原则上讲，通过一定的方法和程序，从供试样本中提取、纯化出某一类或某一种成分，求出其在样本中所占比例，就属于重量分析。由于细胞中生化物质种类很多，性质各异，有的可以用重量法分析如脂类物质，而有的就不能用重量法分析如含量甚微、性质易变的成分。就是含量较多的蛋白质，一般也不宜用重量法测定，其原因有两方面：一是蛋白质的绝对纯化难以做到，纯化过程中的损失不容忽略；二是蛋白质所含结合水数量不易确定。下面以粗脂肪的定量测定为例，说明一下重量法的应用。

脂质是不溶于水而溶于脂溶性溶剂的一大类物质，包括中性脂肪（油和脂肪）、类脂（磷脂、固醇和蜡）以及它们的水解产物（脂肪酸、高级脂肪醇）。利用脂溶性溶剂从样本中把脂类物质抽提出来，蒸去溶剂，根据制得的油重就可计算出样本的含油量。由于制备物是各种脂质的混合物，故称粗脂肪。

油料作物种子粗脂肪含量测定方法：选取有代表性的种子，拣出杂质，按四分法缩减取样。试样选出和制备完毕立即混合均匀，装入磨口瓶中备用。小粒种子如芝麻、油菜籽等，取样量不少于 25 g。大粒种子如大豆、花生仁等取样量不少于 30 g。大豆经 105±2℃烘干 1 h 后粉碎，并过 40 目筛。花生仁用切片机或刀片切碎。带壳油料如花生果、蓖麻籽、向日葵籽等，取样量不少于 50 g，通籽剥壳，分别称量，计算出仁率，再将籽仁切碎。

称取备用试样 2～4 g 两份（含油 0.7～1 g），精确至 0.001 g，置于 105±2℃烘箱中干燥 1 h 取出，放入干燥器内冷却至室温。同时另测试样的水分。将试样放入研钵内研细，必要时可加石英砂助研。用角勺将研细的试样移入干燥的滤纸筒内，取少量脱脂棉蘸乙醚抹净研钵、研锤和角勺上的试样、油迹，一并投入滤纸筒内（大豆已预先烘烤粉碎，可直接称样装筒），在试样表层复以脱脂棉，然后将滤纸筒放入索氏抽提器的抽提管内（无滤纸筒时也可使用滤纸包）。

在装有 2～3 粒浮石并已烘至恒重的洁净的抽提瓶内，加入瓶体约 1/2 的无水乙醚（或正己烷或 30～60℃沸程的石油醚），把抽提器各部分连接起来，通入冷却水，在水浴上进行抽提。调节水浴温度，使冷凝下滴的乙醚为 180 滴/min 即每秒 3 滴。抽提时间一般需 8～10 h，含油量高的作物种子应延长抽提时间，至抽提管内的乙醚用滤纸试验无油迹时停止。

抽提完毕后从抽提管中取出滤纸筒。将承接烧瓶与蒸馏装置连接好，在水浴上蒸馏回收抽提瓶中的乙醚。取下抽提瓶，在沸水浴上蒸去残余的乙醚。然后将盛有粗脂肪的抽提瓶放入 105±2℃烘箱中，烘 1 h，取出存放于干燥器中冷却至室温（约 1 h）后称重，精确至 0.001 g。再烘 30 min，冷却后称重，直至恒重。抽提瓶增加的重量即为粗脂肪重量。抽出的油应是清亮的，否则应重做。结果计算：

$$粗脂肪(\%,干基)=\frac{粗脂肪重量}{试样重量(1-水分百分率)}\times 100$$

$$带壳油料种子粗脂肪(\%)=种仁粗脂肪(\%)\times 出仁率$$

平行测定的结果用算术平均值表示，保留小数后 2 位。平行测定结果的相对误差，大豆不得大于 2%，油料作物种子不得大于 1%。

除了脂类可用重量法测定外，棉花、麻类、饲料、食品中的纤维素，通常也用重量法测定。现在有了半自动的纤维分析仪，同时可处理 6 个样品，分析效率可以大幅度提高。

第二节　化学法

一种物质如果能和另一种物质发生化学反应，原则上讲就可以根据这个化学反应建立一个相应的化学分析方法，在此等物质的量规则起着根本的指导作用。所谓等物质的量规则是指在化学反应中，消耗了的两反应物的物质的量相等。用公式表示即：

$$n_{\mathrm{B}} = n_{\mathrm{T}} \tag{2-1}$$

或

$$C_{\mathrm{B}}V_{\mathrm{B}} = C_{\mathrm{T}}V_{\mathrm{T}} \tag{2-2}$$

(2-1)式中，n_{B}、n_{T} 分别表示相互反应的物质 B 和物质 T 的物质的量，它们可由下式求出或表示：

$$n = \frac{m}{M} = CV \tag{2-3}$$

(2-3)式中，m 为该物质的质量，M 为该物质的摩尔质量，C 为该物质的量浓度，V

为该物质的耗用体积。

根据上述 3 个公式，就可以很容易地对酸碱滴定、氧化还原滴定、络合滴定和沉淀滴定进行计算。下面以蛋白质凯氏定氮法测定为例，说明一下化学分析在生化分析中的应用。

每一种蛋白质都有其恒定的含氮量。各种蛋白质含氮量变幅在 14%～18% 之间，平均为 16%。当样品在浓硫酸中加热时，样品中蛋白质的氮变成铵盐状态。在强碱条件下将氨蒸出，用加有混合指示剂的硼酸吸收蒸出的氨。以标准硫酸滴定硼酸吸收的氨，恢复硼酸吸收氨之前原有的氢离子浓度。根据标准酸消耗量，即可求出蛋白质的含氮量，再乘以 16% 的倒数 6.25，可求出样品中蛋白质的含量。凯氏法中有关反应如下：

$$\text{有机物样品} + \text{浓 } H_2SO_4 \xrightarrow[\text{催化剂}]{\triangle} (NH_4)_2SO_4 + H_3PO_4 + CO_2\uparrow + SO_2\uparrow + SO_3\uparrow$$

$$(NH_4)_2SO_4 + 2NaOH \longrightarrow 2NH_4OH + Na_2SO_4$$

$$NH_4OH \xrightarrow{OH^-} H_2O + NH_3\uparrow$$

$$NH_3 + H_3BO_3 \longrightarrow (NH_4)H_2BO_3$$

$$2(NH_4)H_2BO_3 + H_2SO_4 \longrightarrow (NH_4)_2SO_4 + 2H_3BO_3$$

结果计算：

$$\text{样品的蛋白质含量}\% = \frac{(V_S - V_{CK}) \times C_{\frac{1}{2}H_2SO_4} \times 14 \times 6.25}{W \times 1000} \times 100$$

式中，V_S—滴定样品用去标准硫酸的体积(ml)；

V_{CK}—滴定空白用去标准硫酸的体积(ml)；

$C_{\frac{1}{2}H_2SO_4}$— $\frac{1}{2}H_2SO_4$ 的量浓度(mol/L)；

W—样品重(g)。

第三节　分光光度法

分光光度法是利用物质所特有的吸收光谱来测定其含量的一项技术。朗伯-比尔定律是利用分光光度计进行比色分析的基本依据，其数学表达式为：

$$\frac{I}{I_0} = e^{-\varepsilon cl} \tag{3-1}$$

(3-1)式含义为，当单色光通过一吸收光的物质时透射光强度随该物质的浓度及吸光介质的厚度的增加呈指数减少。

若用透光率 T 代替透射光与入射光比值 I/I_0，则：

$$T = e^{-\varepsilon cl} \tag{3-2}$$

对(3-2)式两侧同时取负对数

$$-\lg T = \varepsilon cl$$

令$-\lg T=A$，A称为吸光度，那么

$$A = \varepsilon cl \quad (3\text{-}3)$$

(3-3)是朗伯-比尔定律的实用形式，它表示吸光溶液厚度（光径 l）一定时，吸光度(A)与溶液浓度(C)成正比。如果作出标准物吸光度(A)对浓度(C)的标准曲线，借助标准曲线就很容易通过测定吸光度求得同类物质未知溶液的浓度。式中 ε 称为摩尔消光系数，是光径 l 为 1 cm、浓度 C 为 1 mol/L 时的吸光度，它的单位为 L/mol·cm。

由于分光光度法具有灵敏度高，操作简便、精确、快速，对于复杂的组分系统，勿需分离即可检测出其中所含的微量组分的特点，因此分光光度法早已成为生物化学研究中广泛使用的分析方法。许多生化物质本身不具颜色，但通过一些灵敏的显色反应，可以方便地对该物质进行定量测定。利用某些物质如蛋白质、核酸等在紫外光区域的吸收也符合朗伯-比尔定律，不需显色便可进行比色测定或流动比色测定，因此更受生化工作者欢迎。

为了获得吸光度与浓度之间的线性关系，在利用分光光度法进行测定时应该注意：

1)分光光度计应有很好的分光或滤光性能，这是因为朗伯-比尔定律只适用单色光。

2)吸光度值应控制在 0.05～1.0 范围之内，否则应适当稀释溶液或换用光径更小的比色杯。

3)正确选用参比溶液。当显色剂及其他试剂均无色，而被测溶液中又无其他离子时，可用蒸馏水作参比溶液。如显色剂本身具有颜色，则用显色剂作对照。如显色剂本身无色，而被测溶液中有其他有色离子时，则用不加显色剂的被测溶液作对照。

还原糖的测定是生化分析中经常做的项目，最方便的方法就是分光光度法。在碱性条件下，显色剂 3,5-二硝基水杨酸与还原糖共热后被还原成棕红色氨基化合物，在一定范围(50～100μg)内还原糖的量与显色后溶液的颜色强度呈比例关系，因此利用分光光度法可测定样品中还原糖的含量。

第四节　酶　　法

酶是生物细胞产生的以蛋白质为主要成分的生物催化剂。酶促反应具有高度的专一性，包括底物专一性（即酶只作用于某一种或某一类物质）和反应专一性（即酶只能催化一定的反应）。酶的这种选择性及其在很低的浓度下都有很高催化效率的能力，使得酶法分析大有用途，早已用来对底物、激活剂、抑制剂以及酶本身进行测定。

酶法分析最主要的优点在于选择性强，不受体系中共存物质干扰；灵敏度高，可测定到 10^{-10} g 这样微量的物质。随着多种酶试剂的商品化和固相酶的出现，以及快速而准确的酶法分析自动化系统的进展，酶法分析日益得到广泛应用。

酶的种类及酶反应类型很多，其具体反应过程各不相同，但酶法分析的测定方法概括起来有两大类，即化学方法和仪器方法。

一、化学方法

为了跟踪一个酶反应的进程，必须检测其中某一反应物或反应产物的浓度随时间而变化的程度。在化学方法中，反应的跟踪是通过定时地从反应混合物中取出一定样品，测定其中某一反应物或产物的变化值。取样后可用下列方法之一来终止酶反应：

1)加入一种能与底物结合的化合物或酶的抑制剂。

2)使样品突然冷却，钝化酶的活性。

3)将样品迅速置入沸水浴中使酶失活。

4)凡对 pH 敏感酶，可利用突然加入酸或碱来改变 pH，终止酶活性。

二、仪器方法

如果不取样就能连续地检测化学反应，那当然是更理想的。应运而生的各种仪器方法，就具有这种特点。仪器方法大致有两类：一类是跟踪某些反应物的消失或反应产物的出现，直接利用它的理化性质加以检测；另一类是使用偶联反应体系，进行间接检测。常用的仪器方法有测压法、分光光度法、旋光测定法、电化学法、荧光法和放射化学法。

第五节　色谱法

色谱法是用来分离混合物中各种组分的方法。色谱系统包括两相：固定相和流动相。当以流动相流过加有样品的固定相时，由于各组分在两相之间的浓度比例不同，就会以不同速度移动而互相分离开来。固定相可以是固体，也可以是被固体或凝胶所支持的液体。固定相可以装入柱中、展成薄层或涂成薄膜，称为“色谱床”。流动相可以是气体，也可以是液体，前者称为气相色谱，后者称为液相色谱。

色谱法的基本作用是实现混合物中各组分的有效分离，完成定性分析。纸色谱法、薄层色谱法、薄膜色谱法都能胜任定性分析，但要实现高分辨力的分离或准确进行各组分的定量分析，它们就不能满足需要了。尽管可以采用洗脱比色或用薄层扫描仪处理显色后的图谱，但最多能做到半定量。随着离子交换色谱仪(如氨基酸自动分析仪)、高效液相色谱仪、气相色谱仪和毛细管电泳仪的出现及逐渐完善,生化物质的分离和定量分析可以在很短时间内准确完成。

离子交换色谱法主要用来分离极性较强、电离度大的混合物。氨基酸分析仪是用离子交换色谱法分析氨基酸组分及含量的专用液相色谱仪。在酸性条件下,氨基酸多元混合物首先与离子交换树脂上的钠离子发生交换而被结合。然后用不同 pH 的洗脱液分段洗脱,酸性、中性和碱性氨基酸顺次流出,而且每种氨基酸在固定条件下洗脱时间是固定的。流出的氨基酸在混合室内与茚三酮混合,流经加热的反应螺旋管时充分反应显色,再流经专用分光光度计比色,在记录仪上绘出各种氨基酸出峰图谱,积分仪打印出分析结果,可以同时做出定性定量分析。

第六节 主要生物物质分析

生物材料中有机化合物种类很多,本节主要讨论碳水化合物、核酸、蛋白质的定量分析。

一、碳水化合物分析

碳水化合物又称糖类物质,是多羟基醛、多羟基酮及其缩聚物和某些衍生物的总称。在人类食物或饲料成分中,碳水化合物量通常以总碳水化合物来表示:

总碳水化合物(%)=100-(水分+粗蛋白+粗脂肪+粗灰分)(%)

现代营养学将总碳水化合物分为两类,即有效碳水化合物和无效碳水化合物(又称膳食纤维)。前者包括单糖、低聚糖、糊精、淀粉和糖原等,后者包括果胶、半纤维素、纤维素和木质素等。对生物材料的碳水化合物的分析,可以做总碳水化合物的测定,但更多的研究需要明确测定各类碳水化合物的含量,如淀粉、纤维素等。

根据糖的组成,可将碳水化合物分为三类即单糖、双糖和多糖。而根据糖在水或乙醇溶液中的溶解度大小,碳水化合物可分为两类,即可溶性糖(包括还原性单糖、双糖和非还原性双糖、寡糖)和不溶性糖(包括半纤维素、纤维素、淀粉、果胶、多缩戊糖等)。

经典的组分分析是将具有同一作用机能的物质一起进行定量的方法,如还原糖、可溶性糖等。其分析结果虽然难以赋预明确的含义(如可溶性糖总量中到底含有哪些糖),但在实践上较为实用,仍是目前使用较多的分析方法。

碳水化合物的测定有物理方法和化学方法,但以化学分析法更为常用。在化学分析法中,还原糖的测定是最基本的,因为非还原糖及多糖等的分析,是经过水解将其转化为还原糖来测定并以还原糖来表示其含量的。

1. 可溶性糖的测定

(1)可溶性糖的提取与澄清

可溶性糖易溶于水和乙醇溶液。水果、蔬菜等样品可用水直接提取,含淀粉和葡糖较多的样品需用80%乙醇溶液提取。

用水提取可溶性糖时,先将样品研成糊状或粉状,加一定量蒸馏水,在70~80℃水浴上加热1小时。为防止多糖被酶解,可加入少量氯化汞($HgCl_2$)。样品含有机酸较多时,应先调节pH至中性再加热提取,可避免低聚糖被有机酸部分水解。最后用水定容至一定体积,过滤,取滤液测糖。

当用80%乙醇提取可溶性糖时,回流提取3次,每次30分钟。合并提取液,蒸去乙醇,以水定容至一定体积,测糖。

为了除去蛋白质等干扰物质,可用10%的中性醋酸铅处理可溶性糖提取液,冷却后过滤。用饱和硫酸钠沉淀滤液中多余的铅,过滤后定容至一定体积,再进行糖的测定。

(2)原还糖的测定

方法一 3,5-二硝基水杨酸(DNS)比色法

原理:在碱性溶液中,3,5-二硝基水杨酸与还原糖共热后被还原成棕红色氨基化合物,在一定范围内还原糖的量与反应液的颜色强度呈正比,利用比色法可测定样品中还原糖含量(详见实验十三)。

方法二 Somogyi-Nelson 比色法

原理:还原糖将铜试剂还原生成氧化亚铜,在浓硫酸存在下与砷钼酸生成蓝色溶液,在560 nm下的消光值与还原糖含量呈比例关系,故可用比色法测定样品中还原糖含量(详见实验三十三)。

还原糖的测定还有 Lane-Eynon(即斐林试剂热滴定)法、Shaffer-Somogyi 碘量法等多种方法。非还原糖经酸水解后,也可用上述方法测定。但在水解过程中有水分子掺入,应从测定总量中扣除掺入的水量,蔗糖乘以0.95,其他多糖乘以0.9。

(3)可溶性糖总量的测定

方法一 蒽酮比色法

原理:糖类遇浓硫酸脱水生成糠醛及其衍生物,可与蒽酮试剂缩合产生蓝绿色物质,于620 nm处有最大吸收,显色深浅与糖含量呈线性关系(详见实验三十四)。

方法二 地衣酚-硫酸比色法

原理:糖经无机酸处理脱水产生糠醛或其衍生物,能与地衣酚缩合生成有色物质,溶液颜色深浅与糖含量成正比,在505 nm比色可测定样品中的糖含量。

2. 淀粉的测定

淀粉是植物种子中最重要的贮藏性多糖。玉米、小米、大米约含淀粉70%，干燥的豆类为36%～47%。蔬菜的淀粉含量悬殊较大，马铃薯约为14.7%，叶菜类少于0.2%。成熟的香蕉约含淀粉8.8%，而其他水果几乎不含淀粉。

淀粉是由葡萄糖聚合成的高分子化合物，有直链淀粉和支链淀粉两类。它们的性质因结构差异而有所不同。

直链淀粉不溶于冷水，能溶于热水。直链淀粉分子在溶液中经缓慢冷却后，容易发生凝沉现象。直链淀粉可与碘生成络合物，呈现深蓝色。

支链淀粉只能在加热及加压的条件下才能溶解于水。静置冷却后，不易出现凝沉现象。支链淀粉与碘不能形成稳定的络合物，遇碘呈现较浅的蓝紫色。

淀粉可直接被酸水解生成葡萄糖；或被酶水解生成麦芽糖和糊精，再经酸水解生成葡萄糖，这是淀粉经酶或酸水解后测定还原糖计算淀粉含量的理论基础。另外，淀粉经分散和酸解后具有一定的旋光性，是旋光法测定淀粉含量的基础。由于半纤维素也容易被酸水解产生还原糖，所以用直接水解法测定淀粉，会使测定结果偏高。

方法一 $CaCl_2$-HAcO 浸提-旋光法

原理：淀粉可用$CaCl_2$-HAcO(比重1.3, pH 2.3)为分散和液化剂，在一定的酸度和加热条例下，使淀粉溶解和部分酸解，生成具有一定旋光性的水解产物，用旋光计测定之。用此法时，各种淀粉的水解产物的比旋指定为203。

$$淀粉,\% = \frac{\alpha \times 100}{m \times l \times 203} \times 100$$

式中，α—旋光角度的读数；

l—旋光管长(dm)；

m—样品质量(g)；

203—淀粉的比旋。

方法二 淀粉糖化酶-酸水解法

原理：样品经脱脂、脱(可溶性)糖后，加入淀粉酶糖化，冷却后用中性醋酸铅除蛋白，糖化液(含糊精和麦芽糖)再用盐酸水解，淀粉最终转化为葡萄糖，测定还原糖的量，结果有两种表示方法：

$$还原糖,\% = \frac{还原糖(mg) \times 样液总体积}{样品质量(mg) \times 测定取用体积} \times 100$$

或

$$淀粉,\% = 还原糖(\%) \times 0.9$$

以上两种方法测得的是样品中淀粉的总量。如果要了解样品中直链淀粉和支链淀粉各自的含量，可用双波长比色法测定(详见实验三十六)。

3. 粗纤维的测定

粗纤维的概念是比较粗放的，对于植物性饲料或食品，粗纤维包括纤维素、半纤维素、木质素、果胶物质等多种化学成分。其含量高低有助于饲料或食品的营养价值评定。粗纤维的测定传统上多用酸碱洗涤法，由于其流程较长、测定结果偏低（木质素溶解所致），现在已为 Van Soest 的酸洗涤剂法（ADF）取代。

原理：植物样品用 2% 的 CTAB（十六烷基三甲基溴化铵）的 0.5 mol/L H_2SO_4 溶液（酸洗涤剂）煮沸 1 小时，除去易水解的蛋白质、多糖、核酸等组分，过滤，洗净酸液后烘干（含纤维素及木质素），由残渣重计算酸性洗涤剂纤维%，本法适用于谷物及其加工品、饲料、牧草、果蔬等植物茎杆、叶、果实以及测定粗脂肪后的任何样品中粗纤维的测定。详见实验三十七。

4. 果胶物质的测定

果胶物质是一群复杂的胶态的碳水化合物衍生物。在未成熟果实中，呈不溶于水的原果胶存在。随着果实的成熟，原果胶转化为水溶性的果胶酸和果胶酯酸，二者的区别是多聚半乳糖醛酸的羧基甲基化程度不同。

方法一 重量法

将果胶质从样品中提取出来（分总果胶物质和水溶性果胶物质两部分），加入氯化钙生成不溶于水的果胶酸钙，测其重量后换算成果胶质的质量。有两种表示方法：

$$果胶酸钙,\% = \frac{(m_1 - m_2) \times V}{m \times V_1} \times 100$$

$$果胶酸,\% = \frac{0.9233 \times (m_1 - m_2) \times V}{m \times V_1} \times 100$$

式中，m_1—果胶酸钙＋玻璃砂芯漏斗质量(g)；

m_2—玻璃砂芯漏斗质量(g)；

V_1—用去提取液体积(ml)；

V—提取液总体积(ml)；

m—样品质量(g)；

0.9233—由果胶酸钙($C_{17}H_{22}O_{16}Ca$)换算成果胶酸的系数。

本法操作详见实验三十八。

方法二 比色法

原理：果胶物质水解后生成半乳糖醛酸，在强酸中与咔唑产生缩合反应，对其紫红色溶液进行比色定量。样品中的果胶物质以半乳糖醛酸表示。

二、核酸分析

核酸分 DNA 和 RNA 两类，由于结构和组成不同，产生了性质上的部分差异。这种差异在核酸的定量分析中是非常有用的。

核酸的定量分析有两种情况，一种是测定一定量生物材料中 DNA、RNA 的含量，另一种是对核酸制备物中 DNA、RNA 的含量和纯度进行测定。

在生物材料中，各种有机成分混合存在，核酸往往还和蛋白质等结合成复合物。当破碎了细胞之后，必须要通过多步程序，去除干扰核酸分析的杂质，再根据 RNA 和 DNA 对碱、酸稳定性的差异，分别抽提出 RNA 和 DNA 的水解产物(单核苷酸)，最后利用紫外吸收法、定磷法或定糖法分别进行定量测定。

对不同的生物材料，可选用适当的方法对细胞进行破碎。破碎工作应尽可能在低温条件下进行，防止核酸酶对核酸的水解，所有试剂一般需预冷。

样品的处理过程主要是去除杂质。在此期间，要用多种试剂悬浮沉淀、离心。除了在低温条件下操作之外，每次悬浮沉淀要充分，避免沉淀的损失。每次离心时间不少于 10 分钟。

首先用乙醇洗去糖类物质，再用稀的高氯酸洗去无机磷酸。对含脂类较多的样品，接下来要用醇醚混合液脱脂。对低脂样品，此步可以省略，或在最后采用抗干扰力强的测定方法。脱过脂的样品沉淀(含 RNA＋DNA)，可选择两种不同的水解方法处理。一是用 5％的高氯酸在 90℃水解 15 分钟，抽出总核酸；二是先用 0.3 mol/L 的氢氧化钾水解 RNA，下余沉淀再用酸水解 DNA，第二种方法分别获得 RNA 和 DNA 两种水解液。最后再利用核酸的碱基部分、磷酸部分或糖的特异性质，对两类核酸进行定量。

核酸的定量方法有 3 类：

(1)紫外吸收法

天然核酸分子中，由于各种碱基中存在共轭双键，在 240～280 nm 段有极大吸收。纯核酸的紫外吸收高峰在 260 nm，吸收低谷在 230 nm。在一定限度内(10～20μg/ml)，A_{260} 值与核酸浓度成正比，但 RNA 和 DNA 的比消光系数不同：

$$RNA(1\mu g/ml) 的 A_{260}=0.022$$

$$DNA(1\mu g/ml) 的 A_{260}=0.020$$

因此，根据样品的 A_{260}，可以定量测定核酸(天然大分子)。

在上述核酸分离程序中，实际上制得的是单核苷酸溶液，对于 RNA 来说，A_{260} 增加 1.1～1.5 倍，DNA A_{260} 增加 1.3～1.4 倍。所以，在分析计算时不能简单的利用高分子核酸的比消光系数，应该在做样品的同时，做 RNA 和 DNA 标样的水解，分别测出各自的比消光系数，再行计算。

(2)定磷法

从原理上讲,两类核酸分别抽提出来之后,再进行消化,将核苷酸中的磷基释放出来做成无机磷酸,进行定磷。再根据核酸的含磷量确定的关系,即 RNA^P=9.5%,DNA^P=9.9%,可以计算出样品中核酸的含量。

(3)定糖法

RNA 的测定 RNA 含有核糖,可选用以下任一方法。

方法一 地衣酚法

在 RNA 提取液中加入地衣酚试剂,沸水浴中煮沸 20 分钟,产生蓝绿色的化合物,测 A_{670}。本方法特异性强,DNA 的显色度为 RNA 的十分之一,蛋白质影响较小。适用于 RNA 碱解液。

方法二 对溴苯肼法

在核酸酸解液中加入氯化钠、盐酸、二甲苯,煮沸 3 小时,冷却后再加入二甲苯振荡萃取,取出一部分二甲苯层(内含糠醛),加入对溴苯肼,37℃下反应 1 小时,生成黄色的苯腙,测 A_{450}。本方法抗干扰力强,几乎不受 DNA(至 1 mg)的影响。适于全核酸抽提液中 RNA 的定量。

DNA 的测定(定脱氧核糖) DNA 中含有 2′-脱氧核糖,可选用以下任一方法。

方法一 二苯胺法

在 DNA 抽出液中加入二苯胺试剂,30℃放置 16～20 小时,测 A_{600}。本方法灵敏度较低。

方法二 吲哚法

在 DNA 抽出液中加入 0.04%吲哚溶液、浓盐酸,振荡后煮沸 10 分钟,冷却后用氯仿萃取 3 次。离心后取上层黄色水层,测 A_{490}。本方法比二苯胺法灵敏,而且不受 RNA 共存的影响。

方法三 对-硝基苯肼法

在核酸酸解液中,加入 5%三氯乙酸,对-硝基苯肼,煮沸 20 分钟,冷却后加乙酸乙酯,振荡,离心,弃去上层有机相,取水层溶液 3.0 ml,加 2 mol/L 氢氧化钠 1.0 ml 显色,定容至 5.0 ml,测 A_{560}。此法专一性强,各 1 mg 的核糖、RNA 水解物及蛋白质共存时均无干扰。并且不经脱脂程序,对 DNA 定量也无影响。

对于纯的核酸制备物,存在如下数量关系,50μg/ml 的双链 DNA,37μg/ml 的单链 DNA,40μg/ml 的单链 RNA,20μg/ml 的单链寡聚核苷酸其 A_{260}=1,据此用紫外吸收法来计算核酸样品的浓度(>0.25μg/ml)。

分光光度法不但能测定核酸的浓度,还可以通过测定 A_{260}/A_{280} 比值估计核酸的纯度。DNA 的比值为 1.8,RNA 的比值为 2.0。酶、蛋白质的存在会导致 A_{260}/A_{280} 比值降低。若 DNA 的 A_{260}/A_{280}>1.8,说明制剂中存在 RNA,需要考虑用 RNA 酶处理样品,提高 DNA 纯度。

当核酸溶液浓度<0.25μg/ml时，核酸的定量需要使用灵敏度更高的荧光光度法(灵敏度可达1～5 ng)。DNA本身并不产生荧光，但在荧光染料溴乙锭(ethidium bromide, EB)嵌入碱基平面之间后，DNA样品在紫外线(254 nm)照射下激发，可以发出红色荧光，其荧光强度与核酸含量成正比。使用一系列已知的不同DNA溶液作标准对照，可以比较出被测DNA溶液的浓度。RNA也可用荧光光度法测定浓度，但应使用RNA或单链DNA作标准对照，RNA的最低检出量为0.5μg左右，比DNA检出下限低得多。

三、蛋白质分析

蛋白质的定量分析是经常做的生化测定项目，一般来说，不能采取单离称量法，这是因为很难确定蛋白质的结合水量，其纯化流程很长，操作中引入的误差不可忽视。在生物化学研究中，蛋白质的定量方法主要有两类，一是基于蛋白质含氮量稳定的凯氏定氮法，二是比色法，包括双缩脲法、Lowry法、紫外法和色素结合法。

方法一 凯氏法

原理：各种蛋白质含氮量虽有一定差异，但变幅不大(14%～18%)，平均含氮量为16%。当样品与浓硫酸共热时(需使用催化剂)，蛋白质分子中的氮转变成铵盐。在强碱性条件下将氨蒸出，用加有混合指示剂的硼酸吸收之。用标准酸滴定被硼酸吸收的氨，恢复硼酸吸收氨之前原有的氢离子浓度作为终点。根据标准酸消耗量，即可求出样品中蛋白质的含量。凯氏法适用于各种生物样品，固体、液体均可。灵敏度高，重现性好。是蛋白质定量分析的标准方法，随着自动定氮仪的问世，分析工作已实现自动化。见实验二十七中Ⅰ。

方法二 双缩脲法

原理：在碱性溶液中蛋白质的肽键与Cu^{2+}作用(4∶1)生成紫红色络合物，颜色深浅与蛋白质含量成正比，故可用比色法测定蛋白质含量。

双缩脲法主要的缺点是灵敏度稍低，蛋白质浓度过低时有一定误差。当有足量样品时，双缩脲法还是可以使用的比较稳定的方法。详见实验三十。

方法三 Folin-酚法

原理：Folin-酚法又叫Lowry法，是一个包含双缩脲反应的复合方法。在碱性条件下，蛋白质与Cu^{2+}作用生成蛋白质-铜复合物，再利用复合物中蛋白质的芳香族氨基酸Tyr的酚羟基还原磷钼酸-磷钨酸试剂，生成蓝色物质。在一定条件下，蓝色深浅与蛋白质含量成正比，可用比色法测定。

本方法操作简单，迅速，灵敏度高，易受多种因素干扰。详见实验三十一。

方法四 紫外法

原理：本法依据蛋白质溶液在280 nm下有最大吸收值(主要是Tyr残基的贡

献)进行比色测定。当有核酸共存时,可以分别测定 A_{280},A_{260},再按下式计算,即可消除核酸干扰:

$$蛋白质浓度(mg/ml) = 1.45A_{280} - 0.74A_{260}$$

本方法灵敏度较高,无需损耗样品,在柱层析中适于做流动比色,跟踪蛋白质组分的洗脱。详见实验三十二。

方法五 色素结合法

原理:考马斯亮蓝 G-250 在游离状态下呈红色,当它与蛋白质结合后变为青色。蛋白质含量在 0～1000 μg 范围内,蛋白质-色素结合物在 595 nm 下的光吸收与蛋白质含量成正比,故可用比色法测定。详见实验十二。

参考文献

蔡武城,袁厚积. 生物物质常用化学分析方法. 北京:科学出版社,1982

陈毓荃. 生物化学研究技术. 北京:中国农业出版社,1995

G. G. 吉尔鲍特. 酶法分析. 缪辉南译. 北京:科学出版社,1977

张树政. 酶学研究技术. 北京科学出版社,1987

第三章 生物化学制备方法

第一节 生物化学制备方法的特点

从生物材料中获得某一组分的方法称为生物化学制备。它是生化工程及生化制药工业的基础。

生化物质在生物体内具有多种生理活性，这些活性的产生与其结构有着密切的关系。化学中已经十分成熟的制备方法如蒸馏、熔炼等，对生化物质的制备已完全不适用。客观的需要推动了生化制备技术的建立与发展。与一般化学制备相比，生化制备技术有以下几个特点：

1)生物材料组成非常复杂，其中往往包括数百种甚至数千种化合物。在分离制备过程中，这些化合物仍在发生变化。

2)有些组分含量甚微，如激素、抗体等，需要用大量材料才能获得少量制备物。

3)许多具有生物活性的成分一旦离开了活体，很易变性失活，这是生化制备中最困难的地方。在生物高分子制备中，为了最大限度地保持其活性，往往要选择十分温和的条件如 pH、离子强度，并尽可能在较低温度和洁净环境下进行。

4)生化制备一般都在溶液中进行，影响因素很多，方法经验性较强。为了提高制备批次之间的重现性，必须严格规定材料、方法、条件和试剂。

5)制备物均一性的证明与化学上纯度的概念并不完全相同。由于生物分子对环境反应十分敏感，结构与功能关系比较复杂，故对其均一性的评定常常是有条件的，或者通过不同角度的测定，才能给出相对均一的结论。

由于生化制备的上述特点，现行的生化制备技术大都根据混合物中不同组分分配率的差别，把它们分配于可用机械方法分离的两相中，通过分液、过滤、离心等预以分离；或者将混合物置于某一物相(大多数是液相)中，外加一定的作用力如层析、离心、电泳、超滤等，使各组分分配于不同的区域，从而达到分离的目的。

第二节 溶剂提取法

利用溶剂的溶解作用把所需成分从细胞中转移出来的操作叫溶剂提取，这是生化制备的最基本技术。凡能影响物质溶解度的因素均能影响提取效率，大致涉及溶剂本身及提取操作方法和条件两个方面。最主要的包括以下因素：

1. 溶剂的性质

一种物质溶解度的大小与溶剂的性质密切相关。物质溶解性质有三个最主要的规律：

1)极性物质易溶于极性溶剂中，非极性物质易溶于非极性溶剂中。但也有例外，如糖类虽是非极性物质，但因分子内含有较多羟基(极性基团)，也易溶于水。

2)酸碱物质易于互溶，即酸性物质易溶于碱性溶剂中，碱性物质易溶于酸性溶剂中。

3)降低溶剂的介电常数，可降低溶质的溶解度。

在做溶剂提取时，溶剂的性质是首先要考虑的。单从极性的大小来看，常用溶剂大致有如下排序：

水＞醇类＞酮类＞酚类＞芳胺类＞未全卤代烃类～脂类＞醚类＞不饱和烃类＞全卤代烃类 ＞饱和烃类

2. 离子强度

离子强度是影响物质溶解度的主要因素之一，但离子强度对不同物质溶解度的影响不同。如高离子强度可使 DNA 蛋白质复合物溶解度增加，而低离子强度下就能溶解 RNA 蛋白质复合物。在核酸制备和分析中都利用这一差别实现两类核酸的分离。再例如稀盐溶液可使绝大多数球蛋白和酶的溶解度增加，一般用稀盐溶液而不用纯水来提取蛋白质。在此条件下，稀盐溶液还有稳定提取物生理活性的作用。

3. pH 值

溶剂 pH 对生化物质的提取有两方面的影响，一是影响生物高分子的结构与活性，通常控制在 pH6～8 左右。二是通过影响溶质的解离状态而改变其溶解度。一般来说，非解离的分子状态易溶于有机溶剂，而离子状态的物质都易溶于水。对于酸性或碱性物质，可利用一定 pH 的水溶液溶提出来，再改变溶液 pH 抑制其解离，使其呈分子状态，再转溶于有机溶剂。这样，对其进一步分离纯化十分有利。然而像氨基酸这样的两性物质，除了在等电点时溶解度最低外，在任何 pH 条件下都呈离子状态，所以一般不用有机溶剂提取氨基酸(乙醇例外)。

4. 温度

温度的升高可增加物质的溶解度。对热比较稳定的生化物质例如中草药的有效成分可用加热的方法进行提取，但对绝大多数生物高分子来说，一般尽可能在低温下提取，以便最大程度地保持其生物活性。

5. 去垢剂

去垢剂是一类既具有亲水基又具有疏水基的物质，有阳离子型、阴离子型和中性等三类去垢剂。去垢剂一般具有乳化、分散和增溶三种作用。常用的中性去垢剂 Tween，Triton X-100，Lubrol W 等适于提取蛋白质和酶，而阴离子型去垢剂十二烷基硫酸钠(SDS)常用于核酸提取。

溶剂提取的具体操作方法视材料和被提取成分的性质而定，常用的有浸渍法、渗漉法、煎煮法、回流提取法和连续提取法。

第三节　沉淀法

溶液中的溶质由液相变成固相析出的过程叫沉淀，可以通过使用沉淀剂或改变溶液的条件来实现。制备沉淀可收到浓缩或部分纯化的效果，沉淀物也便于保存或进一步处理。

一、盐析法

一般地说，所有固体溶质都可以在溶液中加入中性盐而沉淀析出。这一过程称为盐析。在蛋白质研究领域盐析应用最为普遍。中性盐的加入可以中和蛋白质分子表面的电荷，破坏其表层水化膜，从而使蛋白质分子易于聚集而沉淀析出。影响蛋白质盐析的因素主要有：

1. 蛋白质浓度

蛋白质浓度过高或过低，都不太适合做盐析。过浓时易发生共沉作用，过稀时回收率太低，一般蛋白质浓度取 2.5％～3.0％较为合适，否则应适当稀释或浓缩。

2. 离子强度

离子强度大小对蛋白质的溶解度起着决定性的影响，一般来说，离子强度越高，蛋白质溶解度越低，盐析越易发生。为了防止蛋白质的共沉作用，盐析时并非离子强度越高越好。不同蛋白质发生盐析时所需要的离子强度不同，据此，可以用不同离子强度的分步盐析，对混合物中各组分进行分离或部分纯化。

3. pH 值

溶液的 pH 值影响蛋白质解离状况和溶解度大小。如果调整溶液 pH 值在蛋白质等电点附近，则盐析效果最好。

4. 温度

盐析可使蛋白质沉淀下来,但并不会使蛋白质变性。为了盐析完全和防止蛋白质变性,一般最好在室温或 0~4℃下进行。

可用于盐析的中性盐种类很多,但最常用的首推硫酸铵。这是因为硫酸铵溶解度大,受温度变化影响较小。用于盐析的硫酸铵应该有较高的纯度。盐析时硫酸铵的浓度以饱和溶液的百分数来表示。调整溶液硫酸铵饱和度既可加入固体盐,也可滴加饱和溶液,但不管采用哪种方式,都要注意:

1)根据溶液温度,查表计算该温度条件下硫酸铵加入量,避免错误,见本书附录七。
2)加盐时要分次缓慢加入,同时适当搅拌,以免造成局部过浓,影响分离效果。
3)盐析后一般放置 0.5~1 h,待沉淀完全后再分离,可提高回收率。

二、有机溶剂沉淀法

有机溶剂可以降低溶液的介电常数,可以破坏溶质分子表面的水膜,从而引起溶质分子的聚集沉淀,是另一类常用的沉淀方法。由于不同溶质的沉淀要求不同浓度的有机溶剂,因此可用有机溶剂进行分步沉淀。使用的有机溶剂必须能和水混溶。乙醇常用来沉淀核酸、糖类、氨基酸和核苷酸。有机溶剂沉淀法分辨能力比盐析法高,沉淀不需脱盐,过滤也比较容易,但容易使酶失活。在低温下操作可使这一缺点得到改善。

三、非离子多聚物沉淀法

有些非离子型多聚物如聚乙二醇、壬苯乙烯化氧、葡聚糖、右旋糖酐硫酸钠等,具有很强的亲水性和较大的溶解度。在溶液中其分子通过空间位置排斥作用,能使其他溶质包括生物高分子、病毒和细菌等聚集沉降下来。此法操作条件比较温和,不易引起生物高分子的变性,沉淀效能高,在细菌、病毒、核酸、蛋白质和酶的分离中经常使用。

第四节 浓缩与干燥

从稀溶液中除去水或溶剂使之变为高浓度的溶液称为浓缩。溶液浓缩后便于结晶、沉淀或干燥。蒸发、离子交换法、吸附法、沉淀法、萃取法、亲和层析法等都能收到不同程度的浓缩效果。在实验室条件下,还可用亲水吸附剂如交联葡聚糖凝胶进行吸收浓缩,或将稀溶液装在透析袋内对高渗溶液进行高渗透析。在商品化的 Centricon 微型浓缩器上,通过离心超滤可使 2 ml 蛋白质溶液在 30 min 内浓缩至 50 μl 以下。浓缩器 Centricon-3，10，30 和 100 分别能截留平均分子质量为 3kDa，10kDa，30kDa 和 100kDa 的蛋白质组分（见图 3.1）。在工业上一般用真空浓缩罐进行料液的浓缩，兼能回收溶剂重复使用。

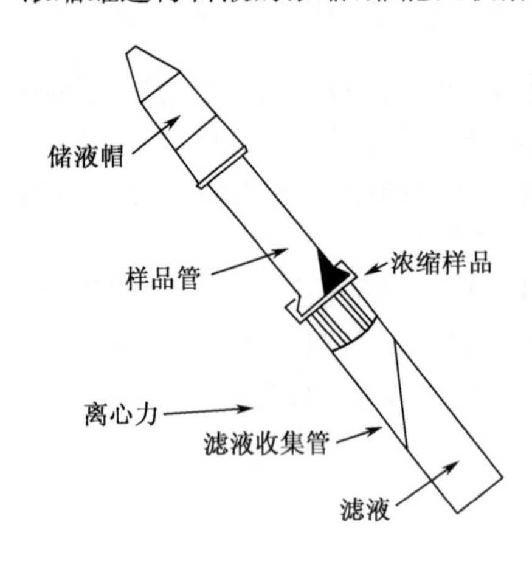

图 3.1 用 Amicon Centricon 浓缩系统浓缩蛋白质溶液

干燥是将潮湿的固体、膏状物、浓缩液或溶液中的溶剂除尽的过程。由于水的沸点较高，汽化潜热较大，因此含水物质的干燥比较困难，耗能较多。对生物高分子制备物来说，高温干燥是不可取的，在生化制备中最重要的干燥方法是真空干燥和冰冻干燥。真空干燥即减压干燥，在一定真空度条件下，水分可以在较低温度下除去而又能使生化物质保持活性。冰冻干燥是将溶液或混悬液速冻成固态，然后在高真空度下使冰升华，留下干物质。样品不起泡，不暴沸，干物不沾壁，结构疏松，易溶于水，适于干燥热敏性物质如蛋白质、酶、核酸、抗生素、激素等。在工业上压力喷雾干燥或离心喷雾干燥具有更大的实用性，高速喷出的雾滴和热风接触时间很短，可以迅速干燥而活性成分又不被破坏。

第五节 超临界流体萃取

超临界流体萃取（supercritical fluid extraction，SFE）是近 20 年发展起来的高新技术，以超临界状态的流体（多用 CO_2）代替传统的有机溶剂，从材料中把所需成分萃取出来并实现分离。SFE 具有以下突出的特点：

1）所萃取出来的产物是纯天然的，没有有机溶剂对产品和环境的污染。

2）萃取速度快。

3）尤其适合对热稳定性差的物质的萃取。

4）运转费用低廉。

由于以上特点，它特别适合从生物材料中制备各种天然产物，在医药工业、食品工业、植物化工等领域有广阔应用前景。

众所周知，物质有气体、液体、固体三种聚集状态，除特殊情况外，三种聚集状态在一定条件下可以相互转化，物质三态之间的根本差别是能量水平不同。

气体被压缩，放出一定的热量，有可能被液化。该过程可用图 3.2 说明。

从图 3.2 可以看到，在 0℃时，随着压力提高，CO_2 的比容下降即密度增加，到达 C 点后 CO_2 气体开始液化。由于在一定温度下有一定的饱和蒸气压，从 C 点向左，在压力基本不变的情况下，气体 CO_2 连续液化，而体积大幅度缩小。图 3.2 中

0℃等温线上出现 CB 段平直部分。当达到 B 点时，所有的 CO_2 气体全部液化。由于液体可压缩性减小，此后液体 CO_2 微小的比容增加都需要增加很大外加压力，同时等温线陡度急剧上升。

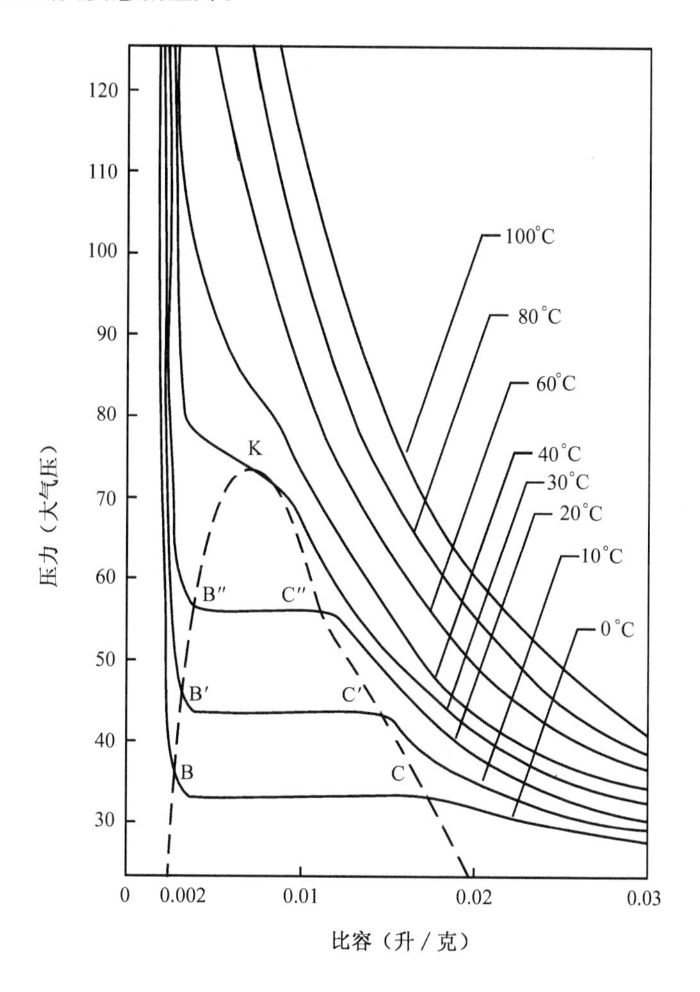

图 3.2 CO_2 的 V(比容)-P(压力)等温线图

10℃、20℃等温线变化与 0℃等温线相似，都有一个液化段的平直曲线分别为 C′B′、C″B″。但温度越高，该平直线段越短即 CB>C′B′>C″B″。

在 31℃条件下，当外加压力达到 72.9 大气压时，气体 CO_2 瞬间全部液化。此后等温线陡然上升，液化段平直线段缩短至一点（K 点）。CO_2 瞬间全部液化时即 K 点所对应的温度和压力称为 CO_2 的临界温度和临界压力，此时的 CO_2 达到或处于临界状态。当压力超过 72.9 大气压时 CO_2 成为超临界流体。但是在 31℃以上，不管外加压力多大，都不能使 CO_2 液化。物质的临界状态是一种特殊状态，在此状态下，气体和液体的区别消失，其比容(L/g)相等，界面消失，液体的气化热、内聚力、表面张力等于0，流体的密度与液体密度相等，而其黏度与气体相同，溶质在其中的扩散速度为在液体中扩散速度的100倍。因此，超临界流体的萃取能力、萃取速度优于一般溶剂。而且流体密度越大，萃取能力越强，从技术上来说，获得尽可能高的压力，加大超临界流体的密度，是提高萃取能力的重要途径。若改变萃取时的温度和压力，可相应改变萃取能力，因而提高萃取选择性，利于成分的分离。虽然多种气体都能成为超临界流体，但超临界 CO_2 流体具有最强的优势，这主要表现在：

1)CO_2 价格低廉，稳定无毒，没有污染，可循环使用，降低生产成本。

2)临界温度为31℃，接近常温，在生产上可以节约能耗，避免热敏性物质破坏，能有效防止氧化和副反应，具有保鲜作用。

3)CO_2 黏度低，扩散能力强，萃取效率高。

4)在较低温度下也有极高的挥发性，易彻底与萃取物分离，而不需消耗额外能量。

5)CO_2 不自燃，不助燃，安全可靠。

6)操作条件如温度、压力、改性剂可任意改变，提高萃取选择性。

我国从20世纪80年代末开始开发超临界流体萃取设备，现在已有0.5～300L不同规格系列产品，广泛应用于香料、色素、食品添加剂、中草药、生化试剂、超导、半导体、陶瓷、石油、环保等多种领域。

第六节　萃取与相分离

溶剂提取是生化制备的最基本技术，但它缺乏严格的选择性，得到的提取液往往是多种成分的液体混合物。该液体混合物中某个组分或各个组分的进一步分离，需要用到液-液萃取或称溶剂萃取。

将选定的溶剂加到混合液中，因混合液中各组分在溶剂中的溶解度各不相同，从而达到混合物分离的目的。萃取所使用的溶剂可以是某一种溶剂，也可以是某些溶剂的混合溶剂。利用溶剂对欲分离的组分具有较大的溶解能力，溶质通过扩散作用转移到溶剂中，这种过程称为物理萃取。

通常，混合液中被萃取的物质称为溶质，其余部分称为原溶剂，而加入的第三组分称为溶剂或萃取剂。所选萃取剂的基本条件应对混合液中的溶质有尽可能大的溶解度而与原溶剂则互不相溶或部分互溶。因此，当溶剂与混合液混合后成为两相，其中一个以萃取剂为主(溶有溶质)的称为萃取相，另一个以原溶剂为主(即溶剂含量较低的)称为萃余相。设法除去萃取相中的溶剂后得到的液体为萃取液。同样，除去萃余相中的溶剂后的液体称为萃余液。

萃取操作的完整过程包括料液与溶剂的混合接触；萃取相和萃余相的分离；从两相中分别回收溶剂得到产品等三步。混合、分离步骤在一定萃取设备中进行，为强化萃取操作，希望萃取设备能使溶剂与料液间充分接触，通常是使一相尽可能地分散在另一相中，造成巨大的相界面。但是又不能过度分散而乳化，形成很难分离的稳定乳浊液。萃取中两相的分离不完全，往往是分离效果变差的重要原因。

当混合液中各组分沸点相近，甚至互相重迭或各组分的相对挥发度接近于1；或混合液是恒沸物；或要从稀水溶液中回收沸点比水高的有机物；特别是热敏性混合物的分离，如从培养液中分离青霉素、四环素等，萃取都是非常实用的方法。

第七节　结　　晶

固体生化制品分晶体和无定型的物质两种类型。晶体的物质构成单位(原子、分子或离子)的排列方式是规则的。溶质从溶液中析出形成晶形物质的过程称为结晶。结晶是同类分子或离子的规则排列，具有高度的选择性，因此结晶操作可使物质得到高度纯化。

通常以溶质的溶解度作为该溶质饱和浓度的量度。溶解度通常以100 g溶剂中所含溶质的克数来表示。在不饱和溶液中添加相同固体溶质，溶质可进一步溶解；饱和溶液中溶质与溶液处于平衡状态，溶质既无溶解也无结晶；如溶液状态已过饱和，超过饱和点的溶质迟早要从溶液中沉淀出来。所以，要使溶质从溶液中结晶出来，必须首先使溶液成为过饱和状态，过饱和度是固相形成、结晶产生的推动力。过饱和度$S(\%)$可用下式表示：

$$S(\%)=\frac{C}{C'}\times 100$$

式中，C—过饱和溶液的浓度；

　　C'—饱和溶液的浓度。

从溶液中得到结晶，全过程分两个阶段。首先形成细微的晶核，然后再生长成具有一定大小形态的晶体。

为了进行结晶过程，可以用以下方法使溶液达到过饱和状态：

1)溶液冷却；

2)部分溶剂汽化；

3)汽化浓缩与冷却并用；

4)添加晶种。

溶质从液相中析出时，不同的环境条件可以得到不同的晶形，甚至以无定型形态析出。对相等的结晶产量，若在结晶过程中晶核形成速率远大于晶体的成长速率，则产品中晶体细小而多。反之结晶大而少。若两个速率彼此接近，则产品中晶体的大小参差不一。通常根据经验，控制两个速率，以有效地控制产品中晶体的大小。

参 考 文 献

陈　冲,孙来九. 植物化工工艺学. 西安:西北大学出版社,1995
陈毓荃. 生物化学研究技术. 北京:中国农业出版社,1995
冯万祥,赵伯龙. 生化技术. 长沙:湖南科学技术出版社,1989
毛忠贵. 生物工业下游技术. 北京:中国轻工业出版社,1999
苏拔贤. 生物化学制备技术. 北京:科学出版社,1986
王秀道,尹卓容. 发酵工厂二氧化碳的回收和应用. 北京:中国轻工业出版社,1996

第四章　生物化学代谢研究方法

新陈代谢是生物的基本特征之一。它包括同化作用和异化作用两个方面。生物从环境中取得物质，转化为体内的新的物质，这个过程称为同化作用。生物体内的旧有物质，转化为环境中的物质，这个过程称为异化作用。在同化和异化过程中，伴随着物质代谢同时进行着能量转换，即生物体内机械能、化学能、热能以及光、电等能量的相互转化、释放与利用。生物体内的同化作用和异化作用，都不是一下子完成的，它们都是由一连串的酶促反应构成的，称为中间代谢。代谢研究实际上就是研究新陈代谢的化学途径，包括每个中间代谢反应及它们之间的相互联系和相互制约，找出其中的固有规律。要完成生物的代谢研究，就需要采取一些特殊的研究方法。至于研究材料可以是完整的生物，也可以是生物的某一器官、组织切片、组织匀浆或抽提出的酶等。本章略举一些常用的代谢研究方法。

1. 饲养动物

研究维生素缺乏症或维生素的功能，可以用饲喂动物的方法。饲喂缺乏某种维生素的饲料，若干天后观察发生的病变，然后在饲料中加入这种维生素，观察症状是否减退，从而确证这种维生素的功能。

2. 测定呼吸商(R. Q.)

应用这种方法可判断体内能量的来源。多种有机物都可做为呼吸底物使用，但由于各种物质中所含 C、H、O 比例不同，因此释放出 CO_2 的量与耗 O_2 的比例也不相同，这个比例称为呼吸商。

$$呼吸商=\frac{CO_2\ 产生量(L)}{O_2\ 消耗量(L)}$$

糖的呼吸商为 1，脂肪的呼吸商为 0.70，蛋白质的呼吸商为 0.80。正常人的能量来自混合食物，呼吸商约为 0.85～0.90。糖尿病患者，不能很好地利用葡萄糖，能量来源偏重于脂肪，呼吸商接近 0.70。长期饥饿情况下，人体能量大部分来自机体本身的脂肪和蛋白质，呼吸商接近 0.80。

呼吸商测定方法也适用于各种耗氧反应，常用来研究微生物代谢和各种酶反应。

3. 观察先天性代谢疾病患者的不正常代谢情况

先天性代谢疾病患者，体内某些生化反应受阻，造成某些代谢中间产物的积累和排泄。根据查到的不正常排泄物,可以推测哪一个生化反应中断,从而了解正常的代谢过程。

苯丙氨酸是人的必需氨基酸,由它可以转变成酪氨酸,后者再经酪氨酸酶的作用生成 3,4-二羟苯丙氨酸(DOPA)。DOPA 再继续被氧化生成黑色素。有些先天性代谢疾病患者由于体内苯丙氨酸和酪氨酸代谢发生障碍,可患苯丙酮尿症、酪氨酸症、黑尿症或白化症等。

4. 应用微生物的生化突变型

把野生型微生物用物理或化学因素处理,可获得一系列营养缺陷型的突变型,在其培养基中,只有加入某一物质才能生长。根据各种突变型所表现的营养需要以及积累的中间产物种类,就可以推测某些物质的生物化学合成过程。如甲硫氨酸的生物合成就是这样发现的。在实践上,微生物的营养缺陷型也用于发酵工业生产某些生化产品,如氨基酸等。

5. 切除器官

如用切除动物胰脏来研究糖尿病,切除肝脏研究含氮化合物的代谢,这个方法在内分泌研究上应用特别多,例如切除脑下垂体、肾上腺、性腺等。

6. 应用器官或组织作离体试验

用血液或其他液体灌注一个活的器官,把要研究的某一物质加入到灌注液中,观察该物质所起的变化。例如将丙氨酸灌注入肝,丙酮酸的量增加,说明肝细胞有脱氨基的作用。

应用组织切片、组织匀浆、组织抽提液等都可以作为酶的来源,观察它们是否可以催化某种特殊反应,便可以推测其代谢过程。

7. 组织培养

把细胞或组织接在含一定成分的合成培养基上令其生长繁殖而得到纯的无性繁殖系,可以进行生物化学或遗传学等方面的研究。

8. 抑制酶活力

在正常细胞的环境中加入某种专一性的酶抑制剂,使中间产物积累起来,便于进行分析。例如在糖酵解研究中,把 1,6-二磷酸果糖和酵母提取液以及碘乙酸(磷酸丙糖脱氢酶的抑制剂)一起保温,可以分离出 3-磷酸甘油醛和磷酸二羟丙酮,这就证实了 1,6-二磷酸果糖的裂解产物为两个三碳糖。

在呼吸链的研究中,利用阻断剂可以确定 ATP 的生成部位,也是应用类似原理。

9. 分部离心技术的应用

应用分部离心技术，可以将各种细胞器分开，用各个不同的分部来研究其中所进行的代谢作用。

10. 苯环化合物示踪法

利用苯甲酸和苯乙酸不能被动物进一步分解的原理，以苯代奇数脂肪酸和苯代偶数脂肪酸饲喂动物，结果发现在前一种情况下，代谢剩余物苯甲酸与甘氨酸结合成马尿酸被排出体外，而在后一种情况下代谢剩余物苯乙酸与甘氨酸结合成苯乙尿酸被排出体外。从而提出了脂肪酸 β-氧化学说。

11. 放射性同位素示踪法

用半衰期确定的放射性同位素如${}^{3}H_{1}$、${}^{14}C_{6}$、${}^{32}P_{15}$、${}^{131}I_{53}$、${}^{35}S_{16}$等标记某些化合物，追踪放射性向哪些化合物上转移，确定反应的途径和机理。由于放射性同位素的分析方法更为灵敏而又方便，故广泛用于中间代谢研究。但在应用放射性同位素作示踪研究时，不可应用放射性过强的化合物，否则易对机体造成损伤或使代谢行为改变。应选择半衰期适当的放射性同位素，半衰期太短的不太适用。此外，还必须注意所用的同位素不能与周围分布较广的同位素之间发生交换。

参 考 文 献

沈仁权，顾其敏，李游棠等. 基础生物化学. 上海：上海科学技术出版社，1980
沈同，王镜岩，赵郝悌等. 生物化学. 北京：高等教育出版社，1990（二版）

中　　篇

生物化学实验

第一单元　基础训练

实验一　生化实验要求及基本实验设备识知

一、生化实验要求

生化实验是生物化学教学的重要组成部分。通过实验课教学，使学生验证、巩固、扩充基础理论，学习必要的基本知识，提高实验的基本技能，掌握生化核心技术，培养学生发现问题、分析问题和解决问题的能力，为将来从事科学研究奠定良好的基础。为了达到上述目的，提出生化实验总体要求：按时出席，注意安全，保持整洁，规范操作，如实记载，及时总结。

二、生化实验记录

（1）实验前必须认真预习，弄清目的、原理和操作方法，写出扼要的预习报告，操作时作为提示和参考。

（2）准备好便于保存的记录本。实验中观察到的现象、结果和测试的数据及时、如实地记载到记录本上。

（3）详细记录实验条件，如材料的名称和来源，仪器的名称、生产厂家、规格、型号，化学试剂的规格、浓度、pH 值等。

（4）一律用钢笔或圆珠笔记录，不得涂擦修改，有笔误处可划去重记。

（5）如果怀疑观测结果或记录不完整，必须重做实验。

三、生化实验报告

实验结束后要及时整理实验数据，总结实验结果，写出实验报告。生化实验报告书写格式：

实验编号、名称　　　　实验者姓名　　　　实验年月日

一、目的

二、原理

三、仪器、试剂和材料

四、操作步骤

五、结果处理

六、讨论

实验报告要求书写工整、层次清楚、表达准确、图表完整、结论恰当。能为他人或自己今后重复相同实验作为参考。

四、基本实验设备识知

1. 设备类

（1）加热设备

主要有电炉、封闭电炉、电热套等直接加热设备，电热恒温水浴、恒温培养箱、恒温干燥箱等恒温设备。

（2）制冷设备

主要有液氮罐、冷柜、电冰箱、低温冰箱和制冷循环泵，可以提供速冻、冷藏或降温功能。

（3）粉碎设备

干燥的固体样品可用粉碎机或样品磨粉碎，果实和动植物组织等含水量较多的样品可用组织捣碎机匀浆，菌体很小又有细胞壁，需用玻璃匀浆器、细菌磨或超声波处理。

（4）振荡设备

液体的混匀可采用康氏（往复式）振荡机、回旋振荡机、旋涡混匀器或小型电动搅拌器等，菌体培养、电泳胶片脱色等有各种摇床可供选用。

（5）离心设备

从悬浮液中分离沉淀或从溶液中分离生物高分子需采用离心机，根据转速不同有普通离心机、高速离心机和超速离心机。

（6）压力设备

实验室常用各种高压气体钢瓶给气相色谱仪、氨基酸自动分析仪及超滤装置等提供正压力，而真空泵、射水泵、循环水泵等可使密闭系统获得负压。

2. 仪器类

（1）电子仪器

1）称量仪器　有电子顶载天平和电子分析天平。

2）光谱仪器　有可见光分光光度计（如 721 型、722 型），紫外可见光分光光度计（如 751G 型、UV-120 型）、固定波长流动比色计（如核酸蛋白检测仪）、原子吸收分光光度计和荧光分光光度计。

3）色谱仪器　有气相色谱仪、高效液相色谱仪、常压液相色谱仪等。氨基酸自动分析仪是根据离子交换层析原理制成的专用液相色谱仪。

4）电化学仪器　有 pH 计、离子计等。

5）专用电源　如交流稳压器、稳压电泳仪、稳压稳流电泳仪、三恒（恒压恒流恒功率）电泳仪等。

(2) 玻璃仪器

1) 烧器、加热皿和耐高温高压玻璃仪器　包括烧杯、烧瓶、凯氏烧瓶、锥形烧瓶、碘值烧瓶、蒸馏烧瓶、分馏烧瓶、曲颈瓶、合成瓶、蒸发皿、结晶皿、培养皿、表面皿、压力管、水面计、窥视镜、培养瓶等。

2) 厚壁不加高温玻璃仪器　包括酒精灯、玻璃珠、气体干燥塔、气体发生器、硫酸干燥器、真空干燥器、钟罩、水槽、标本缸、研钵、细口瓶、广口瓶、蒸馏水瓶、抽滤瓶、种子瓶、染色缸、玻筒、漏斗、层析缸等。

3) 不刻度的薄壁灯工玻璃仪器　包括电解池、分馏管、试验管、接管、沉淀管、融点测定管、活栓玻管、蛇形管、冷凝管、氯化钙管、干燥管、采气瓶、气体洗瓶、苛性钾球、淡气球、淡气定量器、称量瓶、搅拌器、密闭水银杯、洗涤瓶、普通滴瓶、滴瓶、漏斗管、安全漏斗、滴液漏斗、分液漏斗、氧化瓶、皂化脂测定器、水分测定器、分子质量测定器、蒸气密度测定管、沸点测定器、还原度测定器、砂时计、水银蒸馏器、水银减压计、碳酸测定器、氮素测定器、气体吸收瓶、气体吸收器、气体爆发器、取样器、吸收管、滤尘器、采集管、脂肪抽出器、快速提取器等。

4) 量器　包括万能管、消化管、比色管、分液漏斗(刻度)、量筒、量杯、容量瓶、黏度计用瓶、量瓶、滴定管、自动滴定管、吸管、比重瓶、水泥沉降测定器、吸引器等。

5) 测定仪器　包括试管(132℃试管)、氧气分析器、五管测氮计、氮素计、氨基酸测定器、氨岩分解测定器、砷素测定器、定砷器、含砂量测定器、纤维黏度测定管、血液测定器、血液气体测定器、定温真空干燥器、真空蒸馏器、低温真空精馏塔、精密分馏塔等。

6) 玻璃转子流量计和差压式气体流量计。

7) 标准玻璃量器　包括标准量器、标准补助量器、标准黏度计、标准皂膜式气体流量计等。

8) 成套仪器　如自动定碳仪、快速自动定碳仪、定硫仪、定碳定硫联合测定仪、手提式气体分析器、半自动气体分析器、气体分析器、气体体积色层分析器等。

9) 微量玻璃仪器。

通过参观实验室,熟悉环境,认识实验设备和仪器,为今后学习和工作奠定基础。

实验二　植物试材水分测定和干样制备

一、目的

现代农业生产以优质、高产、高效益(两高一优)为目标。在作物科学中,出于下列研究目的,经常要作植物材料成分分析:

1) 环境对作物的影响及作物对环境变化的反应。

2) 土壤营养诊断及技术措施的制定。

3) 不同农业技术措施的效应。

4）作物生长、发育、代谢规律的研究。

5）不同物种或品种（材料）遗传特性比较。

6）特定化合物的鉴别、提取。

7）农药残留分析等。

各种植物材料都含有水分，但不同材料水分含量差异很大。在用鲜样进行生化分析时，为了使其他成分的分析结果能相互比较，必须首先进行水分测定，可以说水分测定是生化分析的基础。

当待测样品很多短时间内来不及分析时，往往要把植物样品干制保存。水分测定中最常使用的加热干燥法，实际上也是鲜样干制的方法。

无论是植物材料的水分测定，还是其他成分的分析，都只能用少量试样进行。从群体中采集少量供试样品，必须保证所采样品要具有代表性。

通过本试验，学习天平、干燥箱、样品磨等仪器设备的使用，了解植物样品的采集，掌握水分含量的测定和干样制备的方法。

二、原理

植物材料水分测定方法很多，最常用的是加热干燥法，包括真空加热干燥法和常压加热干燥法。真空加热干燥法适用于受高温易变化的材料，其做法是将一定鲜重的待测样品，在5～100mmHg柱[1)]、40℃～100℃以下的真空干燥箱中，烘至恒重，根据失重求得样品的水分含量。常压加热干燥法，准确度较高，适用于不含易热解和易挥发成分的植物样品。其原理是将一定鲜重的植物样品，在105℃高温下杀死，再于80℃恒温下烘至恒重，计算植物样品的含水量。表示含水量的方法有两种，即鲜重法和干重法：

$$\text{含水量(占鲜重 \%)} = \frac{W_f - W_d}{W_f} \times 100 \tag{1}$$

$$\text{含水量(占干重 \%)} = \frac{W_f - W_d}{W_d} \times 100 \tag{2}$$

式中，

W_f—鲜重(g)；

W_d—干重(g)。

三、仪器

1）电子顶载天平（感量0.001g）

2）烘箱

1）mmHg为压强单位，非法定。法定压强单位为Pa。

$1\text{mmHg} = 1.333\ 22 \times 10^2\text{Pa}$。

3）干燥器（内有干燥剂）

4）剪刀

5）铝盒（直径 46 mm，高 25 mm）

6）镊子

7）样品磨

8）广口瓶（250ml）

四、操作步骤

1. 样品的采集与干样制备

（1）植株组织样品的采集与干样制备

植株组织样品的采集首先要选择具有代表性的样株。在生长均一的情况下，可按对角线或平行的直线等距离采样。如果植株长势不均匀，则应根据生长的强弱，按比例在采样区内多点采样，组成混合样品。每个点采取的植株数根据植物的种类、密度、株形大小、生育期和要求的精度而定。植株过大或过小、受病虫害以及机械损伤、田边路旁的植株不能采集。如果为了某一特定目的（如缺素症诊断等），采样时应注意样株的典型性，同时采取附近有对比意义的正常典型植株作为对照。

样株选定后，还要选定取样的部位，其原理是所选组织器官要有最大的代表性。大田作物苗期常用整个地上部分；在生殖生长期通常采取主茎和主枝上部新长成的健壮功能叶。

植物体内的许多物质处在不断的转移和代谢变化过程中，在不同的生育期甚至在一天的不同时间其含量都在不断地变化。因此，分期采样的采样时间应规定一致，通常是在上午 8:00～10:00 时采样为宜，此时植物的生理活动已趋活跃，根系吸收作用和叶子的光合作用接近稳定状态，此时采样最具有代表性。

测定植物易起变化的成分（硝态氮、氨态氮、无机磷、可溶性糖、维生素、有机酸等）须用新鲜样品。测定不易变化的成分可用干燥样品。

采回植物样品如需要分不同器官（如叶片、叶鞘、叶柄、茎和果实等）测定，须立即将其剪开，以免养分运输转移。样品如带有泥土、灰尘等，需要冲洗干净并用吸水纸吸干表面的水分。

新鲜样品必须尽快杀死，以减少其化学和生物变化，这需要足够高温度；但烘干的温度又不能过高，以防止组织热分解和炭化。因此，一般分两步进行：先将鲜样在 85～90℃鼓风干燥箱中烘 20～30 min，以杀死酶，然后在 60～80℃烘 24～48 h，除去水分。烘干的样品经粉碎、过 40 号筛（孔径 0.45 mm）、充分混匀后装入广口瓶中，并贴上标签，密封保存于阴凉干燥处。

（2）籽粒样品的采集与干样的制备

籽粒样品一般用于品质鉴定，可分为下列几种情况采集：①采自个别植株时，则个别植株的种子全部作样品，再按四分法缩为平均样品，重量不少于 25g；②采自实验区或大田时，可按照植株组织样品的采集方法，选定样株收取籽粒、混匀，用四分法缩分，取得约 250g 样品；③采自成批收获物时，在保证样品有代表性的原则下，可在散堆中设点取样，或从包装中随机扦取样品，再用四分法缩分至 500g 左右。样品经风干后，除去杂质和不完全籽粒，粉碎过筛，贴上标签贮于广口瓶中。

(3) 果实样品的采集与干样的制备

这里的果实样品包括各种果实以及块根、块茎等。一般在主要成熟期采样，必要时可在果实的生长过程中定期采样。果实的采样要选取品种特征典型的样株才能比较各品种的品质。样株要注意挑选树龄、株型、生长势、载果量等一致的正常株，老、幼和旺长的植株缺乏代表性。在同一果园和同一品种的果树中约选 3～5 株(或 5～10 株浆果作物)为代表株，从每株的全部收获物中选取大、中、小和向阳及背阳的果实共 10～15 个组成平均样品，一般总重量不少于 1.5 kg。

果实样品分析通常都要用新鲜样品。采回的样品应洗净、擦干。大的果实或样品数量多时，可均匀切取其中一部分，但要使所取部分中各种组织的比例与全样品的相当。将样品切成小块，用高速组织捣碎机(或研钵)打成匀浆，多点匀取称样。多汁的样品可在切碎后用纱布挤出大部分汁液，残渣打碎后再与汁液混匀取样。

欲用干样分析时，必须快速干燥，以保证样品成分不变。将果实切成小块或片状后先在 110～120℃的鼓风干燥箱中烘 20～30 min，然后在 60～70℃烘至变脆易碎为止。最后将干样粉碎过筛，保存于广口瓶中备用。

2. 植物样品水分含量测定

(1) 常压加热干燥法

将铝盒置于 110℃的烘箱中烘 2h，用镊子取出放入干燥器中冷至室温后称重，如此反复直至恒重，记录铝盒重(W_1)。烘箱的使用方法参见本书附录十六(一)。

将采回的新鲜植物样品放入铝盒中加盖称重(W_2)，把样品放入预热至 105℃恒温的烘箱中打开铝盒烘 20min，然后将温度降至 80℃恒温继续烘干 2h，打开烘箱立即盖上盒盖，取出放入干燥器中冷至室温并迅速称重，反复上述操作直至恒重(W_3)。

(2) 真空加热干燥法

真空干燥箱由密封烘箱(带有抽气管和进气管)、真空泵和吸湿系统三部分组成。使用前密封烘箱的抽气管先与抽气的吸湿系统(防止空气中的水分进入真空泵)连接，再接通真空泵。进气管则与进气吸湿系统相连接(需进气时防止空气中水分进入密封烘箱内)。

在预先烘至恒重的铝盒(W_1)中放入植物样品，称重(W_2)，将盒盖打开放入已预热(高出要求温度 5℃)的真空干燥箱中，然后起动真空泵抽气至要求的低压(5～100 mmHg 柱)。在最初阶段由于样品的水气大量逸出而凝结在箱门玻璃上，同时仪器本身难以避免的缓慢漏气，箱内气压会渐有上升。当气压计所示气压上升到 150 mmHg 柱时，即须再行抽气。此时箱内空气稀薄，水分蒸发，箱内温度可能稍稍低于要求的温度，须注意调节温度至需要的范围(40℃～100℃)。然后，先关闭真空泵与吸湿系统连通的阀门，再切断电源停止抽气。使干燥箱内保持一定的温度与低压，约经 5 h 后，小心地打开进气活塞，使空气缓慢流入，至箱内压力与大气压力相平衡，打开箱门，盖好盒盖，移入干燥器中冷却至室温称重，反复以上操作直至恒重(W_3)。

五、结果处理

$$植物的含水量(\%)=\frac{W_2-W_3}{W_2-W_1}\times 100$$

式中，W_1—铝盒的恒重(g)；

W_2—鲜样及铝盒的重量(g)；

W_3—干样及铝盒的重量(g)。

六、注意事项

1）在生化分析中测定的对象主要是有机物，因此，必须考虑其热稳定性问题，对受热易分解或易挥发的材料如油料种子应在 40～70℃条件下烘干。

2）天平与被称量物之间如有温度差会影响称量结果。因此，每次烘干后需将盖上盖子的铝盒放入干燥器中冷却(一般至少需要放置 30min)后才能称重。

3）烘箱内一次放入的样品不能过多，靠近箱体的边角及下层不能放置样品。

4）干燥器内分上下两层，中间用带大孔的瓷板隔开，下层放置干燥剂(如无水氯化钙、变色硅胶等)，上层放样品等。干燥剂应占干燥器底部容积的 1/3～1/2。干燥剂需经常干燥再生后使用。

七、思考题

1. 以植物叶片为实验材料时，应如何采集?

2. 测量植物材料水分含量时，应如何选择测定方法?

参 考 文 献

劳家柽主编. 土壤农化分析手册. 北京：农业出版社，1988

西北农业大学主编. 基础生物化学实验指导. 西安：陕西科学技术出版社，1986

实验三　高等植物材料丙酮粉的制备

一、目的

了解制备植物丙酮粉的基本原理，学习用植物材料进行核酸提取的一种前处理方法。

二、原理

植物材料经适当的预处理后可制成丙酮粉。制备丙酮粉时，常采用乙醇、乙醚、丙酮等有机溶剂，在低温条件下操作，逐步达到脱水、脱色、脱脂、抑制酶活性的目的。丙酮粉在密闭容器中或冷冻条件下可保存较长时间。

当我们从植物材料中提取核酸时，可采用上述的预处理方法，让核蛋白以沉淀形式与植物残渣一起先成为有一定防腐能力的丙酮粉，为下一步的提取和纯化工作提供方便。

本实验以植物种子的芽为材料，因为种子萌发时期为细胞核分裂旺盛期。此时，纤维素较少，细胞壁容易破裂，色素等杂质的干扰较小，提取核酸收率较高。

三、仪器、试剂和材料

1. 仪器

1) 恒温培养箱
2) 搪瓷盘
3) 冰箱
4) 真空泵
5) 布氏漏斗抽滤装置
6) 研钵
7) 50ml 量筒
8) 30ml 广口试剂瓶
9) 滴管
10) 天平

2. 试剂

1) 10%次氯酸钠
2) 95%乙醇
3) 乙醚
4) 丙酮

3. 材料

植物种子

四、操作步骤

1. 取植物种子适量，漂洗数次，在10%次氯酸钠溶液中浸泡2～3 h，再用清水漂洗数次，取出种子，铺于有滤纸的搪瓷盘中，30～35℃避光培养二天。培养期间常洒点蒸馏水，待芽长 0.1～1.0 cm 时，取出，去种子壳，称重。

2. 每组取芽 3g 左右，放入冰浴的研钵中，加入石英砂 0.01～0.02 g、10ml 预冷的 95%的乙醇，研磨匀浆，再加入 10ml 乙醇，混匀。

3. 加入 10～20ml 预冷的乙醚，混匀，转入通风橱内冰浴静置 30min。

4. 用滴管吸去上清液，加入 30ml 预冷的丙酮，搅匀，静置 10min，转入布氏漏斗抽滤。

5. 用玻璃棒挑碎滤饼，再用 20ml 丙酮淋洗研钵和滤饼，抽干，即得丙酮粉。

6. 将干净的广口试剂瓶贴标签，称空重后，再将挥发尽丙酮的丙酮粉转移至瓶中，称总重量，丙酮粉置低温干燥处贮存备用。

五、结果处理

重量记录

项　目	植物芽	石英砂	空广口瓶	实　瓶	丙酮粉
重量(g)					

丙酮粉质量记录

外　观　形　状	产　品　颜　色

六、思考题

1. 实验中采用了哪些有机溶剂？各起何作用？
2. 实验中为何需要用预冷的有机溶剂？

参 考 文 献

谭魁麟，张瑞良. 小牛胸腺丙酮粉的制备及 DNA 的提取. 镇江医学院学报，1994，4(2)：89—90

实验四　缓冲溶液的配制和氨基酸两性性测定

一、目的

细胞是生物的基本结构单位。在细胞内进行着各种各样的生物化学反应，这些反应是在各种酶的催化作用下完成的。酶的活性受环境 pH 的影响极为显著。通常各种酶只有在一定的 pH 范围内才表现它的活性。在进行细胞或组织培养，在体外研究各种生物化学反应时，广泛使用各种缓冲溶液。通过本试验，了解缓冲溶液的作用及缓冲原理，学习缓冲溶液的设计、配制及酸度计的使用方法。观察验证甘氨酸的两性性和缓冲作用。

二、原理

能抵抗一定量酸或碱的影响，而保持溶液 pH 值基本不变的溶液称为缓冲液。缓冲液一般是由弱酸或弱碱与它的盐组成。如乙酸和乙酸钠组成乙酸缓冲液、硼酸和硼砂组成硼酸缓冲液等。缓冲液可分为一般缓冲液（或通用缓冲液）和标准缓冲液两类。标准缓冲液 pH 值是一定的（与温度有关），叫做 pH 标准液，当用酸度计测量溶液的 pH 值时，就要用 pH 标准液来校正仪器。一般缓冲液的 pH 值可用下式计算：

$$\mathrm{pH}=\mathrm{p}K_{\mathrm{W}}-\mathrm{p}K_{\mathrm{b}}+\lg\frac{C_{\mathrm{b}}}{C_{\mathrm{s}}}\quad（适用于碱型缓冲液）$$

$$\mathrm{pH}=\mathrm{p}K_{\mathrm{a}}+\lg\frac{C_{\mathrm{s}}}{C_{\mathrm{a}}}\quad（适用于酸型缓冲液）$$

式中的 C_{a}、C_{b}、C_{s} 分别为弱酸、弱碱、盐的浓度（mol/L）；K_{a}、K_{b} 分别为弱酸、弱碱的电离常数；K_{W} 为水的离子积。当温度一定时，$\mathrm{p}K_{\mathrm{a}}$（或 $\mathrm{p}K_{\mathrm{b}}$）为一常数，因此缓冲液 pH 值就随着盐和酸（或碱）的浓度比值而变化。如果制备缓冲液时所用的盐和酸的浓度相同，则配制时所取盐和酸的溶液的体积比就等于它们的浓度比，故上式可写为

$$\mathrm{pH}=\mathrm{p}K_{\mathrm{a}}+\lg\frac{V_{盐}}{V_{酸}}$$

可见只要按盐和酸溶液的毫升数的不同比值配制就可得到不同 pH 值的缓冲液。如加水稀释，其盐和酸的浓度都以相同比例降低，比值不变，因此适量稀释不影响缓冲液的 pH 值。

缓冲液能抵抗一定量酸或碱的作用称缓冲作用，缓冲作用的大小称为缓冲能力或缓冲容量（β），可定义为每升缓冲液改变一单位 pH 值所需加入强碱或强酸的量（摩尔数）。

$$\beta=\frac{\mathrm{d}b}{\mathrm{d(pH)}}$$

一种特殊的酸和它相配对的碱在它们的浓度相等（即 pH 值等于酸的 $\mathrm{p}K_{\mathrm{a}}$）时，缓冲能力最大。缓冲能力除与其共轭碱对的比率有关外，还与总浓度有关，总浓度越大，缓冲能力越强，一般缓冲液浓度在 0.05～0.2 mol/L，$\mathrm{pH}=\mathrm{p}K_{\mathrm{a}}\pm1$ 的范围内具有满意的缓冲能力。

α-氨基酸是一类两性物质，既可以和酸作用，又可以和碱作用，对酸、碱的加入具有一定的缓冲能力。通过甘氨酸的酸、碱滴定及测量不同浓度的酸、碱条件下甘氨酸溶液的 pH，绘出一条滴定曲线，从中可以看到这种变化。

三、仪器、试剂和材料

1. 仪器

(1) 酸度计
(2) 碱式滴定管
(3) 吸管　1ml×2，2ml×3，5ml×2，10ml×2
(4) 试管　15ml×8
(5) 容量瓶　100ml×2
(6) 三角瓶　50ml×2
(7) 烧杯　100ml×2，50ml×15

2. 试剂

(1) 0.01mol/L NaOH
(2) 0.01mol/L HCl
(3) 0.1%溴麝香草酚蓝溶液
(4) $Na_2HPO_4 \cdot 2H_2O$(化学纯)
(5) KH_2PO_4(化学纯)
(6) 0.1mol/L 甘氨酸溶液
(7) 0.1mol/L HCl
(8) 0.1mol/L NaOH

四、操作步骤

1. 磷酸缓冲液的配制及 pH 值的测定

(1) 取 KH_2OP_4 13.61g 于 100ml 的烧杯中加 50ml 蒸馏水搅拌溶解后，转移到 100ml 容量瓶中，用少量蒸馏水洗烧杯 3 次并转移到容量瓶中，定容到 100ml，为 0.1mol/L KH_2PO_4。

(2) 称取 $Na_2HPO_4 \cdot 2H_2O$ 17.81g，按(1)的方法溶解定容到另 1 只 100ml 容量瓶中，为 0.1mol/L Na_2HPO_4。

(3) 取三支试管编号，按下表加入试剂配制不同 pH 值的缓冲液。

试剂 (ml)	试管号		
	1	2	3
0.1 mol/L KH_2PO_4	8	5	2
0.1 mol/L Na_2HPO_4	2	5	8

混匀后用酸度计测定三种缓冲液的 pH 值[酸度计使用方法参见本书附录十六(十)、(十一)]。按公式计算所得值是否与测定值相符(KH_2PO_4 的 pK_a=6.81)。

2. 稀释对缓冲液 pH 值的影响

取 2 支试管编号,按下表加入试剂。

试剂 (ml)	试管号	
	4	5
2 号试管缓冲液	4	2
蒸馏水	0	2

混匀后分别在各管中加入 1 滴麝香草酚蓝指示剂,比较两管溶液的颜色,并用酸度计测定 4、5 号管的 pH 值,解释之。

3. 缓冲能力的测定

取 4 个 50ml 三角瓶编号,给 1、2 号瓶分别加入 0.01 mol/L 的 KH_2PO_4 和 0.01mol/L 的 Na_2HPO_4 各 50ml(将 0.1mol/L 的溶液稀释 10 倍),3、4 号瓶分别加入 0.1mol/L 的 KH_2PO_4 和 0.1mol/L 的 Na_2HPO_4 各 5ml,混匀后各加 1 滴麝香草酚蓝指示剂,1、3 号三角瓶为对照,2、4 号三角瓶用 0.01mol/L 的 NaOH 滴定,至溶液刚改变颜色为止,记录滴定的 NaOH 用量并用 pH 计测定滴定后 2、4 号瓶的 pH 值,计算并比较它们的缓冲能力。

4. 测定甘氨酸的滴定曲线

取 50ml 烧杯 15 个,编号,按下表数据加入试剂,充分摇匀后分别测定 pH 值。

杯　号	1	2	3	4	5	6	7	8	9	10	11	12	13	14	15
0.1mol/L 甘氨酸(ml)	5.0	5.0	5.0	5.0	5.0	5.0	5.0	5.0	5.0	5.0	5.0	5.0	5.0	5.0	5.0
0.1mol/L HCl (ml)	0.0	0.5	1.0	2.0	2.5	3.0	4.0	5.0	—	—	—	—	—	—	—
0.1mol/L NaOH (ml)	—	—	—	—	—	—	—	—	0.5	1.0	2.0	2.5	3.0	4.0	5.0
蒸馏水 (ml)	15.0	14.5	14.0	13.0	12.5	12.0	11.0	10.0	14.5	14.0	13.0	12.5	12.0	11.0	10.0
pH															

五、结果处理

(1) 缓冲液 pH 值的计算:

$$pH = pK_a + \lg \frac{C_s}{C_a}$$

（2）缓冲能力的计算：

$$\beta=\frac{db}{d(pH)}$$

（3）以 pH 为纵坐标，以 HCl 和 NaOH 的 ml 数为横坐标，绘出甘氨酸的酸碱滴定曲线。

六、思考题

1. 试述缓冲溶液的作用及决定缓冲能力大小的因素。
2. 在实际应用中如何正确选用和配制符合要求的缓冲液？
3. 在甘氨酸的酸碱滴定曲线上，哪些部分代表缓冲区域？何处为等电点？

参考文献

董维宪编. 化学分析法基础(上册). 北京：人民教育出版社，1982
南京中医学院主编. 生物化学实验. 南宁：广西科学技术出版社，1989
西北农业大学主编. 基础生物化学实验指导. 西安：陕西科学技术出版社，1986

实验五　分光光度计线性分辨范围测定

一、目的

比色法是常用的生化分析方法。仪器简单，价格便宜，操作方便。有分光光度计的实验室，可以很方便地完成多种生物物质的定量分析。比色法的理论基础是朗伯-比尔吸收定律，它的使用要求在分光光度计线性分辨范围之内，否则将使结果出现较大的误差，这一点恰恰是容易被忽视的。通过对一台分光光度计线性分辨范围的测定，加深对比色法的理解，对今后的科学研究也将是十分有益的。

二、原理

在用紫外-可见分光光度计进行某种物质溶液的吸收光谱测定之前，先将光源灯发射的连续光谱分光获得一定波长的单色光，然后测定单色光透过溶液的吸光度，所以比色法也称为分光光度法。

当一束平行的单色光照射到一定浓度的均匀溶液时，入射光被溶液吸收的程度与溶液厚度的关系为

$$\lg\frac{I_0}{I_T}=kb$$

这就是朗伯(S. H. Lambert)定律。式中，I_0 为入射光强度，I_T 为透射光强度，b 为溶液厚度，k 为常数。

当入射光通过同一溶液的不同浓度时，入射光与溶液浓度的关系为

$$\lg \frac{I_0}{I_T}=k'C$$

这就是比尔(Beer)定律。式中,C 为溶液浓度,k'为另一常数。

当溶液厚度和浓度(通常为稀溶液)都可改变时,这时就要考虑厚度和浓度两者的变化同时对透射光的影响,则有

$$A=\lg \frac{I_0}{I_T}=\lg \frac{1}{T}=\varepsilon bC$$

这就是在分光光度测定中常用的朗伯-比尔定律。该定律表示入射光通过溶液时,透射光与该溶液的浓度和厚度的关系。式中,A 为吸光度,T 为透光率$\left(T=\frac{I_T}{I_0}\text{,以\%表示}\right)$,$\varepsilon$ 为摩尔吸收系数。如果溶液浓度以 mol/L 表示,溶液厚度以 cm 表示,ε 单位为 L/(mol·cm)。ε 愈大,表示溶液对单色光的吸收能力愈强,分光光度测定的灵敏度就愈高。

根据朗伯-比尔定律,吸光度与溶液浓度应是通过原点的线性关系(溶液厚度一定),但在实际工作中吸光度与溶液浓度之间常常偏离线性关系,产生偏离的主要因素有:

(1)样品溶液因素。朗伯-比尔定律通常只在稀溶液时才能成立,这是由于随着溶液浓度增大,吸光质点间距缩小,彼此间相互影响和相互作用加强,破坏了吸光度与浓度之间的线性关系。

(2)仪器因素。朗伯-比尔定律只适用于单色光,但经仪器狭缝投射到被测溶液的光,并不能保证理论要求的单色光,这也是造成偏离朗伯-比尔定律的一个重要因素。

在仪器确定的情况下,着重考察溶液浓度变化对吸光度线性的影响。

三、仪器、试剂和材料

1. 仪器

(1) 紫外-可见分光光度计 1 台

(2) 试管 6 支

(3) 试管架 1 个

(4) 容量瓶 100ml 2 个

(5) 烧杯 100ml 1 个

(6) 吸管 0.1ml 1 支, 5ml 2 支

(7) 玻璃棒 1 根

2. 试剂

牛血清白蛋白溶液(1mg/ml):称取牛血清白蛋白(BSA)100mg,水溶后定容

至100ml。

四、操作步骤

1. 样品稀释

取 100ml 容量瓶 1 只，准确加入 0.1ml 浓度为 1mg/ml 的牛血清白蛋白溶液，加水稀释至刻度，为 1 μg/ml 牛血清白蛋白稀释液。

2. 取试管 6 支

编号 1→6。顺次分别加入 1 μg/ml 牛血清白蛋白稀释液 0、0.5、1.0、1.5、2.0、2.5ml，各管分别加去离子水 5.0、4.5、4.0、3.5、3.0、2.5 ml 补足至 5.0ml。摇匀。各管分别含牛血清白蛋白 0、0.5、1.0、1.5、2.0、2.5 μg。

3. 比色

波长 280 nm，以第 1 管溶液调零，比色。记录 2→6 管各管吸光度。

五、结果处理

在坐标纸上以牛血清白蛋白含量(μg)为横座标，以相应各管吸光度为纵座标，绘制分光光度计线性分辨范围曲线。

六、注意事项

(1) 溶解牛血清白蛋白时不可剧烈搅拌，避免产生泡沫。
(2) 分光光度计用氘灯，比色时用石英杯。

七、思考题

1. 适于光谱分析的溶剂应具备哪些性质?
2. 在用分光光度计做比色测定时，如何选择波长和狭缝?
3. 为减少比色的相对误差，吸光度应控制在什么范围?

第二单元　基本实验

实验六　酶的基本性质

一、目的

酶是生物催化剂，是具有催化功能的蛋白质，生物体内的化学反应基本上都是在酶催化下进行的。通过本实验了解酶催化的高效性、特异性以及 pH、温度、抑制剂和激活剂对酶活力的影响，对于进一步掌握代谢反应及其调控机理具有十分重要的意义。

二、原理

过氧化氢酶广泛分布于生物体内，能将代谢中产生的有害的 H_2O_2 分解成 H_2O 和 O_2，使 H_2O_2 不致在体内大量积累。其催化效率比无机催化剂铁粉高 10 个数量级，反应速率可观察 O_2 产生情况。

酶与一般催化剂最主要的区别之一是酶具有高度的特异(专一)性，即一种酶只能对一种或一类化合物起催化作用。例如，淀粉酶和蔗糖酶虽然都催化糖苷键的水解，但是淀粉酶只对淀粉起作用，蔗糖酶只水解蔗糖。还原糖产物可用本乃狄试剂鉴定。

通过比较淀粉酶在不同 pH、不同温度以及有无抑制剂或激活剂时水解淀粉的差异，说明这些环境因素与酶活性的关系。

三、仪器、试剂和材料

1. 仪器

(1) 恒温水浴(37℃，70℃)、沸水浴(100℃)、冰浴(0℃)
(2) 试管 18×180 共 19 支
(3) 吸管 1ml 7 支、2ml 3 支、5ml 5 支
(4) 量筒 100ml 1 个
(5) 白瓷板
(6) 胶头滴管 3 支

2. 试剂

(1) Fe 粉

(2) 2% H_2O_2(用时现配)

(3) 唾液淀粉酶溶液:先用蒸馏水漱口,再含 10ml 左右蒸馏水,轻轻漱动,数分钟后吐出收集在烧杯中,用数层纱布或棉花过滤,即得清彻的唾液淀粉酶原液,根据酶活高低稀释 50～100 倍,即为唾液淀粉酶溶液。

(4) 蔗糖酶溶液:取 1g 鲜酵母或干酵母放入研钵中,加入少量石英砂和水研磨,加 50ml 蒸馏水,静置片刻,过滤即得。

(5) 2%蔗糖溶液:用分析纯蔗糖新鲜配制。

(6) 1%淀粉溶液:1g 淀粉和 0.3g NaCl,用 5ml 蒸馏水悬浮,慢慢倒入 60ml 煮沸的蒸馏水中,煮沸 1min,冷却至室温,加水到 100ml,冰箱贮存。

(7) 0.1%淀粉溶液:0.1g 淀粉,以 5ml 水悬浮,慢慢倒入 60ml 煮沸的蒸馏水中,煮沸 1min,冷却至室温,加水到 100ml,冰箱贮存。

(8) 本乃狄(Benedict)试剂:17.3g $CuSO_4 \cdot 5H_2O$,加 100ml 蒸馏水加热溶解,冷却;173g 柠檬酸钠和 100g $Na_2CO_3 \cdot 2H_2O$,以 600ml 蒸馏水加热溶解,冷却后将 $CuSO_4$ 溶液慢慢加到柠檬酸钠-碳酸钠溶液中,边加边搅匀,最后定容至 1000ml。如有沉淀可过滤除去,此试剂可长期保存。

(9) 碘液:3g KI 溶于 5ml 蒸馏水中,加 1g I_2,溶解后再加 295ml 水,混匀贮存于棕色瓶中。

(10) 磷酸缓冲液:

A 液:0.2 mol/L Na_2HPO_4

称取 28.40g Na_2HPO_4(或 71.64g $Na_2HPO_4 \cdot 12H_2O$)溶于 1000ml 水中。

B 液: 0.1mol/L 柠檬酸

称取 21.01g 柠檬酸($C_6H_8O_7 \cdot H_2O$)溶于 1000ml 水中。

pH5.0 缓冲液: 10.30ml A 液+9.70ml B 液

pH7.0 缓冲液: 16.47ml A 液+3.53ml B 液

pH8.0 缓冲液: 19.45ml A 液+0.55ml B 液

(11) 1% $CuSO_4 \cdot 5H_2O$ 溶液。

(12) 1% NaCl 溶液。

3. 材料

每边约 0.5 cm 的马铃薯方块(生、熟)。

四、操作步骤

1. 酶催化的高效性

取 4 支试管,按下表操作:

操作项目	管号			
	1	2	3	4
2% H_2O_2(ml)	3	3	3	3
生马铃薯小块(块)	2	0	0	0
熟马铃薯小块(块)	0	2	0	0
铁粉	0	0	一小匙	0
现象				
解释实验现象				

2. 酶催化的专一性

取6支干净试管,按下表操作:

操作项目	管号					
	1	2	3	4	5	6
1%淀粉(ml)	1	1	0	0	1	0
2%蔗糖(ml)	0	0	1	1	0	1
唾液淀粉酶原液(ml)	1	0	1	0	0	0
蔗糖酶溶液(ml)	0	1	0	1	0	0
蒸馏水(ml)	0	0	0	0	1	1
酶促水解	摇匀,37℃水浴中保温10min					
本乃狄试剂(ml)	2	2	2	2	2	2
反应	摇匀,沸水浴中加热5~10min					
现象						
解释实验现象						

3. 温度对酶活力的影响

取3支试管,按下表操作:

操作项目	管号		
	1	2	3
唾液淀粉酶溶液(ml)	1	1	1
pH7.0磷酸缓冲液(ml)	2	2	2
温度预处理5min	0℃	37℃	70℃
1%淀粉溶液(ml)	2	2	2

摇匀，保持各自温度继续反应，数分钟后每隔半分钟从第2号管吸取1滴反应液于白瓷板上，用碘液检查反应进行情况，直至反应液不再变色（只有碘液的颜色），立即取出所有试管，流水冷却2min，各加1滴碘液，混匀。观察并记录各管反应现象，解释之。

4. pH对酶活力的影响

取3支试管，按下表操作：

操作项目	管号		
	1	2	3
pH5.0磷酸缓冲液(ml)	3	0	0
pH7.0磷酸缓冲液(ml)	0	3	0
pH8.0磷酸缓冲液(ml)	0	0	3
1%淀粉溶液(ml)	1	1	1
预保温	混匀，37℃水浴中保温2min		
唾液淀粉酶溶液(ml)	1	1	1
检查淀粉水解程度	摇匀，置37℃水浴中继续反应，每隔半分钟从第2号管中取出1滴反应液于白瓷板上，加碘液检查反应情况，直至反应液不再变色，即可停止反应，取出所有试管。		
碘液(滴)	1	1	1
现　象			
解释实验现象			

5. 酶的抑制与激活

操作项目	管号		
	1	2	3
1% NaCl (ml)	1	0	0
1% $CuSO_4$ (ml)	0	1	0
蒸馏水 (ml)	0	0	1
唾液淀粉酶溶液 (ml)	1	1	1
0.1%淀粉溶液 (ml)	3	3	3
保温反应并检查淀粉水解程度	摇匀，37℃水浴反应1min左右即可用碘液检查1号试管淀粉水解程度，待1号试管的反应液不再变色时取出所有试管。		
碘液(滴)	1	1	1
现　象			
解释实验现象			

五、注意事项

(1)各人唾液中淀粉酶活力不同,因此实验3、4、5应随时检查反应进行情况。如反应进行太快,应适当稀释唾液;反之,则应减少唾液淀粉酶稀释倍数。

(2)酶的抑制与激活最好用经透析的唾液,因为唾液中含有少量Cl^-。另外,注意不要在检查反应程度时使各管溶液混杂。

六、思考题

1. 何谓酶的最适pH和最适温度?
2. 说明底物浓度、酶浓度、温度和pH对酶促反应速度的影响。
3. 酶作为一种生物催化剂,有那些催化特点?

参 考 文 献

文树基.基础生物化学实验指导.西安:陕西科学技术出版社,1994

西北农业大学主编.基础生物化学实验指导.西安:陕西科学技术出版社,1986

实验七 转氨酶活性鉴定(薄层层析法)

一、目的

氨基酸是组成蛋白质的基本结构单元,构成蛋白质的L-α-氨基酸共有20种。其中丙氨酸族、丝氨酸族、天冬氨酸族等12种氨基酸是通过转氨基作用合成的。催化转氨基作用的酶叫转氨酶,植物体内转氨酶种类很多,在氮代谢中具有重要作用,有3类转氨酶即谷-丙转氨酶、谷-乙(乙醛酸)转氨酶、谷-草转氨酶活性最高。转氨基作用除了是合成氨基酸的重要途径,经过它沟通了生物体内蛋白质、碳水化合物、脂类等代谢,是一类极为重要的生化反应。

通过本实验初步认识转氨基作用,学习并掌握薄层层析的原理和操作方法。这一技术在生化物质的分离、鉴定、纯化、制备等方面有着广泛的应用。

二、原理

转氨酶在磷酸吡哆醛(醇或胺)的参与下,把α-氨基酸上的氨基转移到α-酮酸的酮基位置上,生成一种新的酮酸和一种新的α-氨基酸。新生成的氨基酸种类可用薄层层析法鉴定。以谷-丙转氨酶为例,其可逆反应用下式表示:

$$\text{丙氨酸}+\alpha\text{-酮戊二酸} \xrightleftharpoons{\text{谷-丙转氨酶}} \text{丙酮酸}+\text{谷氨酸}$$

三、仪器、试剂和材料

1. 仪器

(1) 离心机、离心管
(2) 吹风机
(3) 恒温培养箱
(4) 烘箱
(5) 玻璃板(8×15cm)
(6) 层析缸
(7) 培养皿(直径 10cm)
(8) 喷雾器
(9) 玻璃棒及滴管
(10) 点样毛细管一束
(11) 研钵
(12) 试管 3 支
(13) 吸管 0.5ml 3 支, 2ml 1 支

2. 试剂

(1) 0.1mol/L 丙氨酸
(2) 0.1mol/L α-酮戊二酸(用 NaOH 中和至 pH7.0)
(3) 含有 0.4mol/L 蔗糖的 0.1mol/L pH8.0 的磷酸缓冲液
(4) pH7.5 的磷酸缓冲液
(5) 正丁醇
(6) 乙酸
(7) 0.1mol/L 谷氨酸
(8) 0.25%茚三酮丙酮溶液

3. 材料

发芽 2～3 日的绿豆芽

四、操作步骤

1. 酶液的制备

取 3g(25℃)萌发 3 天的绿豆芽(去皮),放入研钵中加 2ml pH8.0 磷酸缓冲液研成匀浆,转入离心管。研钵用 1ml 缓冲液冲洗,并入离心管,离心(3000r/min,10min),取上清液备用。

2. 酶促反应

取三个干试管编号,按下表分别加入试剂和酶液。

试 剂 (ml)	试 管 号		
	1	2	3
0.1 mol/L α-酮戊二酸	0.5	0.5	—
0.1 mol/L 丙氨酸	0.5	—	0.5
酶 液	0.5	0.5	0.5
pH 7.5 缓冲液	1.5	2.0	2.0

摇匀后置试管于37℃恒温箱中保温30min,取出后各加3滴30%乙酸终止酶反应,于沸水浴上加热10min,使蛋白质完全沉淀,冷却后离心或过滤,取上清液或滤液备用。

3. 薄板的制备

取3g硅胶G(可制8×15cm的薄板2块),放入研钵中加蒸馏水10ml研磨,待成糊状后,迅速均匀地倒在已备好的干燥洁净的玻璃板上,手持玻璃板在桌子上轻轻振动。使糊状硅胶G铺匀,室温下风干,使用前置105℃烘箱中活化30min。

4. 点样

在距薄板底边2cm处,等距离确定5个点样点(相邻两点间距1.5cm)。取反应液及谷氨酸、丙氨酸标准液分别点样,反应液点5~6滴,标准液点2滴,每点一次用吹风机吹干后再点下一次。

5. 展层

在层析缸中放入一直径为10cm的培养皿,注入展开剂(正丁醇∶乙酸∶水;体积比为3∶1∶1),深度为0.5cm左右。将点好样的薄板放入缸中(注意不能浸及样点),密封层析缸,上行展开。待溶液前沿上升至距薄板上沿约1cm处时取出,用毛细管标出前沿位置。吹干后用0.25%的茚三酮丙酮溶液均匀喷雾(注意不能有液滴),置烘箱(60~80℃)中或用热吹风机显色5~15min,即可见各种氨基酸的层析斑点,用毛细管轻轻标出各斑点中心点(或照相记录)。

五、结果处理

从层析图谱上鉴定α-酮戊二酸和丙氨酸是否发生了转氨基反应,并写出反应式。

六、注意事项

(1) 在同一实验系统中使用同一制品同一规格的吸附剂,颗粒大小最好在250～300目。制板时硅胶G加水研磨时间应掌握在3～5min,研磨时间过短硅胶吸水膨胀不够,不易铺匀;研磨时间过长,来不及铺板硅胶G就会凝固。

(2) 配制展开剂时,应现用现配,以免放置过久其成分发生变化。

(3) 保持薄板的洁净,避免人为污染,干扰实验结果。

(4) 点样和显色用吹风机时勿离薄板太近,以防吹破薄层。

七、思考题

1. 转氨基作用在代谢中有何意义?
2. 用薄层层析还可分离鉴定哪些物质?

参考文献

西北农业大学主编. 基础生物化学实验指导. 西安:陕西科学技术出版社,1986

中山大学生物系生化微生物学教研室编. 生化技术导论. 北京:人民教育出版社,1981

实验八　淀粉酶活力测定

一、目的

淀粉是葡萄糖以α-1,4糖苷键及α-1,6糖苷键连结的高分子多糖,是人类和动物的重要食物,也是食品、发酵、酿造、医药、纺织工业的基本原料。

淀粉酶是加水分解淀粉的酶的总称,淀粉酶对淀粉的分解作用是工业上利用淀粉的依据,也是生物体利用淀粉进行代谢的初级反应。小麦成熟期如遇阴雨天气,有的品种会发生严重的穗发芽,造成巨大损失,这是小麦种子中淀粉酶活动的结果。因此,淀粉酶的活性测定,具有理论和应用研究的意义。通过本实验,学习酶活测定的一般方法,巩固并熟练分光光度计的使用。

二、原理

淀粉酶主要包括α-淀粉酶、β-淀粉酶、葡萄糖淀粉酶和R-酶,它们广泛存在于动物、植物和微生物界。不同来源的淀粉酶,性质有所不同。植物中最重要的淀粉酶是α-淀粉酶和β-淀粉酶。

α-淀粉酶随机作用于直链淀粉和支链淀粉的直链部分α-1,4糖苷键,单独使用时最终生成寡聚葡萄糖、α-极限糊精和少量葡萄糖。Ca^{2+}能使α-淀粉酶活化和稳定,它比较耐热但不耐酸,pH 3.6以下可使其钝化。

β-淀粉酶从非还原端作用于α-1,4糖苷键,遇到支链淀粉的α-1,6键时停止。

单独作用时产物为麦芽糖和β-极限糊精。β-淀粉酶是一种巯基酶，不需要 Ca^{2+} 及 Cl^- 等辅助因子，最适 pH 偏酸，与 α-淀粉酶相反，它不耐热但较耐酸，70℃保温 15min 可使其钝化。

通常提取液中 α-淀粉酶和 β-淀粉酶同时存在。可以先测定(α+β)淀粉酶总活力，然后在 70℃加热 15min，钝化 β-淀粉酶，测出 α-淀粉酶活力，用总活力减去 α-淀粉酶活力，就可求出 β-淀粉酶活力。

淀粉酶活力大小可用其作用于淀粉生成的还原糖与 3，5-二硝基水杨酸的显色反应来测定。还原糖作用于黄色的 3，5-二硝基水杨酸生成棕红色的 3-氨基-5-硝基水杨酸，生成物颜色的深浅与还原糖的量成正比。以每克样品在一定时间内生成的还原糖(麦芽糖)量表示酶活大小。

三、仪器、试剂和材料

1. 仪器

(1) 电子顶载天平

(2) 研钵

(3) 容量瓶　100ml 2 个

(4) 具塞刻度试管　25ml 15 支

(5) 试管　8 支

(6) 吸管　1ml 3 支，2ml 12 支，5ml 1 支

(7) 离心机

(8) 离心管

(9) 恒温水浴

(10) 分光光度计

2. 试剂

(1) 1%淀粉溶液

(2) 0.4 mol/L 氢氧化钠

(3) pH5.6 柠檬酸缓冲液　称取柠檬酸 20.01g，溶解后定容至 1000ml，为 A 液。称取柠檬酸钠 29.41g，溶解后定容至 1000ml，为 B 液。取 A 液 13.7ml 与 B 液 26.3ml 混匀，即为 pH5.6 之缓冲液。

(4) 3，5-二硝基水杨酸　精确称取 1g 3，5-二硝基水杨酸溶于 20ml 1mol/L 氢氧化钠中，加入 50ml 蒸馏水，再加 30g 酒石酸钾钠，待溶解后用蒸馏水稀释至 100ml，盖紧瓶塞，防止 CO_2 进入。

(5) 麦芽糖标准液(1mg/ml)　称取 0.100g 麦芽糖，溶于少量蒸馏水，定容至 100ml。

3. 材料

萌发 3 天的小麦芽。

四、操作步骤

1. 酶液提取

称取 2g 萌发 3 天的小麦种子(芽长 1 cm 左右),置研钵中加少量石英砂和 2ml 左右蒸馏水,研成匀浆,无损地转入 100ml 容量瓶中,用蒸馏水定容至 100ml。每隔数分钟振荡 1 次,提取 20min。3000 r/min 离心 10min,转出上清液备用。

2. α-淀粉酶活力测定

(1) 取试管 4 支,标明 2 支为对照管,2 支为测定管。

(2) 于每管中各加酶液 1ml,在 70℃±0.5℃恒温水浴中准确加热 15min,钝化 β-淀粉酶。取出后迅速用流水冷却。

(3) 在对照管中加入 4ml 0.4mol/L 氢氧化钠。

(4) 在 4 支试管中各加入 1ml pH5.6 的柠檬酸缓冲液。

(5) 将 4 支试管置另一个 40℃±0.5℃恒温水浴中保温 15min,再向各管分别加入 40℃下预热的 1%淀粉溶液 2ml,摇匀,立即放入 40℃恒温水浴准确计时保温 5min。取出后向测定管迅速加入 4ml 0.4mol/L 氢氧化钠,终止酶活动,准备测糖。

3. 淀粉酶总活力测定

取酶液 5ml,用蒸馏水稀释至 100ml,为稀释酶液。另取 4 支试管编号,2 支为对照,2 支为测定管。然后加入稀释之酶液 1ml。在对照管中加入 4ml 0.4mol/L 氢氧化钠。4 支试管中各加 1ml pH5.6 之柠檬酸缓冲液。以下步骤重复 α-淀粉酶测定第(5)步的操作,同样准备测糖。

4. 麦芽糖的测定

(1) 标准曲线的制作　取 25ml 刻度试管 7 支,编号。分别加入麦芽糖标准液(1mg/ml)0、0.2、0.6、1.0、1.4、1.8、2.0 ml,然后用吸管向各管加蒸馏水使溶液达 2.0ml,再各加 3,5-二硝基水杨酸试剂 2.0ml,置沸水浴中加热 5min。取出冷却,用蒸馏水稀释至 25ml。混匀后用分光光度计在 520 nm 波长下进行比色,记录吸光度。以吸光度为纵坐标,以麦芽糖含量(mg)为横坐标,绘制标准曲线。

(2) 样品的测定　取步骤 2,3 中酶作用后的各管溶液 2ml,分别放入相应的 8 支 25ml 具塞刻度试管中,各加入 2ml 3,5-二硝基水杨酸试剂。以下操作同标准曲线制作。根据样品比色吸光度，从标准曲线查出麦芽糖含量，最后进行结果计算。

五、结果处理

$$\alpha\text{-淀粉酶活力(mg 麦芽糖/g 鲜重}\cdot\text{5min)}=\frac{(\overline{A}-\overline{A}_0)\times V_T}{W\times V_U}$$

$$\text{淀粉酶总活力(mg 麦芽糖/g 鲜重}\cdot\text{5min)}=\frac{(\overline{B}-\overline{B}_0)\times V_T}{W\times V_U}$$

式中 $\overline{A}$ 为 α-淀粉酶水解淀粉生成的麦芽糖(mg)；

$\overline{A}_0$ 为 α-淀粉酶的对照管中麦芽糖量(mg)；

$\overline{B}$ 为(α+β)淀粉酶共同水解淀粉生成的麦芽糖(mg)；

$\overline{B}_0$ 为(α+β)淀粉酶的对照管中麦芽糖(mg)；

V_T 为样品稀释总体积(ml)；

V_U 为比色时所用样品液体积(ml)；

W 为样品重(g)。

六、注意事项

(1) 酶反应时间应准确计算。

(2) 试剂加入按规定顺序进行。

七、思考题

1. 淀粉酶活性测定原理是什么？
2. 酶反应中为什么加 pH5.6 的柠檬酸缓冲液？为什么在 40℃进行保温？
3. 测定酶活力，应注意什么问题？

参 考 文 献

西北农业大学主编. 基础生物化学实验指导. 西安：陕西科学技术出版社，1986

实验九 脲酶 K_m 值测定

一、目的

脲酶是氮素循环的一种关键性酶，它催化尿素与水作用生成碳酸铵，在促进土壤和植物体内尿素的利用上起有重要作用。对其进行多方面研究，早已引起人们重视。通过本实验，学习脲酶 K_m 值的测定方法。

二、原理

脲酶催化下列反应：

$$(NH_2)_2CO + 2H_2O \xrightarrow{\text{脲酶}} (NH_4)_2CO_3$$

在碱性条件下，碳酸铵与奈氏试剂作用产生橙黄色的碘化双汞铵。在一定范围内，呈色深浅与碳酸铵量成正比。故可用比色法测定单位时间内酶促反应所产生的碳酸铵量，从而求得酶促反应速度。

$$(NH_4)_2CO_3 + 8NaOH + 4(KI)_2HgI_2 \longrightarrow$$

$$2\ O\begin{matrix} \diagup Hg \diagdown \\ \diagdown Hg \diagup \end{matrix}NH_2I + 6NaI + 8KI + Na_2CO_3 + 6H_2O$$

（橙黄色）

在保持恒定的最适条件下，用相同浓度的脲酶催化不同浓度的尿素发生水合反应。在一定限度内，酶促反应速度与脲浓度成正比。用双倒数作图法可求得脲酶的 K_m 值。

三、仪器、试剂和材料

1. 仪器

(1) 试管　16×160mm 21 支

(2) 吸管　0.5ml×15，1ml×1，2ml×1，10ml×1

(3) 漏斗　5 个

(4) 721 型分光光度计

(5) 电热恒温水浴

(6) 离心机

(7) 康氏振荡机

2. 试剂

(1) 1/10 mol/L 脲　15.015g，水溶后定容至 250ml。

(2) 不同浓度脲液　用 1/10 mol/L 脲稀释成 1/20、1/30、1/40、1/50 mol/L 的脲液。

(3) 1/15 mol/L pH7.0 磷酸盐缓冲液　Na_2HPO_4 5.969g，水溶后定容至 250ml。KH_2PO_4 2.268g，水溶后定容至 250ml。取 Na_2HPO_4 溶液 60ml，KH_2PO_4 溶液 40ml 混匀，即为 1/15 mol/L pH7.0 磷酸盐缓冲液。

(4) 10%硫酸锌　20g $ZnSO_4$ 溶于 200ml 蒸馏水中。

(5) 0.5 mol/L 氢氧化钠　5g NaOH，水溶后定容至 250ml。

(6) 10%酒石酸钾钠　20g 酒石酸钾钠溶于 200ml 蒸馏水中。

(7) 0.005 mol/L 硫酸铵标准液　准确称取 0.6610g 硫酸铵，水溶后定容至 1000ml。

(8) 30%乙醇　60ml 95%乙醇，加水 130ml，摇匀。

(9) 奈氏试剂

① 甲　8.75g KI 溶于 50ml 水中。

② 乙　8.75g KI 溶于 50ml 水中。

③ 丙　7.5g $HgCl_2$ 溶于 150ml 水中。

④ 丁　2.5g $HgCl_2$ 溶于 50ml 水中。

⑤ 甲与丙混合，生成朱红色沉淀。用蒸馏水以倾泻法洗沉淀几次，洗好后将乙液倒入，令沉淀溶解。然后将丁液逐滴加入，至红色沉淀出现摇动也不消失为止。定容至 250ml。

⑥ 称 NaOH 52.5g，溶于 200ml 蒸馏水中，放冷。

⑦ 混合(5)、(6)，并定容至 500ml。上清液转入棕色瓶中。存暗处备用。

3. 材料

大豆粉

四、操作步骤

(1) 脲酶提取　称大豆粉 1g，加 30%乙醇 25ml，振荡提取 1h。4000r/min 离心 10min，取上清液备用。

(2) 取试管 5 支编号，按下表操作：

管　号		1	2	3	4	5
脲液	浓度(mol/L)	1/20	1/30	1/40	1/50	1/50
	加入量(ml)	0.5	0.5	0.5	0.5	0.5
pH7 磷酸盐缓冲液(ml)		2.0	2.0	2.0	2.0	2.0
37℃水浴保温(min)		5	5	5	5	5
加入脲酶(ml)		0.5	0.5	0.5	0.5	—
加入煮沸脲酶(ml)		—	—	—	—	0.5
37℃水浴保温(min)		10	10	10	10	10
加 10% $ZnSO_4$(ml)		0.5	0.5	0.5	0.5	0.5
加蒸馏水(ml)		10.0	10.0	10.0	10.0	10.0
加 0.5mol/L NaOH (ml)		0.5	0.5	0.5	0.5	0.5

在旋涡振荡器上混匀各管，静置 5min 后过滤。

(3) 另取试管 5 支编号，与上述各管对应，按下表加入试剂(ml)：

管　　号	1	2	3	4	5
滤　液	0.5	0.5	0.5	0.5	0.5
蒸馏水	9.5	9.5	9.5	9.5	9.5
10%酒石酸钾钠	0.5	0.5	0.5	0.5	0.5
0.5mol/L NaOH	0.5	0.5	0.5	0.5	0.5
奈氏试剂	1.0	1.0	1.0	1.0	1.0

迅速混匀各管，然后在 460nm 比色，光径 1cm。

(4) 制作标准曲线，按下表加入试剂 (ml)：

管　　号	1	2	3	4	5	6
0.005mol/L $(NH_4)_2SO_4$	0	0.1	0.2	0.3	0.4	0.5
蒸馏水	10.0	9.9	9.8	9.7	9.6	9.5
10%酒石酸钾钠	0.5	0.5	0.5	0.5	0.5	0.5
0.5mol/L NaOH	0.5	0.5	0.5	0.5	0.5	0.5
奈氏试剂	1.0	1.0	1.0	1.0	1.0	1.0

迅速混匀各管，在 460nm 比色，绘制标准曲线。

五、结果处理

在标准曲线上查出脲酶作用于不同浓度脲液生成碳酸铵的量，然后取单位时间生成碳酸铵量的倒数即$\frac{1}{V}$为纵坐标，以对应的脲液浓度的倒数即$\frac{1}{[S]}$为横坐标作双倒数图，求出 K_m 值。

六、注意事项

(1) 准确控制各管酶反应时间尽量一致。

(2) 按表中顺序加入各种试剂。

(3) 奈氏试剂腐蚀性强，勿洒在试管架和实验台面上。

七、思考题

除了双倒数作图法，还有哪些方法可求得 K_m 值？

参 考 文 献

陈毓荃. 生物化学研究技术. 北京：中国农业出版社，1995

郑洪元，张德生. 土壤动态生物化学研究法. 北京：科学出版社，1982

实验十　蛋白质的水解和氨基酸的纸层析法分离

一、目的

1. 学习水解蛋白质的方法。
2. 掌握纸层析的基本技术。
3. 学习用纸层析分离、鉴定氨基酸的方法。

二、原理

1. 蛋白质的水解

蛋白质可以用酸、碱或酶如胃蛋白酶，胰蛋白酶，糜蛋白酶水解成最终产物氨基酸。实验室中常使用酸解法水解蛋白质。当在 6 mol/L 盐酸溶液中将蛋白质在 110℃加热大约 20 h，肽键断裂，此时蛋白质完全分解为氨基酸。

酸法水解蛋白质的优点是在水解过程中不发生外消旋作用，所得到的氨基酸均为 L-氨基酸。大多数氨基酸在煮沸酸中是稳定的，但色氨酸则完全被破坏。丝氨酸和苏氨酸在酸解过程中或多或少地也有破坏。色氨酸的水解产物已知是一种棕黑色的物质——腐黑质，因此，用酸法水解蛋白质得到的水解液为棕黑色的。

2. 纸层析法分离氨基酸

纸层析是以滤纸作为支持物的分配层析法。它利用不同物质在同一推动剂中具有不同的分配系数，经层析而达到分离的目的。在一定条件下，一种物质在某溶剂系统中的分配系数是一个常数，若以 K 表示分配系数

$$K=\frac{\text{溶质在固定相中的浓度}}{\text{溶质在流动相中的浓度}}$$

层析溶剂（又称推动剂），是选用有机溶剂和水组成的。滤纸纤维素与水有较强的亲和力（纤维素分子的葡萄糖基上的—OH 基与水通过氢键相作用）能吸附很多水分，一般达滤纸重的 22%左右（其中约有 6%的水与纤维素结合成复合物），由于这部分水扩散作用降低形成固定相；而推动剂中的有机溶剂与滤纸的亲和力很弱，可在滤纸的毛细管中自由流动，形成流动相。层析时，点有样品的滤纸一端浸入推动剂中，有机溶剂连续不断地通过点有样品的原点处，使其上的溶质依据本身的分配系数在两相间进行分配。随着有机溶剂不断向前移动，溶质被携带到新的无溶质区并继续在两相间发生可逆的重新分配，同时溶质离开原点不断向前移动，溶质中各组分的分配系数不同，前进中出现了移动速率差异，通过一定时间的层析，不同组分便实现了分离。物质的移动速率以 R_f 值表示：

$$R_f=\frac{\text{原点到层析点中心的距离}}{\text{原点到溶剂前沿的距离}}$$

各种化合物在恒定条件下，层析后都有其一定的 R_f 值，借此可以达到分离、定性、鉴别的目的。

溶质的结构与极性、溶剂系统的物质组成与比例、pH 值、滤纸质地以及层析温度、时间等都会影响 R_f 值。

三、仪器试剂和材料

1. 仪器

（1）干燥箱

（2）水浴锅

（3）安培瓶

（4）层析缸

（5）吹风机

（6）喷雾器

2. 试剂

（1）6 mol/L HCl

（2）标准氨基酸（1mg/mL）：称取亮氨酸、天冬氨酸、丙氨酸、缬氨酸、组氨酸各1mg，分别溶于 1ml 0.01mol/L 的 HCl 溶液中，保存于冰箱。

（3）展层剂：正丁醇∶88%甲酸∶水＝15∶3∶2(V/V)

（4）0.5%的茚三酮丙酮溶液

（5）10%异丙醇溶液

3. 材料

（1）层析滤纸（10cm×10cm），普通滤纸（21cm×21cm）

（2）毛细管、培养皿、镊子

四、操作步骤

1. 蛋白质的水解

称取 0.2g 酵母粉，放进一个小安培瓶中，向瓶中加入 1ml 6mol/L 的盐酸，于喷灯火焰上封口。将安培瓶放入干燥箱内，在 110℃下水解 20 h 后，把安培瓶内的水解液倒进蒸发皿内，将蒸发皿放于沸水浴上加热以除去水解液中的盐酸。将水解液蒸干，溶解于 0.5～1ml 10%的异丙醇中。

2. 纸层析法分离氨基酸

取 1 张 10×10cm 的层析滤纸放在普遍滤纸上，用直尺和铅笔在距滤纸底边

2 cm处划一条平行于底边的很轻的直线做为基线。沿直线以一定的间隔做标记以指示标准氨基酸和蛋白质水解液的加样位置。用毛细管吸少量氨基酸样品点于标记的位置上。点样时，毛细管口应与滤纸轻轻接触，样点直径一般控制在 0.3cm 之内。用吹风机稍加吹干后再点下一次，重复 3 次，每次的样品点应完全重合。加样完毕后，将滤纸卷成圆筒状，使基线吻合，两边不搭接，用针和线将纸两边缝合。将点好样品的滤纸移入层析缸中(层析缸内事先加入一个注入 40ml 展层剂的直径为 10cm 的培养皿，使液层厚度为 1cm 左右，盖上层析缸的盖子 20min，以保证罩内有一定蒸汽压)，采用上行法进行展层。当溶剂前沿上升到距纸上端 1 cm 时，取出滤纸，立即用铅笔记下溶剂前沿的位置，剪断缝线，用吹风机吹干滤纸上的溶剂。之后用茚三酮丙酮溶液均匀地喷洒在滤纸有效面上，切勿喷得过多致使斑点扩散。然后将滤纸放入烘箱，于 80℃下显色 5min 后取出。

五、结果处理

用铅笔轻轻描出显色斑点的形状，并用一直尺度量每一显色斑点中心与原点之间的距离和原点到溶剂前沿的距离，计算各色斑的 R_f 值，与标准氨基酸的 R_f 值对照，确定水解液中含有哪些氨基酸。

六、注意事项

1. 点样时要避免手指或唾液等污染滤纸有效面(即展层时样品可能达到的部分)。

2. 点样斑点不能太大(直径应小于 0.3 cm)，防止层析后氨基酸斑点过度扩散和重叠，且吹风温度不宜过高，否则斑点变黄。

3. 展层开始时切勿使样品点浸入溶剂中。

4. 作为展层剂的正丁醇要重新蒸馏，甲酸须用分析纯的。且展层剂要临用前配制，以免发生酯化，影响层析结果。

5. 如果样品中溶质种类较多，且某些溶质在某一溶剂系统中的 R_f 值十分接近时，单向层析分离效果不佳，则可采用双向层析，即将样品点在一方形滤纸的角上，先用一种溶剂系统展层。滤纸取出干燥后，再将滤纸转 90°角，用另一溶剂系统展层。所得图谱分别与这两种溶剂系统中作的标准物质层析图谱对比，即可对混合物样品中各成分进行鉴定。

七、思考题

1. 为什么点样时要避免手指或唾液等污染滤纸有效面?
2. 影响物质移动速率 R_f 值的因素有哪些?

参考文献

文树基主编. 基础生物化学实验指导. 西安:陕西科学技术出版社，1994

Stenesh, J., Experimental Biochemistry, Allynand bacon, Inc., Boston, US, 1984

实验十一　蛋白质的两性性质及等电点的测定

一、目的

通过实验了解蛋白质的两性性质及等电点与蛋白质分子聚沉的关系。掌握通过聚沉测定蛋白质等电点的方法。

二、原理

蛋白质是两性电解质。蛋白质分子中可以解离的基团除N-端α-氨基与C-端α-羧基外，还有肽链上某些氨基酸残基的侧链基团，如酚基、巯基、胍基、咪唑基等基团，它们都能解离为带电基团。因此，在蛋白质溶液中存在着下列平衡：

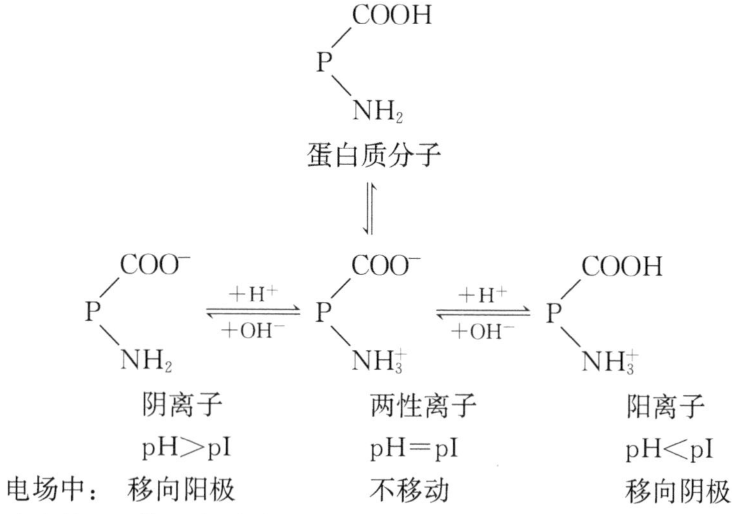

调节溶液的pH使蛋白质分子的酸性解离与碱性解离相等，即所带正负电荷相等，净电荷为零，此时溶液的pH值称为蛋白质的等电点。在等电点时，蛋白质溶解度最小，溶液的混浊度最大，配制不同pH的缓冲液，观察蛋白质在这些缓冲液中的溶解情况即可确定蛋白质的等电点。

三、仪器和试剂

1. 仪器

(1) 试管架

(2) 试管：15ml×6

(3) 刻度吸管：1ml×4，2ml×4，10ml×2

(4) 胶头吸管×2

2. 试剂

(1) 1mol/L 乙酸：吸取 99.5%乙酸(比重 1.05)2.875ml,加水至 50ml。

(2) 0.1mol/L 乙酸：吸取 1mol/L 乙酸 5ml,加水至 50ml。

(3) 0.01mol/L 乙酸：吸取 0.1mol/L 乙酸 5ml,加水至 50ml。

(4) 0.2mol/L NaOH：称取 NaOH 2.000g,加水至 50ml,配成 1mol/L NaOH。然后量取 1mol/L NaOH 10ml,加水至 50ml,配成 0.2mol/L NaOH。

(5) 0.2mol/L 盐酸：吸取 37.2%(比重 1.19)盐酸 4.17ml,加水至 50ml,配成 1mol/L 盐酸。然后吸取 1mol/L 盐酸 10ml,加水至 50ml,配成 0.2mol/L 盐酸。

(6) 0.01%溴甲酚绿指示剂：称取溴甲酚绿 0.005g,加 0.29ml 1mol/L NaOH,然后加水至 50ml。

(7) 0.5%酪蛋白溶液：称取酪蛋白(干酪素)0.25g 放入 50ml 容量瓶中,加入约 20ml 水,再准确加入 1mol/L NaOH 5ml,当酪蛋白溶解后,准确加入 1mol/L 乙酸 5ml,最后加水稀释定容至 50ml,充分摇匀。

四、操作步骤

1. 蛋白质的两性反应

(1) 取一支试管,加 0.5%酪蛋白 1ml,再加溴甲酚绿指示剂 4 滴,摇匀。此时溶液呈蓝色,无沉淀生成。

(2) 用胶头滴管慢慢加入 0.2mol/L 盐酸,边加边摇直到有大量的沉淀生成。此时溶液的 pH 值接近酪蛋白的等电点。观察溶液颜色的变化。

(3) 继续滴加 0.2mol/L 盐酸,沉淀会逐渐减少以至消失。观察此时溶液颜色的变化。

(4) 滴加 0.2mol/L NaOH 进行中和,沉淀又出现。继续滴加 0.2mol/L NaOH,沉淀又逐渐消失。观察溶液颜色的变化。

2. 酪蛋白等电点的测定

(1) 取同样规格的试管 7 支,按下表精确地加入下列试剂：

试剂(ml)	管号						
	1	2	3	4	5	6	7
1.0mol/L 乙酸	1.6	0.8	0	0	0	0	0
0.1mol/L 乙酸	0	0	4.0	1.0	0	0	0
0.01mol/L 乙酸	0	0	0	0	2.5	1.25	0.62
H_2O	2.4	3.2	0	3.0	1.5	2.75	3.38
溶液的 pH	3.5	3.8	4.1	4.7	5.3	5.6	5.9

(2)充分摇匀,然后向以上各试管依次加入0.5%酪蛋白1ml,边加边摇,摇匀后静置5min,观察各管的混浊度。

五、结果处理

用一、+、++、+++等符号表示各管的混浊度。根据混浊度判断酪蛋白的等电点。最混浊的一管的pH值即为酪蛋白的等电点。

六、注意事项

缓冲液的pH值必须准确。

七、思考题

1. 解释蛋白质两性反应中颜色及沉淀变化的原因。
2. 该方法测定蛋白质等电点的原理是什么?

参考文献

宋治军,纪重光主编.现代分析仪器与测试方法.西安:西北大学出版社,1995
文树基主编.基础生物化学实验指导.西安:陕西科学技术出版社,1994
西北农业大学主编.基础生物化学实验指导.西安:陕西科学技术出版社,1986
张龙翔主编.生化实验方法和技术.北京:人民教育出版社,1982

实验十二　蛋白质含量测定(考马斯亮蓝G-250法)

一、目的

蛋白质是细胞中最重要的含氮生物大分子之一,承担着各种生物功能。蛋白质的定量分析是蛋白质构造分析的基础,也是农牧产品品质分析、食品营养价值比较、生化育种、临床诊断等的重要手段。根据蛋白质的理化性质,提出多种蛋白质定量方法。考马斯亮蓝G-250法是比色法与色素法相结合的复合方法,简便快捷,灵敏度高,稳定性好,是一种较好的常用方法。通过本实验学习考马斯亮蓝G-250法测定蛋白质含量的原理,了解分光光度计的结构、原理和在比色法中的应用。

二、原理

考马斯亮蓝G-250是一种染料,在游离状态下呈红色,当它与蛋白质结合后变为青色。蛋白质含量在0～1000 μg范围内,蛋白质一色素结合物在595 nm下的吸光度与蛋白质含量成正比,故可用比色法测定。

三、仪器、试剂和材料

1. 仪器

(1) 分析天平
(2) 具塞刻度试管　10ml×8
(3) 吸管　0.1ml×1，1ml×2，5ml×1
(4) 研钵
(5) 漏斗
(6) 离心管　10ml
(7) 容量瓶　10ml×1
(8) 离心机
(9) 721 型分光光度计

2. 试剂

(1) 标准蛋白质溶液　称取 10mg 牛血清白蛋白，溶于蒸馏水并定容至 100ml，制成 100 μg/ml 的原液。

(2) 考马斯亮蓝 G-250 蛋白试剂　称取 100mg 考马斯亮蓝 G-250，溶于 50ml 90%乙醇中，加入 85%(*m*/*v*)的磷酸 100ml，最后用蒸馏水定容到 1000ml。此溶液在常温下可放置一个月。

3. 材料

绿豆芽

四、操作步骤

1. 标准曲线的制作

取 6 支具塞试管，编号后，按下表加入试剂。

管　　号	1	2	3	4	5	6
蛋白质标准液 (ml)	0	0.2	0.4	0.6	0.8	1.0
蒸馏水 (ml)	1.0	0.8	0.6	0.4	0.2	0
考马斯亮蓝 G-250 试剂 (ml)	5	5	5	5	5	5
蛋白质含量 (μg)	0	20	40	60	80	100

盖上塞子，摇匀。放置 2min 后在 595 nm 波长下比色测定(比色应在 1 h 内完

成)。以牛血清白蛋白含量(μg)为横坐标,以吸光度为纵坐标,绘出标准曲线。

2. 样品中蛋白质含量的测定

(1) 准确称取约 200mg 绿豆芽下胚轴,放入研钵中,加入 5ml 蒸馏水在冰浴中研成匀浆,离心(4000r/min, 10min),将上清液倒入 10ml 容量瓶,再向残渣中加入 2ml 蒸馏水,悬浮后再离心 10min,合并上清液,定容至刻度。

(2) 另取 1 支具塞试管,准确加入 0.1ml 样品提取液,再加入 0.9ml 蒸馏水,5ml 考马斯亮蓝 G-250 试剂,充分混合,放置 2min 后,以标准曲线 1 号试管做参比,在 595 nm 波长下比色,记录吸光度。

五、结果处理

根据所测样品提取液的吸光度,在标准曲线上查得相应的蛋白质含量(μg),按下式计算:

$$\text{样品蛋白质含量}(\mu g/g\ \text{鲜重})=\frac{\text{查得的蛋白质含量}(\mu g)\times\text{提取液总体积}(ml)}{\text{样品鲜重}(g)\times\text{测定时取用提取液体积}(ml)}$$

六、注意事项

比色应在出现蓝色 2min～1h 内完成。

七、思考题

1. 考马斯亮蓝 G-250 法测定蛋白质含量的原理是什么? 还有哪些蛋白质定量法?

2. 如何正确使用分光光度计?

参 考 文 献

陈毓荃. 生物化学研究技术. 北京:中国农业出版社,1995

鲁子贤. 蛋白质化学. 北京:科学出版社,1981

文树基. 基础生物化学实验指导. 西安:陕西科学技术出版社,1994

张龙翔. 生物化学实验技术. 北京:人民教育出版社,1981

实验十三 还原糖和总糖含量的测定 (3,5-二硝基水杨酸比色法)

一、目的

植物体内的还原糖,主要是葡萄糖、果糖和麦芽糖。它们在植物体内的分布,不仅反映植物体内碳水化合物的运转情况,而且也是呼吸作用的基质。还原糖还能形成其他物质如有机酸等;此外,水果、蔬菜中含糖量的多少,也是鉴定其品质的重要指标。还原糖在有机体的代谢中起着重要的作用,其他碳水化合物,如淀粉、蔗糖等,经水解也生成还原糖。通过本实验,掌握还原糖定量测定的基本原理,学习比色定糖法的基本操作,熟悉分光光度计的使用方法。

二、原理

各种单糖和麦芽糖是还原糖,蔗糖和淀粉是非还原糖。利用溶解度不同,可将植物样品中的单糖、双糖和多糖分别提取出来,再用酸水解法使没有还原性的双糖和多糖彻底水解成有还原性的单糖。

在碱性条件下,还原糖与 3,5-二硝基水杨酸共热,3,5-二硝基水杨酸被还原为 3-氨基-5-硝基水杨酸(棕红色物质),还原糖则被氧化成糖酸及其他产物。在一定范围内,还原糖的量与棕红色物质颜色深浅的程度成一定的比例关系,在 540nm 波长下测定棕红色物质的消光值,查对标准曲线并计算,便可分别求出样品中还原糖和总糖的含量。

三、仪器、试剂和材料

1. 仪器

(1) 刻度试管:25ml×11
(2) 离心管或玻璃漏斗×2
(3) 烧杯:100ml×1
(4) 三角瓶:100ml×1
(5) 容量瓶:100ml×3
(6) 刻度吸管:1ml×1, 2ml×4, 10ml×1
(7) 恒温水浴
(8) 沸水浴
(9) 离心机(过滤法不用此设备)
(10) 电子顶载天平
(11) 分光光度计

2. 试剂

(1) 1mg/ml 葡萄糖标准液:准确称取 100mg 分析纯葡萄糖(预先在 80℃烘至恒重),置于小烧杯中,用少量蒸馏水溶解后,定量转移到 100ml 的容量瓶中,以蒸馏水定容至刻度,摇匀,冰箱中保存备用。

(2) 3,5-二硝基水杨酸试剂:将 6.3g 3,5-硝基水杨酸和 262ml 2mol/L NaOH 溶液,加到 500ml 含有 185g 酒石酸钾钠的热水溶液中,再加 5g 结晶酚和 5g 亚硫酸钠,搅拌溶解。冷却后加蒸馏水定容至 1000ml,贮于棕色瓶中备用。

(3) 碘-碘化钾溶液：称取 5g 碘和 10g 碘化钾，溶于 100ml 蒸馏水中。

(4) 酚酞指示剂：称取 0.1g 酚酞，溶于 250ml 70%乙醇中。

(5) 6mol/L HCl。

(6) 6mol/L NaOH。

3. 材料

食用面粉。

四、操作步骤

1. 制作葡萄糖标准曲线

取 7 支 25ml 刻度试管，编号，按下表操作。

管　　号	0	1	2	3	4	5	6
葡萄糖标准液 (ml)	0	0.2	0.4	0.6	0.8	1.0	1.2
蒸馏水 (ml)	2.0	1.8	1.6	1.4	1.2	1.0	0.8
3,5-二硝基水杨酸 (ml)	1.5	1.5	1.5	1.5	1.5	1.5	1.5

将各管摇匀，在沸水浴中加热 5min，取出后立即冷却至室温，再以蒸馏水定容至 25ml，混匀。在 540nm 波长下，用 0 号管调零，分别读取 1～6 号管的吸光度。以吸光度为纵坐标，葡萄糖毫克数为横坐标，绘制标准曲线。

2. 样品中还原糖和总糖含量的测定

(1) 样品中还原糖的提取：准确称取 3g 食用面粉，放在 100ml 三角瓶中，先以少量蒸馏水调成糊状，然后加 50ml 蒸馏水，搅匀，置于 50℃ 恒温水浴中保温 20min，使还原糖浸出。离心或过滤，用 20ml 蒸馏水洗残渣，再离心或过滤，将两次离心的上清液或滤液全部收集在 100ml 的容量瓶中，用蒸馏水定容至刻度，混匀，作为还原糖待测液。

(2) 样品中总糖的水解和提取：准确称取 1g 食用面粉，放在 100ml 的三角瓶中，加入 10ml 6mol/L HCl 及 15ml 蒸馏水，置于沸水浴中加热水解 30min。取 1～2 滴水解液于白瓷板上，加 1 滴碘一碘化钾溶液，检查水解是否完全。如已水解完全，则不显蓝色。待三角瓶中的水解液冷却后，加入 1 滴酚酞指示剂，以 6mol/L NaOH 中和至微红色，过滤，再用少量蒸馏水冲洗三角瓶及滤纸，将滤液全部收集在 100ml 的容量瓶中，用蒸馏水定容至刻度，混匀。精确吸取 10ml 定容过的水解液，移入另一 100ml 的容量瓶中，以水稀释定容，混匀，作为总糖待测液。

(3) 显色和比色，取 4 支 25ml 刻度试管，编号，按下表所示的量操作。

管　　号	还原糖测定管号		总糖测定管号	
	①	②	Ⅰ	Ⅱ
还原糖待测液（ml）	2	2	0	0
总糖待测液（ml）	0	0	1	1
蒸馏水（ml）	0	0	1	1
3,5-二硝基水杨酸（ml）	1.5	1.5	1.5	1.5

其余操作均与制作葡萄糖标准曲线时相同。

五、结果处理

以管①、②的吸光度平均值和管Ⅰ、Ⅱ的吸光度平均值，分别在标准曲线上查出相应的还原糖毫克数。按下式计算出样品中还原糖和总糖的百分含量。

$$还原糖\%=\frac{查曲线所得还原糖质量(mg)\times\frac{提取液总体积}{测定时取用体积}}{样品质量(mg)}\times100$$

$$总糖\%=\frac{查曲线所得水解后还原糖质量(mg)\times稀释倍数}{样品质量(mg)}\times100$$

六、注意事项

标准曲线制作与样品含糖量测定应同时进行，一起显色和比色。

七、思考题

1. 可用不同材料，以比较含糖量的差异。
2. 面粉中主要含有何种糖？
3. 在提取糖时，其他杂质是否会影响到测定？

参考文献

西北农业大学．基础生物化学实验指导．西安：陕西科学技术出版社，1986。

实验十四　丙酮酸含量的测定

一、目的

丙酮酸是一种重要的中间代谢物。通过本实验掌握测定植物组织中丙酮酸含量的原理和方法，增加对代谢的感性认识。

二、原理

植物样品组织液用三氯乙酸除去蛋白质后，其中所含的丙酮酸可与 2,4-二硝基苯肼反应，生成丙酮酸-2,4-二硝基苯腙，后者在碱性溶液中呈樱红色，其颜色深度可用分光光度计测量。与同样处理的丙酮酸标准曲线进行比较，即可求得样品中丙酮酸的含量。

三、仪器、试剂和材料

1. 仪器

(1) 分光光度计
(2) 离心机(4000r/min)
(3) 容量瓶(25ml)
(4) 研钵
(5) 具塞刻度试管(15ml)
(6) 刻度吸管(1ml, 5ml)
(7) 电子顶载天平

2. 试剂

(1) 1.5mol/L NaOH
(2) 8%三氯乙酸(当日配制置冰箱中备用)
(3) 0.1% 2,4-二硝基苯肼：称取 2,4-二硝基苯肼 100mg，溶于 2mol/L HCl 中使成 100ml，盛入棕色试剂瓶，保存于冰箱内。
(4) 丙酮酸标准液(60μg/ml)：精确称取 7.5mg 丙酮酸钠，用 8%三氯乙酸溶解并定容至 100ml 保存于冰箱内。

3. 材料

大葱、洋葱或大蒜的鳞茎。

四、操作步骤

1. 丙酮酸标准曲线的制作

取 6 支试管，按下表加入试剂：

管　　号	1	2	3	4	5	6
丙酮酸标准液(ml)	0	0.2	0.4	0.6	0.8	1.0
8%三氯乙酸(ml)	3.0	2.8	2.6	2.4	2.2	2.0
丙酮酸含量(μg)	0	12	24	36	48	60

在上述各管中分别加入 1.0ml 0.1%的 2,4-二硝基苯肼液,摇匀,再加入 5ml 1.5mol/L NaOH 溶液,摇匀显色,在 520nm 波长下比色。作标准曲线。

2. 植物材料提取液的制备

称取 1g 植物材料(大葱、洋葱或大蒜)于研钵内加适量 8%三氯乙酸,仔细研成匀浆,再用 8%三氯乙酸洗入 25ml 容量瓶,定容至刻度。塞紧瓶塞,振摇提取,静置 30min。取约 10ml 匀浆液离心(4000 r/min)10min,上清液备用。

3. 组织液中丙酮酸的测定

取 1.0ml 上清液于一刻度试管中,加 2ml 8%三氯乙酸,加 1.0ml 0.1% 2,4-二硝基苯肼液,摇匀,再加 5.0ml 1.5mol/L NaOH 溶液,摇匀显色,在 520 nm 波长下比色,记录吸光度,在标准曲线上查得测定管(7 号)的丙酮酸含量。

五、结果处理

$$样品中丙酮酸含量(mg/g\ 鲜重)=\frac{A\times 稀释倍数}{样品重(g)\times 1000}$$

式中,A 为在标准曲线上查得的丙酮酸的微克数。

六、注意事项

1. 所加试剂的顺序不可颠倒,先加丙酮酸标准液或待测液,再加 8%三氯乙酸,最后加 1.5mol/L NaOH。
2. 应反应 10min 后再比色。
3. 标准曲线的各点应分布均匀,范围适中。

七、思考题

测定丙酮酸含量的基本原理是什么?

参 考 文 献

文树基主编.基础生物化学实验指导.西安:陕西科学技术出版社,1994
西北农业大学主编.基础生物化学实验指导.西安:陕西科学技术出版社,1986

实验十五　抗坏血酸含量测定(2,6-二氯酚靛酚法)

一、目的

学习维生素 C 的生理功能和性质,掌握用 2,6-二氯酚靛酚法测定维生素 C 的原理和方法。

二、原理

维生素 C 是一种水溶性维生素，是人类营养中最重要的维生素之一，人体缺乏维生素 C 时会出现坏血病，因此它又被称为抗坏血酸。此外维生素 C 还具有预防和治疗感冒以及抑制致癌物质产生的作用。

维生素 C 的分布很广，尤其在水果（如弥猴桃、橘子、柠檬、山楂、柚子、草莓等）和蔬菜（苋菜、芹菜、青椒、菠菜、黄瓜、番茄等）中的含量更为丰富。

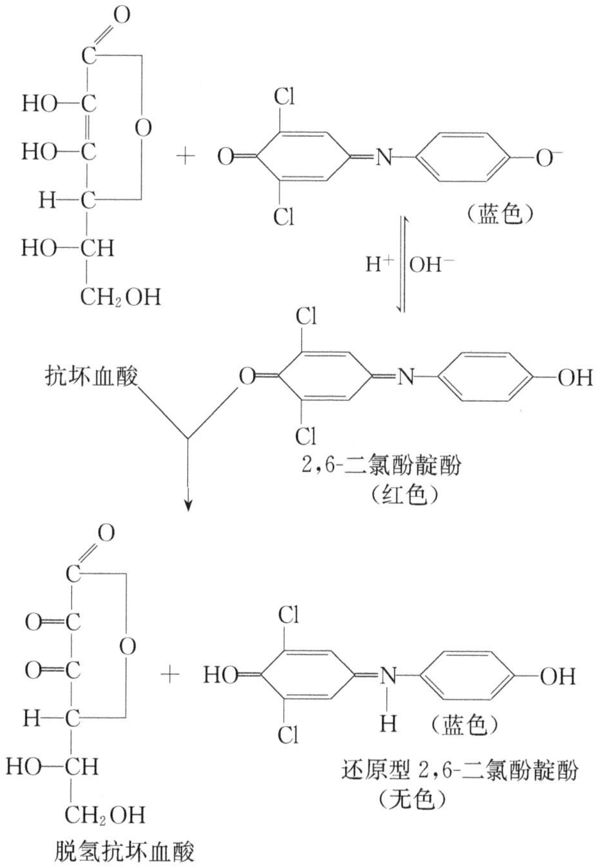

（蓝色）

H^+ ⇌ OH^-

抗坏血酸

2,6-二氯酚靛酚
（红色）

（蓝色）

脱氢抗坏血酸

还原型 2,6-二氯酚靛酚
（无色）

不同栽培条件、不同成熟度和不同的加工贮藏方法，都可以影响水果、蔬菜的抗坏血酸含量。测定抗坏血酸含量是了解果蔬品质高低及其加工工艺成效的重要指标。

维生素 C 在金属铜和抗坏血酸氧化酶存在下极易氧化，因此，在用铜制品做食品时，维生素 C 易丢失。此外在碱性溶液中，维生素 C 也易被破坏，而在酸性溶液中比较稳定。利用它具有的还原性质可测定其含量。还原型抗坏血酸能被染料 2,6-二氯酚靛酚氧化为脱氢型，该染料在碱性溶液中呈蓝色，在酸性溶液中呈红色，被还原后变为无色。因此用 2,6-二氯酚靛酚滴定含有维生素 C 的酸性溶液时，维生素C尚未全部被氧化时，则滴下的染料立即使溶液变成粉红色，当溶液中的抗坏血酸全部被氧化成脱氢抗坏血酸时，滴入的2,6-二氯酚靛酚立即使溶液呈现淡红色。用这种染料滴定抗坏血酸至溶液呈淡红色为滴定终点，根据染料消耗量即可计算出样品中还原型抗坏血酸的含量。

三、仪器、试剂和材料

1. 仪器

(1) 天平
(2) 组织捣碎机
(3) 微量滴定管（5ml）
(4) 容量瓶（50ml）
(5) 刻度吸管（5ml，10ml）
(6) 锥形瓶（100ml）

2. 试剂

(1) 1%草酸溶液：草酸1g溶于100ml蒸馏水中
(2) 2%草酸溶液：草酸2g溶于100ml蒸馏水中
(3) 抗坏血酸标准溶液(0.1mg/ml)：精确称取10mg纯抗坏血酸(应为洁白色，如变为黄色则不能用)用1%草酸溶液溶解并定容至100ml。此溶液应贮存于棕色瓶中，最好临用前配制。
(4) 0.05% 2,6-二氯酚靛酚溶液：称取500mg 2,6-二氯酚靛酚溶于300ml含104mg碳酸氢钠(A.R)的热水中，冷却后用蒸馏水稀释至1000ml，滤去不溶物，贮存于棕色瓶中，4℃冷藏可稳定一周，临用前以标准抗坏血酸标定。

3. 材料

新鲜水果或蔬菜

四、操作步骤

1. 提取抗坏血酸

取新鲜水果或蔬菜50g，加入50ml 2%草酸溶液，用组织捣碎机打成匀浆。过滤取得滤液，滤饼可用少量2%的草酸洗几次，合并滤液，记录滤液体积。

2. 2,6-二氯酚靛酚溶液的标定

准确吸取4.0ml抗坏血酸标准液(含0.4g抗坏血酸)于100ml锥形瓶中，加16ml 1%草酸溶液，用2,6-二氯酚靛酚滴定至淡红色(15秒内不褪色即为终点)。

记录所用染料溶液的体积，计算出 1ml 染料溶液所能氧化抗坏血酸的量。

3. 样品滴定

准确吸取样品提取液两份，各 20ml，分别放入两个 100ml 锥形瓶中，滴定方法同 2 中的操作，另取 20ml 1%草酸作空白对照滴定。

五、结果处理

取两份样品滴定所耗用染料体积的平均值，代入下式计算 100g 样品中还原型抗坏血酸的含量：

$$\text{抗坏血酸含量(mg/100g 样品)} = \frac{(V_1 - V_2) \times V \times M \times 100}{V_3 \times W}$$

式中，V_1 为滴定样品所耗用的染料的平均毫升数；

V_2 为滴定空白对照所耗用的染料的平均毫升数；

V 为样品提取液的总体积；

V_3 为滴定时所取的样品提取液的毫升数；

M 为 1ml 染料所能氧化抗坏血酸的量(mg)(可由操作 2 计算得到)；

W 为待测样品的重量(g)。

六、注意事项

(1) 用本法测定抗坏血酸含量虽简便易行，但有下述缺点：第一，本法只能测定还原型抗坏血酸，不能测出具有同样生理功能的氧化型抗坏血酸和结合型抗坏血酸。第二，样品中的色素经常干扰对终点的判断，虽可预先用白陶土脱色，或加入 2～3 ml 二氯乙烷，以二氯乙烷层变红为终点，但实际上仍难免产生误差。

(2) 用 2%草酸制备提取液，可有效地抑制抗坏血酸氧化酶，以免抗坏血酸变为氧化型而无法滴定，而 1%的草酸无此作用。

(3) 如样品中有较多亚铁离子(Fe^{2+})时，也可使染料还原而影响测定，这时应改用 8%乙酸代替草酸制备样品提取液，此时 Fe^{2+} 不会很快与染料起作用。

(4) 如样品浆状物泡沫过多，可加几滴辛醇或丁醇消泡。

(5) 市售的 2,6-二氯酚靛酚质量不一，以标定 0.4mg 抗坏血酸消耗 2ml 左右的染料为宜，可根据标定结果调整染料溶液浓度。

(6) 样品提取制备和滴定过程中，要避免阳光照射和与铜、铁器具接触，以免破坏抗坏血酸。

(7) 滴定过程宜迅速，一般不超过 2min。样品滴定消耗染料 1～4ml 为宜，如超出此范围，应增加或减少样品提取液的用量。

(8) 提取的浆状物如不易过滤，亦可进行离心收集上清液。

七、思考题

1. 维生素 C 具有什么性质和生理功能?
2. 为了在实验中得到准确的抗坏血酸含量应注意哪些问题?

参考文献

冯耀主编. 维生素趣谈. 重庆:四川科学技术出版社,1999

李建伍等. 生物化学实验原理和方法. 北京:北京大学出版社,2001

文树基主编. 基础生物化学实验指导. 西安:陕西科学技术出版社,1994

Strong,F. M. and Koch,G. H. ,Biochemistry, Laboratory Manual, WM. C. Brown Co. Publishers, Iowa, USA, 1974

第三单元　重点实验

实验十六　脂肪含量的测定及高级脂肪酸组分分析(气相色谱法)

一、目的

高级脂肪酸与丙三醇或高级一元醇能生成单脂，单脂再与磷酸、含氮碱或糖类结合可构成复合脂。单脂和复合脂参与细胞、细胞器等结构组成，具有多方面的生物学功能。高级脂肪酸的差异，往往赋予不同的物种、品种或个体具有不同的遗传或生理特性。高级脂肪酸中的亚油酸、亚麻酸、花生四烯酸等是人和动物的必需脂肪酸，完全依赖从食物中获得。因此，生物材料或农牧产品中高级脂肪酸组分的分析在生物科研和食品营养评价中都具有重要意义。本实验介绍脂类的抽提定量方法；通过油脂高级脂肪酸组分的定性定量分析，了解气相色谱仪的结构、原理及在生化分析中的应用。

二、原理

油脂易溶于乙醚、石油醚或正己烷中，因此用有机溶剂抽提，然后用油重法或残重法测定油料中油脂的含量。油脂在碱性条件下水解形成的脂肪酸挥发性小，不易气化，因此在分析前，必须将脂肪酸进行甲酯化处理，然后经气相色谱仪分离即可确定脂肪酸组分及含量。

三、仪器、试剂和材料

1. 仪器

(1) 分析天平
(2) 恒温水浴
(3) 索氏脂肪抽提器
(4) 气相色谱仪
(5) 容量瓶　10ml×1
(6) 吸管　1ml×2

2. 试剂

(1) 石油醚(沸程 30～60℃)

(2) 0.4mol/L 氢氧化钾-甲醇溶液　11.2g 氢氧化钾用甲醇溶解并定容至 500ml。

(3) 1∶1(V/V)石油醚与苯的混合液

(4) 无水乙醇

3. 材料

油料,植物油或动物油

四、操作步骤

1. 脂肪定量

(1) 安装好索氏脂肪抽提器。下部烧瓶约 1/3 浸入水浴水中。

(2) 将待测材料全粉置于 100℃烘箱中烘干,称取 10g,装入用石油醚处理过的已知重量的滤纸筒内,盖上处理过的脱脂棉一块(重量已计)。将纸筒置入抽提筒中,并于其内加入 1/3 容积的石油醚浸润样品。下部烧瓶内装入其 1/3 容积的石油醚。然后将仪器连接好。打开冷却水,开启水浴,使水温保持在 50～60℃(夏天)或 60～70℃(冬天)。石油醚沸腾后开始回流提取,约需 12～16 h(样品预先用石油醚浸润数 h 或过夜,可适当缩短回流时间)。

(3) 提取完成后,关闭水浴和冷却水,取出纸筒,立于干净烧杯中,置室外或通风橱内挥发掉残留石油醚,然后置 100℃烘箱中烘 8 h。取出后放入干燥器内冷却,称重(残重法)。

(4) 所有溶剂转入下部烧瓶,用蒸馏法回收溶剂。所得油脂烘干残留溶剂后称重(油重法)。

2. 油脂中高级脂肪酸的气相色谱分析

(1)脂肪酸甲酯化处理

称取制得油脂约 50mg,放入 10ml 容量瓶中,加入 1ml 石油醚与苯的混合液,使油脂溶解。再加入 1ml 氢氧化钾－甲醇溶液,摇动 1min,室温下静置 10min。用蒸馏水定容,翻转几次容量瓶,使有机相上浮。如果上层液混浊,可加少量无水乙醇澄清。取上层液直接进行气相色谱分析。

(2)测定条件

检测器　FID(氢火焰离子化检测器)

色谱柱　2m×3mm 玻璃柱两根

固定液　6%DEGS(聚二乙二醇丁二酸酯)

担　体　101 白色担体(酸洗,60～80 目)

气化室、检测器温度　250℃

柱　温　195℃

载　气　N_2,40ml/min

氢　气　1.5 kg/cm^2

空　气　1.2 kg/cm^2

上样量　5 μl 左右

(3)开机步骤

1) 接通电源,启动稳压器,调电压至 220V。

2) 打开载气钢瓶主阀,将二次阀压力调至 5 kg/cm^2。打开仪器载气截止阀。调节 1、2 路载气为 40ml/min。

3) 在文件中设定柱温、气化室、检测器温度。

4) 打开柱箱门,先对气化室、检测器加温。待快达到设定温度时关上柱箱门,使柱温升高至设定值。

5) 开启氢气阀和空压机,调节氢气为 1.5 kg/cm^2,空气为 0.3 kg/cm^2。接通点火开关,同时加大空气压力,至点火成功。

6) 打开发火机电源,按要求调节量程及衰减。

7) 打开记录仪电源,将记录笔调至零位。

8) 半小时后,待基线稳定后进行分析。

(4) 定性分析

根据各峰的保留时间与已知脂肪酸的标准色谱图比较进行定性。

(5) 定量方法

采用面积归一化法进行定量分析。

五、结果处理

1. 脂肪含量

$$粗脂肪(\%)=\frac{W-W_1}{W}\times 100$$

其中,W 为样品干重(g);W_1 为提取后残留样品干重(g)。

2. 脂肪酸的定性与定量

根据打印结果作出报告。

六、注意事项

(1) 含油量高的样品,抽提脂肪之前最好能用石油醚浸泡样品过夜。

(2) 抽提脂肪时注意实验室通风。

七、思考题

高级脂肪酸气相色谱分析的原理是什么？分析前为什么要进行酯化处理？

参考文献

陈毓荃.生物化学研究技术.北京:中国农业出版社,1995

宋志军,纪重光.现代分析仪器与测试方法.西安:西北大学出版社,1994

实验十七　单核苷酸的离子交换柱层析分离

一、目的

核苷酸在工农业生产、医学实践和科学研究中都有重要意义。目前我国核苷酸生产除了用微生物直接发酵外，主要是结合综合利用，用酿酒酵母、白地霉、谷氨酸菌体、青霉菌菌丝体、面包酵母等抽提核酸，再经橘青霉(*Penicllium citrium*)产生的5′-磷酸二酯酶在最适条件(pH 5.2，75℃)下酶解RNA，得4种5′-单核苷酸混合物。本实验通过用离子交换树脂分离AMP、GMP、CMP、UMP，学习和掌握核苷酸生产中下游工程的离子交换柱层析分离技术，也为熟练应用液相色谱奠定基础。

二、原理

离子交换层析是指溶液中的离子通过和交换剂上的解离基团进行连续、竞争性的交换平衡而达到分离目的的方法。包括吸附和洗脱两个过程，而且都是根据质量作用定律进行的。

阳离子交换剂时　$R_C^- C_1^+ + C_2^+ \rightleftharpoons R_C^- C_2^+ + C_1^+$

阴离子交换剂时　$R_A^+ A_1^- + A_2^- \rightleftharpoons R_A^+ A_2^- + A_1^-$

R代表离子交换剂骨架；C^+，A^-分别代表阳离子和阴离子。

要成功地分离某物质，必须根据该物质的解离性质，选择适当类型的离子交换剂，并控制吸附和洗脱条件。

核苷酸分子内可解离的基团是氨基、烯醇基和磷酸基，它们是进行离子交换层析分离的基础。

四种单核苷酸的解离常数(p*K*)

核苷酸	氨基($-NH_2$)	烯醇基(—OH)	磷酸基一级解离	磷酸基二级解离
AMP	3.70	—	0.89	6.01
GMP	2.30	9.70	0.70	5.92
CMP	4.24	—	0.80	5.97
UMP	—	9.43	1.02	5.88

从上表可见，烯醇基的 pK 值在 9.5 左右，此 pK 值一般不用于核苷酸的分离。四种核苷酸的磷酸基一级解离、二级解离的 pK 值比较接近，不能用作彼此分离的主要依据。而氨基(UMP 无氨基)却不同，它们的 pK 值在 2～5 之间相差很大，在离子交换层析分离中起着决定性的作用。

本实验采用阳离子交换树脂分离四种核苷酸。在 pH 1.5 时，核苷酸的磷酸基大部分解离带负电荷。UMP 因无氨基，所以其净电荷为负值，不与阳离子交换树脂发生吸附，在洗脱时直接流出来，而 AMP、CMP、GMP 具有氨基，在此 pH 条件下解离带正电荷，分子的净电荷为正值，被阳离子交换树脂吸附。在 pH 2～5 之间各种核苷酸氨基的 pK 值不同，净电荷产生明显的差异。因此，当用无离子水进行洗脱时，便可将它们一一分开。图 17.1 表示核苷酸分子的净电荷与 pH 之间的关系。

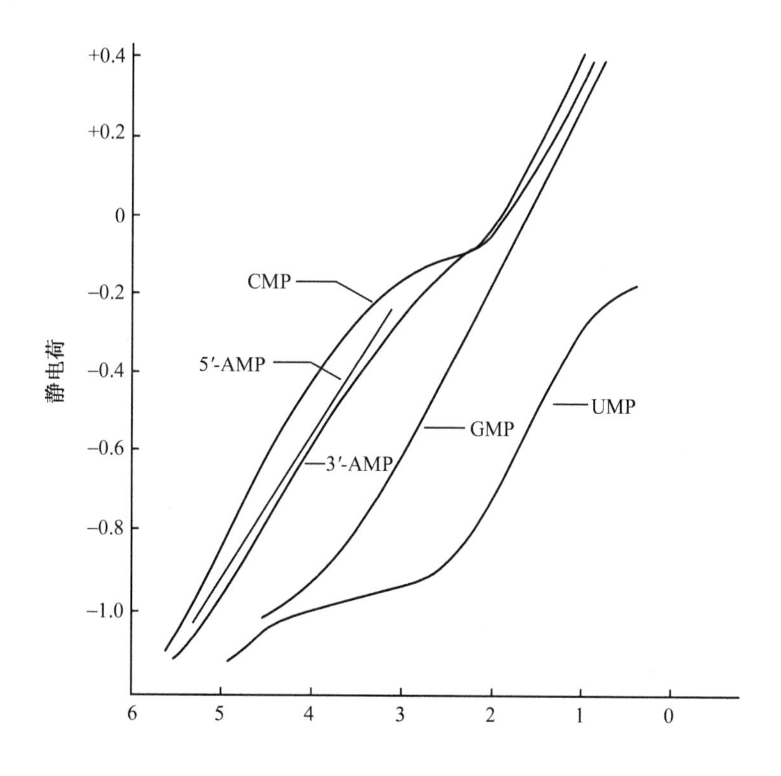

图 17.1 核苷酸分子的净电荷与 pH 的关系

根据图 17.1 分析，理论上的洗脱次序应是 UMP→GMP→AMP→CMP，而实际的分离顺序却是 UMP→GMP→CMP→AMP，这是由于应用聚苯乙烯树脂为交换剂时，树脂对嘌呤碱的吸附能力大于对嘧啶碱的吸附能力(非极性吸附)，电荷及非极性吸附综合作用的结果，致使 AMP 和 CMP 的洗脱位置发生互换。

四种核苷酸混合样品上柱后用蒸馏水洗脱，UMP 最先洗出，以后随着流出液

pH 逐步升高，GMP 和 CMP 分别相继洗下，再经一段较长的无核苷酸空白区，AMP 才最后流出。为缩短整个洗脱过程，用蒸馏水将 UMP、GMP、CMP 洗下后，换用 3% NaCl 作洗脱液，增加竞争性离子强度，减弱树脂的吸附作用，使 AMP 提前洗出。洗脱情况用核酸蛋白检测仪和记录仪进行监测，洗下的不同组分由部分收集器进行分步收集。

三、仪器、试剂和材料

1. 仪器

(1) 恒流泵
(2) 核酸蛋白检测仪
(3) 部分收集器
(4) 计滴器
(5) 记录仪
(6) 酸度计
(7) 层析柱　1×20cm 或 1.5×30cm
(8) 贮液瓶　500ml×2
(9) 皮头滴管×2

2. 试剂

(1) 5′-AMP+5′-GMP+5′-CMP+5′-UMP 混合液(各含 1mg/ml)
(2) 3% NaCl

聚苯乙烯-二乙烯苯磺酸型阳离子交换树脂(上海化工学院产品)或同类型的 Zerolite(英国)。

四、操作步骤

1. 离子交换树脂的前处理

新树脂先用水浸泡，以浮选法去除漂浮物及杂质后，用 1 mol/L NaOH 浸洗，再用蒸馏水洗涤到近中性；以 1 mol/L HCl 浸洗，再以蒸馏水洗涤到近中性。如此反复处理 2 次，最后水洗至中性，待用。

2. 装柱

垂直固定好层析柱，在经过前处理的树脂中加入少量蒸馏水，搅匀，缓缓地加到柱内，然后打开下端活塞或止水夹，边排水边继续加树脂(注意切勿使树脂床面暴露于空气中)，直至树脂床高度达层析柱的 3/5～4/5 左右。要求柱内均匀无气泡，无明显界面，床面平整。柱子装好后，需用蒸馏水流过，平衡过夜。

3. 安装仪器

参照附录十六之(六)、(七)等安装、调试好恒流泵、部分收集器、计滴器、核酸蛋白检测仪、记录仪等备用。

4. 加样及洗脱

加样前,层析柱先用 0.03 mol/L HCl 流过,直至流出液 pH 达 1.5。

将树脂床表面多余之液体用滴管轻轻地吸去,再用滴管沿柱壁缓缓加入适量样品(注意不要扰动床面),打开层析柱下端活塞或止水夹,样品入床后,立即用少量蒸馏水将层析柱内表面粘附的样品洗下,再在床表面加 2～3 cm 蒸馏水,戴上柱帽用恒流泵加洗脱液(蒸馏水),用部分收集器进行分部收集,核酸蛋白检测仪(波长 254 nm)检测结果,在记录仪上自动绘出洗脱和出峰曲线。

当 3 个峰出完后,换用 3% NaCl 继续洗脱至第 4 个峰(AMP)出完,记录笔回到基线。

5. 柱再生

最后用 0.03 mol/L HCl 过柱,待流出液 pH 达 1.5 时,柱子已经再生,可以重复利用。

五、结果处理

根据出峰时间,可确定四种核苷酸的收集高峰管。可用电泳或薄层层析鉴定其种类,是否与本实验一致。

六、注意事项

(1) 离子交换树脂类型一定要选对,处理彻底,转型合适。

(2) 层析柱一定要装好,它直接影响分离效果。

(3) 整套液相色谱设备较为复杂,充分利用洗脱过程的等待时间,详细了解各种仪器的结构、原理、正确使用方法、故障产生原因及排除方法等。

七、思考题

1. 核苷酸有哪些用途? 如何生产?
2. 离子交换柱层析分离核苷酸的原理是什么?
3. 何谓离子交换树脂的转型? 有什么作用? 根据什么原则进行转型处理?
4. 可否用浮选法处理阴离子交换树脂? 为什么?

参考文献

陈毓荃. 生物化学研究技术. 北京:中国农业出版社,1995

朱俭，曹凯鸣，周润琦等.生物化学实验.上海：上海科学技术出版社，1981
中山大学生物系生化微生物学教研室.生化技术导论.北京：人民教育出版社，1978

实验十八　RuBP 羧化酶-加氧酶的纯化

一、目的

RuBP 羧化酶-加氧酶存在于叶绿体中，其含量约占叶绿体间质蛋白的 50%以上，其分子质量约为 $5\times10^5\sim6\times10^5$ Da，具有羧化和加氧的双重功能，在光合作用中具有重要的作用。本实验通过对 RuBP 羧化酶-加氧酶的提取、纯化，了解并掌握蛋白质纯化的一般方法。

二、原理

RuBP 羧化酶-加氧酶是一种可溶性蛋白质，经盐析可使其沉淀出来，再经凝胶层析脱盐和分离，可使其纯化。

凝胶层析法，又称凝胶过滤法，是利用凝胶把分子大小不同的物质分离开的一种方法。当待分离的物质缓慢流经凝胶柱时，各物质分子在柱内同时进行两种不同方向的运动，即垂直向下的移动和无定向的扩散运动。由于大分子不能进入凝胶颗粒内部而沿凝胶颗粒间的间隙最先流出柱外，而小分子可以进入凝胶内部，向下运动路线迂回曲折，流速缓慢，以致最后流出柱外，从而使样品中分子大小不同的物质得到分离。凝胶层析技术操作方便，设备简单，重复性好，而且条件温和，一般不会引起生物活性物质的变化。

三、仪器与试剂

1. 仪器

(1) 层析柱　2.0×30cm 及 2.0×70cm 各一套
(2) 组织捣碎机
(3) 冷冻离心机
(4) 部分收集器
(5) 核酸蛋白检测仪
(6) 恒流泵
(7) 记录仪
(8) 恒温水浴
(9) 磁力搅拌器
(10) 真空泵

2. 试剂

（1）Tris-HCl 缓冲液（pH7.4）

缓冲液 A：内含 0.05mol/L Tris-HCl，1.0mol/L NaCl，0.001mol/L EDTA，0.002mol/L $MgCl_2$，0.08mol/L β-巯基乙醇（为洗脱液）。

缓冲液 B：内含 0.025mol/L Tris-HCl，0.2mol/L NaCl，0.0005mol/L EDTA。

（2）$(NH_4)_2SO_4$

3. 材料

（1）Sephadex G-50 和 G-200

（2）纱布

（3）冰块

（4）菠菜

四、操作步骤

1. 酶粗提液制备

取新鲜菠菜叶片 100g，洗净泥沙，用蒸馏水冲洗三遍，纱布吸干水，剪碎，加入 100ml 的缓冲液 A，用组织捣碎机匀浆。匀浆用 4 层纱布挤压过滤，滤液置于烧杯中，在 55℃恒温水浴中保温 5min，随后在冰浴中冷却至 20℃。然后用冷冻离心机离心（48 000*g*，30min），小心倾出上清液即为 RuBP 羧化酶粗提液。

2. $(NH_4)_2SO_4$ 盐析部分纯化

准确计量酶粗提液体积，计算 35%饱和度所需的 $(NH_4)_2SO_4$ 量，在磁力搅拌下慢慢加入 $(NH_4)_2SO_4$，4℃静置 20min，48 000*g* 离心去杂蛋白。上清液再加 $(NH_4)_2SO_4$ 至 65%饱和度，4℃静置 20min，离心收集沉淀。将沉淀溶于 20ml 缓冲液 B 中，即为部分纯化的酶液，供进一步纯化。

3. Sephadex G-50 脱盐

（1）溶胀凝胶

取一定量的 Sephadex G-50 于烧杯中（视层析柱容积而定），用足量的缓冲液 A 充分溶胀。在室温下溶胀，Sephadex G-50 需 6～8 h。为缩短溶胀时间，可在沸水浴中进行溶胀，一般只需 1～2 h。溶胀好的凝胶，稍加静置，用虹吸法除去含有细颗粒的上层液，然后再加缓冲液 A 用玻璃棒轻轻搅拌，稍静置，待大部分凝胶沉淀后，再利用虹吸法除去含有细颗粒胶的上层液。如此反复操作多次，直至无细颗粒为止。最后将漂洗好的凝胶在真空干燥器中减压脱气。

(2) 装柱

取层析柱一支，垂直固定于铁架台上，在下口连接带有滴嘴的乳胶管。层析柱中注入缓冲液 A 约 5～10 cm(要防止下端出口窝藏气泡)，夹上螺旋止水夹，同时在层析柱的瓷芯上铺一块 400 目圆形尼龙网。

将脱气后的凝胶用玻璃棒搅匀。打开螺旋止水夹，用一烧杯承接流水。沿玻璃棒倒入凝胶浆，凝胶逐渐沉降。当胶床表面仅有 2 cm 液层时，旋紧螺旋夹。床面上覆盖一块圆形滤纸片，以防止不溶物侵入床面和液滴对床面的冲击。为了防止胶床分层，最好一次装完。如分几次填装，在二次填装前应在已经沉淀的表面用玻璃棒轻轻搅拌后再倾注，重复这一过程直至装到需要的高度。

层析柱下口与核酸蛋白检测仪连接，继而连接部分收集器。连接恒流泵于柱上端，用 3 倍柱体积的缓冲液 A 进行平衡后即可使用。

(3) 上样

上样前胶床表面只留约 1 mm 液层，然后吸取适量样品提取液，小心加到层析柱床面中央，开启收集器，打开螺旋夹开始收集。同时调节好记录仪。待大部分样液进入胶床，床面上仅有 1mm 左右液层时，再用少量洗脱液淋洗床面和柱壁两次。但要尽量避免样品的稀释。之后，用滴管小心加入 3～5 cm 的洗脱液，戴上柱帽，用恒流泵输液。调整流速，使上下流速同步。

(4) 洗脱、收集和鉴定

将部分收集器收集的各管洗脱液与记录仪上的洗脱峰相比较，确定蛋白峰对应的管号。

4. sephadex G-200 进一步纯化

将 sephadex G-50 柱层析所得蛋白高峰管合并，对缓冲液 B 透析后，上 sephadex G-200 柱(装柱等同 sephadex G-50)，用缓冲液 B 洗脱，收集蛋白高峰管溶液。

五、结果处理

将 sephadex G-200 柱层析收集到的蛋白高峰管溶液合并，置冰箱中保存，准备用电泳检测(实验十九)。

六、注意事项

(1) 凝胶层析柱装填是否均匀与分离效果好坏关系密切。装填不符合要求应倒出重装。

(2) 不同型号的凝胶有不同的操作压力，G-50 柱的操作压力为 50～100 cm，G-200 柱为 10 cm。

(3) 交联葡聚糖凝胶为糖类化合物,不用时要注意防止其发霉或长菌,一般加0.02%的叠氮化钠(NaN_3)溶液防腐。

七、思考题

凝胶层析的原理是什么?在实验操作中应注意哪些问题?

参 考 文 献

陈毓荃.生物化学研究技术.北京:中国农业出版社,1995
袁静明.凝胶层析法及其应用.北京:科学出版社,1975

实验十九 连续密度梯度电泳法测定蛋白质的分子质量及纯度

一、目的

了解连续密度梯度电泳法测定蛋白质分子质量及其纯度的原理,学习和掌握连续密度梯度电泳的操作技术。

二、原理

在连续密度梯度凝胶电泳中,蛋白质在电场中向着凝胶浓度逐渐增高的方向即孔径逐渐减小的方向迁移。随着电泳的继续进行,蛋白质受到孔径的阻力愈来愈大。起初,蛋白质在凝胶中的迁移速度主要受两个因素影响,一是蛋白质本身的电荷密度,电荷密度愈高,迁移速度愈快;二是蛋白质本身的大小,分子质量愈大,迁移速度愈慢。当蛋白质迁移所受到的阻力大到足以完全停止它前进时,低电荷密度的蛋白质将"赶上"与它大小相似、但具有较高电荷密度的蛋白质。因此,在梯度凝胶电泳中,蛋白质的最终迁移位置仅决定于它本身分子的大小,而与蛋白质本身的电荷密度无关。由于蛋白质的相对迁移率与其分子质量的对数在一定范围内呈线性关系,因此通过制作标准曲线,在相同条件下进行未知样品的电泳,便可测得未知蛋白质的分子质量。梯度凝胶电泳可提供清晰的蛋白质谱带。可用于鉴定非变性蛋白质的纯度。

三、仪器、试剂和材料

1. 仪器

(1) 电泳仪和垂直板电泳槽
(2) 梯度混合器
(3) 蠕动泵

(4) 微量注射器

(5) 脱色摇床

(6) 真空泵

(7) 台式高速离心机

(8) 白瓷盘

2. 试剂

(1) 2%琼脂　2g 琼脂加电极缓冲液 100ml，于水浴上加热溶化。

(2) 电极缓冲液(0.09mol/L Tris-0.08mol/L 硼酸-0.0025mol/L EDTA，pH8.4)　称取 10.90g Tris，4.95g 硼酸，0.93g EDTA(EDTA · 2Na · $2H_2O$)，加水溶解，定容至 1000ml。

(3) 凝胶缓冲液　称取 10.75g Tris，5.04g 硼酸，0.93g EDTA(EDTA · 2Na · $2H_2O$)，溶于蒸馏水中，定容至 100ml，其 pH 为 8.3。

(4) 凝胶贮液　① 称取 57.6g Acr，2.4g Bis，溶于凝胶缓冲液中，定容至 100ml，过滤，存冰箱备用。② 称取 7.68g Acr，0.32g Bis，溶于凝胶缓冲液中，定容至 100ml，过滤，存冰箱中备用。

(5) 10%过硫酸铵　1g 过硫酸铵，加 10ml 水溶解，现用现配。

(6) TEMED(四甲基乙二铵)

(7) 25%乙醇

(8) 脱色液　甲醇：冰乙酸：水＝5：1：5

(9) 染色液(0.25%考马斯亮蓝 R250)　1g 考马斯亮蓝 R250，用脱色液 400ml 溶解。

(10) 低分子质量标准蛋白溶液　包括溶菌酶(MW＝14 400)、大豆胰蛋白酶抑制剂(21 500)、碳酸酐酶(31 000)、卵白蛋白(45 000)、牛血清白蛋白(66 200)、磷酸化酶 B(92 500)。用含 20%蔗糖(或甘油)的电极缓冲液将标准蛋白样品配成 1mg/ml 的浓度，每毫升加入 5μl 0.1%溴酚蓝染料，混匀备用。

(11) 高分子质量标准蛋白溶液　包括卵白蛋白(MW＝45 000)、牛血清白蛋白(66 200)、磷酸化酶 B(92 500)、β-半乳糖苷酶(116 250)、肌球蛋白重链(200 000)，配制方法同上。

3. 材料

实验十八制备的 RuBP 羧化-加氧酶。

四、操作步骤

(1) 在制板支架上置一专用有机玻璃槽，将固定好的玻璃板下部插入槽内，中部用两个文具夹固定在支架竖板上。在槽内倒入已充分溶化的琼脂，冷凝后封闭胶腔底部。

(2) 用直径约 2mm 的聚乙烯管连接好梯度混合器、恒流泵、凝胶模。

(3) 30%胶液的配制　取 50ml 烧杯一只,加凝胶贮液①14ml,水 14ml,10%过硫酸铵 5μl,减压抽气 10min。

(4) 4%胶液的配制　取 50ml 烧杯一只,加凝胶贮液②14ml,水 14ml,10%过硫酸铵 5μl,减压抽气 10min。

(5) 灌制梯度胶　在两胶液中分别加入 TEMED 15μl,摇匀,分别吸取 18ml 胶液于梯度混合器相应的混合杯中。打开磁力搅拌器和梯度混合器开关,接通恒流泵,将梯度混合器中的胶液缓缓输入胶腔中。事先应将输液管出口由胶腔上口中央伸向底部,随着胶腔内液面的升高逐渐提高输液管,使管口始终接近液面而不伸入液体内部。灌胶的流速要适当,以管口流出液对液面不形成冲击为好。

(6) 灌胶完毕后,在液面上小心地加入 25%乙醇约 0.5cm 封闭胶面。静置半小时左右即可聚合。

(7) 待凝胶聚合后,倒掉乙醇溶液,用滤纸条吸干上层残留液,吸取 5ml 4%胶液,加入 5μl TEMED,于烧杯中轻轻摇匀,加到梯度胶上,迅速插入样品梳,样品梳下沿刚好触及梯度胶面为宜,静置聚合。

(8) 凝胶聚合后,拔掉样品梳,装好电泳槽,在上下槽中注入电极缓冲液。

(9) 待测样品的制备同标准蛋白质,制备好的样品用微量注射器点样,每样品槽点样 25～50 μl。

(10) 上槽为负极,下槽为正极,连接好电泳仪,用恒压(100V 左右)或恒流(20mA 左右)电泳。当指示剂跑出胶片后,将电压升高至 150V,继续电泳 15h 左右。

(11) 剥胶后用蒸馏水洗涤胶片,然后浸入染色液中 4～5 h 或过夜。取出后用自来水稍加洗涤,置于脱色液中振荡脱色,中途更换脱色液数次,直至背景清晰为止。

五、结果处理

(1) 分子质量的测定　以凝胶中迁移距离最大的标准蛋白质为参考点,计算每种标准蛋白质的相对迁移率(m_R):

$$m_R = \frac{\text{蛋白质从原点迁移的距离}}{\text{从原点到参考点的距离}}$$

以 m_R 值为横坐标,标准蛋白质分子质量的对数为纵坐标,绘制标准曲线。根据待测样品的相对迁移率,从标准曲线上查出其分子质量的对数,即可求出分子质量。

(2) 蛋白质样品纯度鉴定可根据待测样品泳道出现条带的数目加以判定。

六、注意事项

(1) Acr 和 Bis 有神经毒性，操作时避免与皮肤接触。

(2) 过硫酸铵最好当天配制，在冰箱中贮存不能超过一周。

(3) 本实验至少要达 2000 伏特小时，否则影响分辨率及结果的准确性。

(4) 根据温度等条件，可以适当调整过硫酸铵及 TEMED 的用量，使之在灌胶时不聚合，灌完胶后半小时左右聚合。

七、思考题

1. 连续密度梯度电泳法测定蛋白质分子质量及纯度的原理是什么？它与 SDS-PAGE 测定分子质量有何不同？

2. 灌制梯度胶时应注意的事项有哪些？

参考文献

陈毓荃. 生物化学研究技术. 北京：中国农业出版社，1995

张龙翔，张庭芳等. 生化实验方法和技术. 北京：人民教育出版社，1992

实验二十　过氧化物酶同工酶聚丙烯酰胺凝胶圆盘电泳

一、目的

同工酶是指能催化同一种化学反应，但酶蛋白本身的分子结构组成却有所不同的一组酶，是 DNA 上遗传信息表达的结果。同工酶与生物的遗传、生长发育、代谢调节及抗性等都具有一定的关系。过氧化物酶是植物体内存在的活性较高的一种酶，与呼吸作用、光合作用及生长素的氧化等都有关系，而且在植物生长发育过程中它的活性不断发生变化。因此测定过氧化物酶的活性或其同工酶，具有重要的意义。

本实验采用聚丙烯酰胺凝胶圆盘电泳，分离小麦幼苗过氧化物酶同工酶。用电泳技术分离鉴定同工酶，方法简便，灵敏度高，重现性强。

通过本试验掌握聚丙烯酰胺凝胶电泳的原理及其操作。

二、原理

聚丙烯酰胺凝胶是用丙烯酰胺(Acr)单体和交联剂甲叉双丙烯酰胺(Bis)在催化剂作用下聚合成的多孔介质。控制凝胶的浓度和交联度可获得符合需要孔径的凝胶。在由浓缩胶、分离胶组成的碱性不连续体系中，存在着浓缩效应(仅在浓缩胶中)、电荷效应和分子筛效应，同工酶分子在这三种效应的共同作用下，经过电泳被有效地分离，最后染色，显现出不同的酶带，比较不同材料酶谱的差异，可对其遗传特性等进行研究。

三、仪器、试剂和材料

1. 仪器

(1) 电泳仪和圆盘电泳槽 1 套
(2) 台式高速离心机
(3) 电冰箱
(4) 真空泵
(5) 真空干燥器
(6) 抽滤瓶
(7) 量　筒　500ml×1，10ml×1
(8) 烧　杯　250ml×4
(9) 注射器　1ml×1，2ml×1，5ml×1
(10) 注射针头　弯针头×2，长针头×1
(11) 玻璃管　12 支
(12) 指形管　12 支
(13) 样品瓶　1 个
(14) 小培养皿　1 个
(15) 粗玻管　1 支
(16) 其他　试管架、玻棒、橡皮圈等

2. 试剂

见表 20.1。

表 20.1　聚丙烯酰胺凝胶电泳贮液配制方法

序号	试剂名称	配制方法
1	2%琼脂	2g 琼脂，100ml pH8.3 电极缓冲液(配法见后述)浸泡，用前加热溶化
2	分离胶缓冲液(pH8.9 Tris-HCl 缓冲液)	取 1mol/L HCl 48ml，Tris 36.8g，TEMED 0.28ml，用无离子水溶解后定容至 100ml
3	浓缩胶缓冲液(pH6.7 Tris-HCl 缓冲液)	取 1mol/L HCl 48ml，Tris 5.98g，TEMED 0.48ml，用无离子水溶解后定容至 100ml
4	分离胶贮液(Acr-Bis，贮液Ⅰ)	Acr 28.0g，Bis 0.735g，用无离子水溶解后定容至 100ml，过滤除去不溶物
5	浓缩胶贮液(Acr-Bis，贮液Ⅱ)	Acr 10g，Bis 2.5g，无离子水溶解后定容至 100ml

续表

序号	试 剂 名 称	配 制 方 法
6	过硫酸铵溶液	0.4g 过硫酸铵溶于 100ml 无离子水中(当天配制)
7	核黄素溶液	核黄素 4.0mg,无离子水溶解后定容至 100ml
8	电极缓冲液(pH8.3 Tris-甘氨酸缓冲液)	Tris 6g,甘氨酸 28.8g,无离子水溶解后定容至 1000ml,用时解释 10 倍
9	40%蔗糖溶液	蔗糖 40g,溶于 100ml 无离子水中
10	pH4.7 乙酸缓冲液	乙酸钠 70.52g 溶于 500ml 蒸馏水中再加 36ml 冰乙酸,蒸馏水定容至 1000ml
11	7%乙酸溶液	19.4ml 36%乙酸稀释至 100ml
12	样品提取液(pH8.0 Tris-HCl 缓冲液)	Tris 12.1g,加无离子水 1000ml,以 HCl 调节 pH 至 8.0
13	0.5%溴酚蓝溶液	0.5g 溴酚蓝溶于 100ml 无离子水中
14	抗坏血酸-联苯胺染色液	抗坏血酸 70.4mg,联苯胺贮存液 20ml(2g 联苯胺溶于 18ml 炆火加热的冰醋酸中再加水 72ml),水 50ml,使用前加 0.6%过氧化氢 20ml

3. 材料

不同品种或不同处理小麦幼苗。

四、操作步骤

1. 凝胶的制备

(1) 将贮液由冰箱取出,待与室温平衡后再配制工作液。

(2) 用橡皮圈把细玻管扎在粗玻管周围,垂直放在小培养皿中,倒入用电极缓冲液配制的 2%琼脂溶液,令其自然凝固。

(3) 按下表比例配制分离胶

贮液号	2	4	6	
名 称	分离胶缓冲液	分离胶贮液	过硫酸铵	无离子水
体积比例	1	2	4	1
取用量(ml)	3	6	12	3

2 号、4 号液和无离子水放一烧杯,6 号液放另一烧杯,用真空泵抽气 10min。然后小心混合两杯溶液,用 2ml 注射器吸取混匀的溶液,沿小玻管管壁灌胶,每管

灌胶高度 6.5cm，再用注射器沿管壁加水 0.5cm。刚加过水可看出界面，后逐渐消失。等再看出界面时，表明分离胶已聚合。再静置 20～30min，将水抽出，用细滤纸条吸干。

（4）按下表比例配制浓缩胶

贮液号	3	5	7	9
名　称	浓缩胶缓冲液	浓缩胶贮液	核黄素	蔗 糖
体积比例	1	2	1	4
取用量(ml)	1	2	1	4

操作同分离胶配制。核黄素亦需单独放置。灌胶高度 1cm，加水层 0.5cm，然后置日光灯下聚合 20min，待浓缩胶变成乳白色，聚合即告完成。吸去水层，把凝胶玻管装到上槽圆孔内，槽内露出 1.5 cm 左右，准备点样。

2. 样品的制备

称取小麦幼苗茎部 0.5g，放入研钵内，加 pH8.0 提取液 1ml，于冰水浴中研成匀浆，然后以 2ml 提取液分几次洗入离心管，在高速离心机上以 8000 r/min 离心 10min，倒出上清液，与等量 40％蔗糖混合，留作点样用。

3. 装槽、点样

（1）装下槽电极缓冲液：将稀释 10 倍的电极缓冲液 400ml 放入下槽，安好装有凝胶柱玻管的上槽。

（2）装上槽电极缓冲液：在上槽内加一滴溴酚蓝指示剂，将稀释 10 倍的电极缓冲液倒入上槽，淹没胶柱上端 1～2 cm。

（3）点样：用 1ml 注射器吸取少量样液，在浓缩胶上层点样，每管加 1～2 滴。

4. 电泳

将电泳槽放入冰箱，接好电源线（上槽为负极）。打开电源开关，调节电流到每管 1mA 左右，15min 后调至每管 2mA，电泳约 90min。待示踪染料下行到距胶柱末端 0.5cm 处，即可停止电泳。关闭电源，取出电泳槽，剥胶，染色。

5. 剥胶

拔下所有凝胶柱玻管，用 5ml 注射器装满水，安上 10cm 长的细针头，沿管壁内侧穿入，边前进，边注水，边转动玻管，借水的润滑作用和针头的刮切作用把胶柱剥离，然后用洗耳球轻轻吹出胶柱，放到盛有 pH4.7 的乙酸缓冲液的指形管中浸泡 10min。

6. 染色、记录结果

倒去乙酸缓冲液，加抗坏血酸-联苯胺染色液，使淹没整个胶柱，于室温下显色20min，即得到过氧化物酶同工酶的红褐色酶谱。倒掉染色液，重新加入7%的乙酸溶液。

五、结果处理

于日光灯下观察记录酶谱，绘图或照相。

六、注意事项

(1) Acr、Bis是神经性毒剂，且对皮肤有刺激作用。操作时要上乳胶手套或指套，避免与皮肤接触。

(2) 如室温过高，可适当减小电流，延长电泳时间，最好将电泳槽置冰箱中电泳，以免温度过高使酶失活。

七、思考题

1. 简述盘状电泳的浓缩效应。
2. 上、下槽电极缓冲液用过一次后，是否可以混合后再用？为什么？
3. 凝胶的化学聚合与光聚合有何不同？
4. 什么叫同工酶？研究它有何意义？
5. 在电泳中，观察到什么现象？其本质是什么？

参考文献

陈毓荃. 生物化学研究技术. 北京：中国农业出版社，1995

莽克强等. 聚丙烯酰胺凝胶电泳. 北京：科学出版社，1975

文树基. 基础生物化学实验指导. 西安：陕西科学技术出版社，1994

西北农业大学主编. 基础生物化学实验指导. 西安：陕西科学技术出版社，1986

实验二十一　双向免疫扩散试验

一、目的

将可溶性抗原与相应抗体混合，当两者比例合适且有电解质存在时，即有抗原-抗体复合物沉淀出现，称为沉淀反应。沉淀反应是许多免疫检测方法的基础。双向免疫扩散试验又称琼脂双扩散试验，是利用琼脂凝胶为介质的一种沉淀反应。此方法设备简单，操作方便，特异性强，灵敏度高，是免疫分析的重要手段，可定性抗原或抗体，诊断疾病，也是最为常用的免疫学测定抗原和测定抗血清效价的方法。

通过本实验掌握免疫双扩散试验的原理和方法。

二、原理

琼脂凝胶具有多孔的网状结构，大分子物质如蛋白质可自由通过。测定时将抗原和抗体分别加入同一凝胶板中相隔一定距离的小孔内，使两者在凝胶中扩散，这种分子的扩散作用最终使抗原和抗体相遇，形成抗原-抗体复合物，比例合适时出现沉淀。由于凝胶透明度高，可直接观察到复合物不透明的白色沉淀线(弧)。沉淀线(弧)的特征与位置取决于抗原相对分子质量的大小，扩散系数和浓度等因素。如果抗原和抗体存在多种系统时，则会出现多条沉淀线(弧)。因此可用此方法检测抗原或抗体。

三、仪器、试剂和材料

1. 仪器

(1) 7.5cm×3.5cm 玻璃片(或显微镜用载玻片)
(2) 吸管 5ml
(3) 4mm 打孔器(可用直径相当的玻璃管代替)
(4) 注射器针头
(5) 试管及试管架
(6) 小滴管
(7) 电热恒温水浴
(8) 恒温箱
(9) 电炉
(10) 湿盒

2. 试剂

(1) 1%～1.5%的离子琼脂
1) 离子强度 0.06，pH8.6 巴比妥缓冲液：称取 10.3g 巴比妥钠，1.84g 巴比妥酸溶于水后定容至 1000ml。
2) 称取 1～1.5g 纯净琼脂，加蒸馏水 50ml，在沸水浴上加热至琼脂溶化后加入巴比妥缓冲液 50ml 混匀，即为 1%～1.5%的离子琼脂。水浴中保温，备铺板用。
(2) 0.9%的生理盐水：500ml
(3) 抗原：人全血清
(4) 抗体：兔抗人全血清

(5) 染色液:0.05%氨基黑 10B。称取 0.5g 氨基黑 10B,溶于 500ml 1mol/L 乙酸及 500ml 0.1mol/L 乙酸钠溶液中。

(6) 脱色液:5%乙酸。

四、操作步骤

1. 制备离子琼脂板

用吸管取 4ml 溶化的离子琼脂加到玻璃板或载玻片上,待凝固后,按图 21.1 打孔。

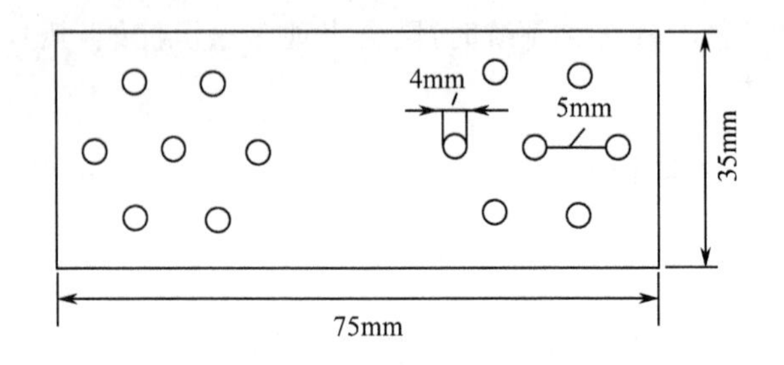

图 21.1 双向扩散打孔示意图

打孔后用注射器针头将孔内琼脂挑出,在酒精灯上烘烤背面,使琼脂与玻璃板贴紧。

2. 稀释抗原或抗体

用倍比稀释法。将抗原或抗体按 2 的等比级数即 $2^0, 2^1, 2^2, \cdots$ 方式连续稀释。方法是取试管数支,各加入稀释液(生理盐水)一份,再于第一管中加入抗原或抗体一份,用吹吸法混匀后吸出一份加入第二管,如此稀释至最后一管。其稀释倍数分别为 2,4,8,…倍。

3. 加样

将稀释好的抗原或抗体依次加入外周孔内(记录顺序),向中心孔加入相应的抗体或抗原。抗原抗体的加入量以与琼脂表面持平为度或用微量注射器定量加入。加样后把琼脂板放入湿盒中,置 37℃温箱中保温 24～48 h。

五、结果处理

扩散后可出现清晰的沉淀线,以出现沉淀线的抗体稀释倍数最高的一孔的稀释倍数为抗体效价。

为提高沉淀线可见度和保存标本,可进行染色处理。

染色及保存方法：

1）漂洗琼脂板：将琼脂板置生理盐水中浸泡2天，每天更换生理盐水两次，以洗去未结合的抗原抗体。生理盐水浸泡后，更换蒸馏水浸泡1天，换水两次以便除去盐分。琼脂较脆易破，操作需小心。

2）干燥：取出琼脂板，覆盖滤纸片，置室温自然干燥或吹干，烘干。

3）染色：将琼脂板浸入染色液中5～10min（注意观察染色深度）。

4）脱色：染色完毕，将琼脂板放在脱色液中浸泡，以除去多余的染料至胶板背景无色为止。

5）保存：脱色后滴加少量5%甘油至琼脂板上，置室温干燥保存。

六、注意事项

1. 玻璃板必须仔细洗干净，铺板时放置水平，使制得的琼脂板薄厚均匀，一般凝胶厚度1～2 mm为宜。

2. 琼脂应在沸水中溶化，一次配制较多的琼脂液时应分装成20～50ml小体积，以免多次溶化后改变浓度。

3. 琼脂浓度可视气温变化略加调整，夏天浓度可大至1.2%～1.5%，冬天可用0.8%～1.2%。

七、思考题

1. 免疫双扩散试验的原理是什么？有哪些应用？

2. 什么是抗体的效价？

参考文献

陈毓荃. 生物化学研究技术. 北京：中国农业出版社，1995

李建武等. 生物化学实验原理和方法. 北京：北京大学出版社，1994

张龙翔，张庭芳，李令媛等. 生化实验方法和技术. 北京：高等教育出版社，1997

实验二十二　质粒DNA的提取、酶切及电泳鉴定

一、目的

细菌质粒是细菌染色体外的遗传因子，常使细菌带有某些特性和生物功能，如抗药性、产生细菌毒素等。绝大部分质粒为环状双链DNA分子。经过人工改造后的质粒是遗传工程中重要的基因载体之一。通过本实验学习质粒DNA的提取方法，掌握酶切和电泳鉴定的基本操作技术，为从事基因工程和分子生物学研究奠定初步基础。

二、原理

从大肠杆菌中提取质粒 DNA 的方法很多，其中的碱性 SDS 法提取质粒是基于染色体 DNA 与质粒 DNA 的变性与复性存在差异而予以分离的。在强碱性条件下，染色体 DNA 和质粒 DNA 均变性(双链解开)。由于质粒 DNA 是共价闭合环状超螺旋结构，变性后两条互补链不会完全分开。当溶液 pH 调节到中性时，质粒 DNA 容易复性并溶解在溶液中，而染色体 DNA 不容易复性，互相缠绕，在离心时极易和蛋白质-SDS 复合物等一起沉淀下来。转移出上清液，再用乙醇沉淀出其中的质粒 DNA。

限制性核酸内切酶是基因操作中不可缺少的工具酶，它能够识别双链 DNA 的特定位点并切开 DNA，这个特定位点是一段具有旋转对称结构的 DNA 片段。*Eco*RI 的识别顺序与切割位点为：

```
  ↓
5′…G—A—A—T—T—C…3′
3′…C—T—T—A—A—G…5′
                ↑
```

酶切之后得到的两条单链具有黏性末端，在做基因重组时是个很好的连接部位。

以具有质粒 pUC19 的大肠杆菌 DH5α 为实验材料，用碱性 SDS 法可从该菌体中提取到质粒 DNA，质粒 pUC19 在 396～401 核苷酸处有一个 ECoRI 识别顺序。经该酶酶切后，pUC19 由环状分子变为具有黏性末端的线性分子，经琼脂糖凝胶电泳可以检测出这种变化。

琼脂糖凝胶电泳适于分离鉴定 200～20 000bp 的核酸片段。在中性 pH 条件下，核酸带负电荷，在电场中向正极移动。电泳后，核酸在凝胶中的位置通过“染色”来显现。染色剂溴化乙锭(EB)是一种吖啶类染料，其分子呈扁平形，能插入 DNA 积叠的碱基之间，导致和 DNA 结合。在 300nm 的紫外光照射下，溴化乙锭-DNA 复合物发射出 590nm 的橘红色荧光。

三、仪器、试剂和材料

1. 仪器

(1) 高压蒸汽灭菌锅
(2) 超净工作台
(3) 恒温振荡摇床
(4) 台式高速离心机
(5) 真空干燥器
(6) 低温冰箱

(7) 恒温水浴

(8) 电泳仪

(9) 水平电泳槽

(10) 移液器

2. 试剂

(1) LB培养基　950ml去离子水，10g胰化蛋白胨，5g酵母提取物，10g NaCl，在容器中溶解后调节pH值至7.0，加去离子水定容到1000ml，在1.1kg/cm² 高压灭菌20min。

(2) 氨苄青霉素　用无菌水配成100mg/ml的母液，使用浓度为100μg/ml。母液4℃保存可使用1周，−20℃保存可使用6周。

(3) TE　10mmol/L的Tris-HCl(pH8.0)，10mmol/L的EDTA。

(4) GTE　25%的蔗糖，50mmol/L的Tris-HCl(pH8.0)，100mmol/L的EDTA。

(5) NaOH/SDS　0.2mol/L的NaOH，1%(W/V)的SDS。

(6) KAc　29.5ml冰乙酸，用KOH颗粒调节pH到4.8，定容到100ml。

(7) 无水乙醇

(8) RNAase A　将RNAase A溶于10mmol/L的Tris-HCl(pH7.5)、15mmol/L的NaCl溶液中，浓度为10mg/ml，于100℃加热15min，缓慢冷却到室温，分小份保存于−20℃。

(9) *Eco*RI及10×缓冲液　从试剂公司购买。

(10) 琼脂糖

(11) 标准分子质量DNA　取出50μl标准分子质量DNA溶液稀释到20ng/ml，−20℃保存待用。

(12) 上样缓冲液　0.25%的溴酚蓝，0.25%的二甲苯青FF，30%的甘油水溶液，4℃保存。

(13) 电极缓冲液　常用的有Tris-硼酸缓冲液(TBE)和Tris-乙酸缓冲液(TAE)。

10×TBE　54g Tris，27.5g硼酸，20ml 0.5mol/L的EDTA(pH8.0)，定容到1000ml，使用时稀释10倍。

50×TAE　242g Tris，57.1ml冰乙酸，100ml 0.5mol/L的EDTA(pH8.0)，定容到1000ml，使用时稀释50倍。

(14) 染色液(贮存母液)　50mg溴化乙锭，100ml水，4℃避光保存。使用时稀释1000倍。

3. 材料

带有 pUC19 的大肠杆菌 DH5α。

四、操作步骤

1. 质粒提取

(1) 接种一单菌落于 100ml LB 液体培养基中，加入 50μl 的氨苄青霉素，37℃振荡培养 8～10 h，使培养达到饱和状态($A_{600}\leqq0.6$)。

(2) 取 1.5ml 培养液离心 20s，沉淀用 100μl GTE 悬浮并于室温放置 5min。

(3) 加入 200μl NaOH/SDS 溶液，混匀，于冰上放置 5min。

(4) 加入 150μl KAc 溶液，在旋涡混合器上振荡 2s，于冰上放置 5min。

(5) 离心 3min，然后吸取 0.4ml 上清液移入干净的微量离心管中，加入 0.8ml 无水乙醇，室温静置 2min。

(6) 室温下离心 3min，用 1ml 70%的乙醇洗沉淀，然后真空干燥。

(7) 沉淀用 30μl ddH_2O 溶解，－20℃保存。

2. 酶切

(1)取一干净的微量离心管，加入 5μl 提取的质粒 DNA，2μl 10×缓冲液，1μl RNAase A，12μl ddH_2O。

(2) 于 37℃酶解 2h。

3. 电泳鉴定

(1)称取 1g 琼脂糖，加入 100ml 的 1×TBE，加热溶化。待温度降低到 50℃左右，将凝胶加入放好梳子的胶槽中。

(2) 等完全冷却后，将胶槽放入电泳槽中，加入 1×TBE，使电极缓冲液没过凝胶，拔去样品梳。

(3) 取稀释过的标准分子质量 DNA 和未经酶切的质粒 DNA 各 6μl，经过酶切的质粒 DNA 10μl，以 3∶1 的比例与上样缓冲液混合，小心地将样品加入样品槽。

(4) 检查好电路和正负极后接通电源，将电压调至 5V/cm，电泳约 1.5h 左右，当前沿指示剂距离凝胶前沿约 2cm 时停止电泳。

(5) 取出凝胶放入盛有染色液的容器中，染色 10～20 min。拿出用水冲洗，在 302nm 的紫外灯下观察并记录结果。

五、结果处理

绘制电泳区带图谱，根据迁移率计算酶切样品 DNA 条带的分子质量。

六、注意事项

溴化乙锭是强诱变剂，与其有关的操作必须戴上手套。紫外线对眼睛有伤害，观察凝胶时也应注意。

七、思考题

为什么未经酶切的质粒 DNA 呈 2～3 条带，而酶切后只出现一条带。

参 考 文 献

陈毓荃. 生物化学研究技术. 北京：中国农业出版社，1995
Frederick M. Ausubel et. al. 精编分子生物学实验指南. 颜子颖等译. 北京：科学出版社，1998
J. Sambrook et. al. 分子克隆实验指南. 金冬雁等译. 北京：科学出版社，1992

实验二十三　高等植物 DNA 的提取和纯度鉴定

一、目的

掌握提取真核细胞 DNA 的一种基本方法，学习用紫外吸收法测定 DNA 的含量和纯度。

二、原理

高浓度的盐和离子型表面活性剂 SDS 能破坏细胞膜，并能解聚脱氧核糖核蛋白复合物（DNP），使 DNA 释放出来。

苯酚可使蛋白质变性，蛋白质溶于酚相，DNA 则溶于上层水相。将氯仿与苯酚混合使用，可减少酚相中因水的存在而造成 DNA 的少量溶解。95％乙醇可使核酸从水相中沉淀出来，用 70％的乙醇洗涤可去除一些盐分，经 RNase 降解 RNA，可得较纯的 DNA。

DNA 含量与纯度测定，目前常用紫外吸收法，利用核酸在 260nm 有吸收峰，根据公式（$DNA[\mu g/ml] = A_{260} \times 50 \times$稀释倍数）可计算出 DNA 的浓度。由于蛋白质在 280nm 有吸收峰，可根据比值判断 DNA 纯度：$A_{260}/A_{280} < 1.8$ 时，表明蛋白质含量偏高；$A_{260}/A_{280} < 1.9$ 时，表明样品较纯；$A_{260}/A_{280} > 2.0$ 时，表明 RNA 或 DNA 碎片较多。

三、仪器、试剂和材料

1. 仪器

（1）普通离心机
（2）冰箱

(3) 恒温水浴箱

(4) 紫外分光光度计

(5) 可调微量取样器

(6) 50ml 量筒

(7) 2ml 刻度吸管

(8) 50ml 烧杯

(9) 滴管

2. 试剂

(1) 抽提液(2mol/L NaCl-1mmol/L EDTA)

(2) 10%SDS

(3) 盐饱和苯酚(SS-苯酚):重蒸苯酚用 1mol/L Tris-HCl 缓冲液(pH8.0)饱和。

(4) 氯仿-异戊醇(24∶1)

(5) 95%乙醇

(6) 70%乙醇

(7) TE 缓冲液(10mmol/L Tris-HCl, 1mmol/L EDTA, pH8.0)

(8) RNase

3. 材料

植物材料或丙酮粉。

四、操作步骤

1. DNA 的提取

(1) 将已制备好的丙酮粉转入 50ml 离心管。

(2) 加 15ml 抽提液及 1.5ml 10% SDS,用玻棒搅拌后放入 60℃恒温水浴 2h。

(3) 离心(4000r/min, 8min, 25℃),上清液转入 100ml 离心管中。

(4) 分别加入一倍体积的 SS-苯酚和氯仿-异戊醇,盖上离心管盖,轻轻倒转混匀。

(5) 再离心(4000r/min, 8min, 25℃),用干净滴管取上层水相转入 50ml 烧杯中。

(6) 加入二倍体积预冷的 95%乙醇,置冰箱冷冻层 0.5~2 h。

(7) 用玻璃棒将 DNA 沉淀轻轻捞起,转移至干净的 50ml 离心管,加入 5ml 70%乙醇浸泡数分钟,离心后弃去乙醇,管口扣于吸水纸上,吸去残留溶液。

(8) 加入 4ml TE 缓冲液,摇动,使沉淀完全溶解。

(9) 加入 RNase 液 10μl,37℃水浴 1h。

(10) 重复步骤(4)~(8)。

2. DNA 紫外测定

以 TE 作空白调零,在波长 260nm 和 280nm 处分别测定样液的吸光值。

五、结果处理

1. 计算样液中 DNA 含量(μg)。
2. 分析样品纯度。

六、注意事项

离心管中加入 SS-苯酚和氯仿-异戊醇后,需轻轻倒转混匀,此时注意动作的力度。

七、思考题

1. 为什么实验步骤(1)~(5)没有在冰浴条件下进行?
2. 实验中数次离心,每次离心后应保留哪部分?弃去的部分主要含什么?

参考文献

李建武等. 生物化学实验原理和方法. 北京:北京大学出版社,2000

刘文轩,阎新,王振华. 氯仿-异戊醇-核糖核酸酶法——快速提取植物 DNA 的好方法. 生物学杂志,1990,37(5):30

实验二十四　酵母蛋白质和 RNA 的制备(稀碱法)

一、目的

掌握从酵母中分离制备蛋白质和 RNA 的原理和方法,学习普通离心机的使用方法。

二、原理

酵母细胞富含蛋白质和核酸。用稀碱液(0.2%的氢氧化钠)处理酵母使细胞裂解,离心收集上清液,得到酵母核蛋白抽提液。用盐酸调节抽提液 pH 至 3.0(核蛋白的等电点),核蛋白溶解度下降大量沉出,离心收集沉淀物为酵母蛋白质粗制品。

酵母核蛋白是一种结合蛋白质,是蛋白质与核酸的复合物。酵母核酸主要是 RNA(含量为干菌体的 2.67%~10.0%),DNA 含量较少,仅为 0.03%~

0.516%。如设法使酵母核蛋白中的蛋白质与核酸分离并除去蛋白质和DNA,就可得到较纯的RNA制品。这可通过以下操作完成:将核蛋白制品溶于含有SDS的缓冲液中,加等体积的水饱和酚,剧烈振荡后离心,溶液分成两层,上层为水相含有RNA,下层为酚相,变性蛋白及DNA存在于酚相及两相界面处。吸出水相并加乙醇即可沉淀出酵母RNA。若用氯仿-异戊醇进一步处理RNA制品,可获得纯度更高的RNA。

三、仪器、试剂和材料

1. 仪器

(1) 离心机
(2) 干燥箱
(3) 恒温水浴
(4) 真空干燥器
(5) 天平
(6) 751型分光光度计
(7) 冰箱
(8) 量筒 (50ml)
(9) 蒸发皿
(10) Eppendorf管 (1.5ml)
(11) 烧杯 (50ml, 100ml)

2. 试剂(均为分析纯)

(1) 0.2% NaOH溶液
(2) 6mol/L HCl溶液
(3) 95%乙醇
(4) SDS-缓冲液:0.3% SDS, 0.1mol/L NaCl, 0.05mol/L 乙酸钠,用乙酸调到pH5.0
(5) 饱和酚液:重蒸苯酚用(4)溶液饱和
(6) 氯仿-异戊醇液:24∶1(V/V)
(7) 含2%乙酸钾的95%乙醇溶液
(8) 无水乙醇
(9) 乙醚

3. 材料

鲜酵母或干酵母粉,pH0.5~5.0的精密试纸

四、操作步骤

1. 酵母核蛋白的提取

称取鲜酵母 30g 或干酵母粉 5g，倒入 100ml 的烧杯中。加入 40ml 0.2% NaOH 溶液，在 20～40℃ 水浴上搅拌提取 30～60min 后 4000r/min 下离心 10min，取上清液于 50ml 的烧杯中，并置于放有冰块的 250ml 烧杯中冷却，待冷至 10℃以下时，用 6mol/L HCl 小心地调节溶液的 pH 至 3.0 左右。随着 pH 下降，溶液中白色沉淀逐渐增加，到等电点时沉淀最多(注意严格控制 pH)。pH 调好后继续于冰水中静置 10min，使沉淀充分，颗粒变大。将此悬浮液以 3000r/min 离心 20min，倒掉上层清液。将沉淀物转入蒸发皿内，放入真空干燥器或干燥箱中干燥之后称重，这就是酵母核蛋白粗品。

2. 苯酚法提取酵母 RNA

取上述核蛋白研碎，加 10ml SDS-缓冲液使成匀浆，洗入各 Eppendorf 管(略少于管容积的一半)，室温静置 10min，再加等体积的饱和酚液，室温下剧烈振荡 5min 后置冰浴中分层，4000r/min 离心 10min，吸出上层清液，转入新的 Eppendorf 管，加 2 倍体积 95%乙醇(含 2%乙酸钾)，在冰浴中放置 30min，使 RNA 沉淀。再以 10 000r/min 离心 5min，弃上清液，沉淀用少许无水乙醇和乙醚各洗一次，迅速离心各 1min，保留沉淀。倾去乙醚后，减压真空干燥，准确称重，记录。

五、结果处理

1. 计算核蛋白提取率

$$核蛋白提取率(\%)=\frac{核蛋白重量(g)}{酵母重量(g)}\times 100$$

2. RNA 含量测定

将干燥后的 RNA 产品配制成浓度为 10～50μg/ml 的溶液，在 751 型分光光度计上测定其 260nm 处的吸光度，按下式计算 RNA 含量：

$$RNA含量(\%)=\frac{A_{260}}{0.024\times L}\times\frac{RNA溶液总体积(ml)}{RNA称取量(\mu g)}\times 100$$

式中，A_{260} 为 260nm 处的吸光度；L 为比色杯光径(cm)；0.024 为 1ml 溶液含 1μg RNA 的吸光度。

3. 计算 RNA 提取率

$$RNA提取率(\%)=\frac{RNA含量(\%)\times RNA制品重(g)}{酵母重(g)}\times 100$$

六、注意事项

1. 利用等电点控制核蛋白析出时，应严格控制 pH。

2. 用苯酚法制备 RNA 过程中，用乙醇沉淀得到的 RNA 中，除 RNA 外还含有部分多糖，本实验采用 2%乙酸钾去溶解非解离的多糖以达到纯化 RNA 的目的。

七、思考题

1. 为什么用稀碱溶液可以使酵母细胞裂解？

2. 如何从酵母中提取到较纯的 RNA？

参考文献

李建武等. 生物化学实验原理和方法. 北京：北京大学出版社，2001

文树基主编. 基础生物化学实验指导. 西安：陕西科学技术出版社，1994

张龙翔等. 生化实验方法和技术. 北京：人民教育出版社，1981

Plummer, D. T., A Introduction to Practical Biochemistry, McGraw-Hill Book Co., Led., London, UK, 1978

实验二十五　酵母 RNA 的提制(浓盐法)

一、目的

学习和掌握从酵母中提制 RNA 的原理和方法，以加深对核酸性质的认识。

二、原理

酵母含 RNA 2.67%～10.0%，DNA 很少(0.03%～0.516%)，而且菌体容易收集，RNA 也易于分离，所以选用酵母为实验材料。

RNA 提制过程是先使 RNA 从细胞中释放，并使它和蛋白质分离，然后将菌体除去。再根据核酸在等电点时溶解度最小的性质，将 pH 调至 2.0～2.5，使 RNA 沉淀，进行离心收集。

提取 RNA 的方法很多，在工业生产上常用的是稀碱法和浓盐法。前者利用稀碱溶解细胞壁，使 RNA 释放出来，这种方法提取时间短，但 RNA 在此条件下不稳定，容易分解；后者在加热的条件下，利用高浓度的盐改变细胞膜的透性，使 RNA 释放出来，此法易掌握，产品颜色较好。

三、仪器、试剂和材料

1. 仪器

(1) 量筒(50ml)

(2) 三角瓶(100ml)

(3) 烧杯(250ml，50ml，10ml)
(4) 布氏漏斗(40mm)
(5) 吸滤瓶(125ml)
(6) 表面皿(6cm)
(7) 751 型分光光度计
(8) 离心机(4000r/min)
(9) 恒温水浴
(10) 药物天平
(11) 烘箱

2. 试剂

(1) NaCl(化学纯)
(2) 6mol/L HCl
(3) 95%乙醇(化学纯)

3. 材料

鲜酵母或干酵母;pH0.5～5.0 的精密试纸。

四、操作步骤

1. 提取

称取鲜酵母 15g 或干酵母粉 2.5g,倒入 100ml 三角瓶中,加 NaCl 2.5g,水 25ml,搅拌均匀,置于沸水浴中提取 1h。

2. 分离

将上述提取液用自来水冷却后,装入大离心管内,以 4000r/min 离心 10min,使提取液与菌体残渣等分离。

3. 沉淀 RNA

将离心得到的上清液倾于 50ml 烧杯内,并置入放有冰块的 250ml 烧杯中冷却,待冷至 10℃以下时,用 6mol/L HCl 小心地调节 pH 值至 2.0～2.5(注意严格控制 pH)。调好后继续于冰水中静置 10min,使沉淀充分,颗粒变大。

4. 洗涤和抽滤

上述悬浮液以 4000r/min 离心 10min,得到 RNA 沉淀。将沉淀物放在 10ml 小烧杯内,用 95%的乙醇 5～10ml 充分搅拌洗涤,然后在布氏漏斗上用射水泵抽气过滤，再用 95%乙醇 5～10ml 淋洗 3 次。

5. 干燥

从布氏漏斗上取下沉淀物，放在 6cm 表面皿上，铺成薄层，置于 80℃烘箱内干燥。将干燥后的 RNA 制品称重，存放于干燥器内。

6. 含量测定

将干燥后 RNA 产品配制成浓度为 10～50μg/ml 的溶液，在 751 型分光光度计上测定其 260nm 处的吸光度，按下式计算 RNA 含量：

$$\text{RNA 含量}(\%)=\frac{A_{260}}{0.024\times L}\times\frac{\text{RNA 溶液总体积(ml)}}{\text{RNA 称取量}(\mu g)}\times 100$$

式中，A_{260} 为 260nm 处的吸光度；L 为比色杯光径(cm)；0.024 为 1ml 溶液含 1μg RNA 的吸光度。

五、结果处理

根据含量测定的结果按下式计算提取率

$$\text{RNA 提取率}(\%)=\frac{\text{RNA 含量}(\%)\times\text{RNA 制品重(g)}}{\text{酵母重(g)}}\times 100$$

六、注意事项

1. 用浓盐法提取 RNA 时应注意掌握温度，避免在 20～27℃之间停留时间过长，因为这是磷酸二酯酶和磷酸单酯酶作用活跃的温度范围，会使 RNA 降解而降低提取率。

2. 加热至 90～100℃使蛋白质变性，破坏两类磷酸酯酶，有利于 RNA 的提取。

七、思考题

1. 沉淀 RNA 之前为什么要冷却上清液至 10℃以下？
2. 为什么要将 pH 调至 2.0～2.5？

参考文献

文树基主编. 基础生物化学实验指导. 西安：陕西科学技术出版社，1994
西北农业大学主编. 基础生物化学实验指导. 西安：陕西科学技术出版社，1986
袁玉荪，朱婉华，陈钧辉编. 生物化学实验. 北京：人民教育出版社，1979
朱检，曹凯鸣，周润琦，蔡武城，袁厚积编著. 生物化学实验. 上海：上海科学技术出版社，1981

实验二十六　多酚氧化酶的制备和化学性质

一、目的

学习从组织细胞中制备酶的方法，掌握多酚氧化酶的化学性质。

二、原理

多酚氧化酶是一种含铜的酶，其最适 pH 为 6～7。由多酚氧化酶催化的反应可用下式表示，以儿茶酚的氧化为例：

$$C_6H_4(OH)_2 + \frac{1}{2}O_2 \xrightarrow{\text{多酚氧化酶}} C_6H_4O_2 + H_2O$$

多酚氧化酶的氧化-还原反应可通过溶液颜色的变化鉴定之，这个反应在自然界中是常见的，如去皮的马铃薯和碰破皮的水果变成褐色就是由于该酶作用的结果。

多酚氧化酶作用的最适底物是邻苯二酚(儿茶酚)。间苯二酚和对苯二酚，与前者结构相似，它们也可被氧化为各种有色的物质。

三、仪器、试剂和材料

1. 仪器

(1) 匀浆器

(2) 恒温水浴

(3) 烧杯 (100ml)

2. 试剂

(1) 0.1mol/L NaF 溶液：将 4.2g 氟化钠溶于 1000ml 蒸留水中

(2) 0.01mol/L 邻苯二酚溶解于 100ml 蒸馏水中，用稀的氢氧化钠调节溶液的 pH 为 6.0，防止其自身的氧化作用。

(3) 柠檬酸缓冲液(pH4.8, 0.05mol/L)

(4) 5%的三氯乙酸溶液

(5) 苯硫脲(结晶)

(6) 0.01mol/L 间苯二酚溶液

(7) 0.01mol/L 对苯二酚溶液

(8) 饱和硫酸铵溶液

3. 材料

马铃薯，平纹布，试管，试管架，小刀

四、操作步骤

1. 酶抽提物的制备

将马铃薯洗净削皮后切成小块，称取 50g 放入匀浆器中，再加入 50ml NaF 溶液，在匀浆器中研磨 30s 后，把匀浆物通过几层细布滤入一个 100ml 的烧杯中，加入等体积的饱和硫酸铵溶液，混合后于 4℃放置 20min。在 3000r/min 下离心 15min，倒掉上清液后将沉淀物用大约 15ml 柠檬酸缓冲液溶解，即得到含有多酚氧化酶的粗制品。

2. 多酚氧化酶的化学性质

取 3 支试管编号，分别按下表加入试剂

试剂处理	试 管 编 号		
	1	2	3
酶抽提物	15 滴	10 滴	15 滴
0.01mol/L 邻苯二酚溶液	15 滴	10 滴	15 滴
5%的三氯乙酸溶液		10 滴	
苯硫脲结晶			少量

其中试管 3 中酶抽提物和苯硫脲结晶需充分混合，连续振荡 5min 后再加入邻苯二酚溶液。将 3 支试管放入 37℃水浴中 10min，观察溶液颜色的变化。

3. 底物专一性

取 3 支试管编号后，分别加入 15 滴酶抽提液，再向试管中加入 15 滴 0.01mol/L 邻苯二酚溶液，试管 2 中加入 15 滴 0.01mol/L 间苯二酚溶液，试管 3 中加入 15 滴 0.01mol/L 对苯二酚溶液。混合试管中的溶液，放于 37℃水浴中，以 5min 的间隔，保温 10min，观察溶液的颜色变化。

五、结果处理

1. 多酚氧化酶的化学性质

将颜色变化结果记录于下表：

	试管 1	试管 2	试管 3
颜色变化			

2. 底物专一性

使用符号“＋”,“＋＋”……表示每管中溶液的颜色深浅,即表示酶的活性。

底　　物	酶　　活　　性	
	5 分 钟	10 分 钟
邻苯二酚		
间苯二酚		
对苯二酚		

六、注意事项

为防止邻苯二酚自身的氧化作用,须用稀的氢氧化钠调节溶液的 pH 为 6.0。当溶液变成带褐色时,应重新配制。新配制的溶液应储存于棕色瓶中。

七、思考题

1. 制备多酚氧化酶时,加入等体积的饱和硫酸铵溶液的目的是什么?

2. 检验多酚氧化酶的化学性质实验中加入三氯乙酸溶液和苯硫脲结晶各起什么作用?

第四单元　综合实验

实验二十七　种子蛋白质系统分析

Ⅰ. 种子蛋白质含量测定(凯氏定氮法)

一、目的

谷物是人类特别是发展中国家人民的主要蛋白质来源,谷物中蛋白质含量是衡量其品质和营养价值的最重要的指标。培育高蛋白谷物品种,是广大育种工作者的奋斗目标。对现有谷物进行评价、利用,对大批原始材料(种质资源)及育成品系进行品质筛选,都需要测定种子蛋白质含量。

测定种子蛋白质含量的方法很多,一般可分为间接方法和直接方法两大类。凯氏定氮法是间接方法中的一种,国际谷物化学协会(ICC)、美国分析化学协会(AOAC)、美国谷物化学协会(AACC)等及不少国家都把凯氏定氮法定为标准法。通过本实验学习凯氏定氮法的原理,掌握样品的处理和自动凯氏定氮仪的操作。

二、原理

根据蛋白质的含氮量比较恒定,平均约为 16%,通过测定样品的含氮量进而推算蛋白质的含量。

种子中的氮化物可分为蛋白氮和非蛋白氮。用三氯乙酸溶出种子粉或脱脂种子粉中的非蛋白氮化物(氨基酸、酰胺和无机氮),沉淀样品中的蛋白质并使二者分离。在催化剂参与下,用浓硫酸消煮分解样品,使蛋白氮转化为氨态氮,并与硫酸结合生成硫酸铵。加碱蒸馏,使氨释放出来并吸收于一定量的硼酸中,再用标准酸滴定,求出样品中氮含量,乘以 16%的倒数 6.25 即可换算成蛋白质含量。

三、仪器、试剂和材料

1. 仪器

(1) 分析天平

(2) 消化炉

(3) 消化管　4 支

(4) 具塞三角瓶　100ml×2

(5) 康氏振荡机　1 台

(6) 漏斗　2 个

(7) 吸管　10ml×1，5ml×1

(8) 自动凯氏定氮仪(VS-KT-P 型)

2. 试剂

(1) 5%三氯乙酸

(2) 浓硫酸

(3) 混合催化剂　硫酸铜∶硫酸钾=1∶4(W/W)

(4) 40%氢氧化钠

(5) 4%硼酸

(6) $C\left(\frac{1}{2}H_2SO_4\right)=0.05mol/L$ 标准硫酸

(7) 混合指示剂　50ml 0.1%甲烯蓝乙醇溶液与 200ml 0.1%甲基红乙醇溶液混合配成,贮于棕色瓶中。

四、操作步骤

(1) 用分析天平称取谷物全粉 0.1000g 二份,分别加入 2 只 100ml 具塞三角瓶中。

(2) 在三角瓶中加 5%三氯乙酸 20ml,置康氏振荡机上振荡提取(非蛋白氮化物)1h,过滤,弃滤液。用 5%三氯乙酸洗涤滤纸上的沉淀,最后将漏斗里的沉淀连同滤纸一起放入 1、2 号消化管内,在 3、4 号消化管内各加 1 张相同滤纸,作为空白。

(3) 在 1~4 号管内各加适量催化剂及 5ml 浓硫酸。置消化炉上,200℃消化 0.5h,然后升温至 400℃再消化 0.5h。消化液呈清亮、蓝绿色。

(4) 待消化液冷却后,用自动定氮仪进行蒸馏、滴定。仪器可自动打印出结果报告,也可根据仪器给出的标准硫酸消耗体积进行手工计算。

五、结果处理

$$蛋白质含量(\%)=\frac{\left(\frac{V_1+V_2}{2}-\frac{V_3+V_4}{2}\right)\cdot C_{\frac{1}{2}H_2SO_4}\times 0.014\times 6.25}{\overline{W}}\times 100$$

式中,V_1,V_2,V_3,V_4 分别是滴定 1~4 号消化液消耗的标准硫酸的体积,$C_{\frac{1}{2}H_2SO_4}$ 为标准硫酸的浓度,$\overline{W}$ 为 1、2 号样品的平均重量(g)。

六、注意事项

消化样品时要注意安全,防止烫伤或损失样品。

七、思考题

1. 在消化过程中，观察到什么现象？其本质是什么？
2. 催化剂中的 K_2SO_4 在消化过程中有何作用？

参考文献

蔡武城，袁厚积. 生物物质常用化学分析法. 北京：科学出版社，1982

陈毓荃. 生物化学研究技术. 北京：中国农业出版社，1995

Ⅱ. 种子蛋白质氨基酸组分分析(氨基酸自动分析仪法)

一、目的

氨基酸是蛋白质的基本结构单位。构成蛋白质的氨基酸共 20 种，其中 Lys、Phe、Trp、Val、Leu、Ile、The、Met 等 8 种是人体的必需氨基酸，必需由蛋白类食物供给。不同食品的蛋白质含量不同，氨基酸组成也有差异，其必需氨基酸的含量是否平衡，对营养品质有很大影响。氨基酸组成分析又是蛋白质顺序分析的重要组成部分，因此，氨基酸组分分析是常用的重要分析项目。通过本实验了解氨基酸分析仪的结构及工作原理，学习待测样品的处理方法。

二、原理

种子蛋白质在 110℃条件下，经 5.7mol/L 恒沸点盐酸作用 22～24 h，被水解生成组成该蛋白质的各种游离氨基酸(色氨酸破坏，天冬酰胺和谷酰胺分别转变成天冬氨酸和谷氨酸)，经上机前处理即可用氨基酸分析仪测定出各种氨基酸的含量。

三、仪器、试剂和材料

1. 仪器

(1) 水解试管
(2) 喷灯
(3) 台式高速离心机
(4) 121MB 或其他型号氨基酸自动分析仪

2. 试剂

(1) 5.7mol/L 恒沸点盐酸
(2) pH2.2 柠檬酸缓冲液：柠檬酸 21g，氢氧化钠 8.4g，浓盐酸 16ml，水溶后定容至 1000ml。

四、操作步骤

(1) 准确称取谷物全粉或脱脂粉 30mg,小心送入水解试管底部,加 8ml 5.7mol/L 盐酸。在超声波水槽中振荡除气后于喷灯上封闭管口,置 110±1℃烘箱中水解 22h。

(2) 冷却后切开试管,将水解液过滤到 25ml 容量瓶内,并用无离子水冲洗试管和滤纸,然后定容至刻度。

(3)取 5ml 滤液置于蒸发皿中,在水浴上蒸干。残留物用无离子水 3～5 ml 溶解并蒸干,反复 3 次。

(4) 准确加入 pH2.2 柠檬酸缓冲液 5ml,溶解提取物。取 1.5ml 样品,在高速离心机上离心(10 000r/min,20min)。

(5) 用 121 MB 型氨基酸分析仪专用注射器吸取上清液 50μl 于样品贮存螺旋管中,上机分析。

五、结果处理

氨基酸分析仪采用外标法,根据标准氨基酸校正液的浓度和保留时间确定样品液中各种相应氨基酸的浓度。主机随带的数据处理机和打印机,自动打印出各种氨基酸的浓度,样品中各种氨基酸的含量可由下式计算:

$$\text{氨基酸含量(g/100g 样品)}=\frac{A_1\times C_0}{A_0}\times\frac{D\times M\times 100}{W\times 10^6}$$

其中,A_1—样品中氨基酸峰面积;

A_0—标准氨基酸峰面积;

C_0—标准氨基酸浓度(μmol/ml);

D—样品稀释倍数;

M—氨基酸分子质量;

W—样品量(g)。

六、思考题

1. 氨基酸自动分析仪分析氨基酸组分及含量的原理是什么?

2. 是否可利用氨基酸分析仪进行蛋白质的测序工作?如果可以,试说明原理。

参考文献

陈毓荃.生物化学研究技术.北京:中国农业出版社,1995

严国光,王福钧.农业仪器分析法.北京:农业出版社,1982

Ⅲ. 种子蛋白质组分分析(连续累进提取法)

一、目的

种子蛋白质由10%～15%的原生质蛋白质(复合蛋白质)和85%～90%的贮藏蛋白质(简单蛋白质)组成。Osborne在种子中发现与分离出来清蛋白、球蛋白、谷蛋白及醇溶蛋白等4个组分。不同作物种子中各蛋白组分比例有很大差异,不同蛋白组分的必需氨基酸含量也不相同,通常醇溶蛋白中缺乏Lys、Trp、Met及Ile等必需氨基酸,其营养价值最低。因此,根据种子蛋白质组分的相对含量,可以评判蛋白质的品质。通过本实验学习并掌握用连续累进提取法分离种子蛋白质各组分。

二、原理

根据清蛋白可溶于水、球蛋白溶于稀盐溶液、醇溶蛋白溶于乙醇、谷蛋白可溶于稀碱或稀酸溶液的性质,可用不同溶剂把这4种组分从样品中分离提取出来。然后用凯氏法分别定量或利用SDS-PAGE进行各组分亚基分析。

三、仪器、试剂和材料

1. 仪器

(1) 日本MRK公司产VS-KT-P自动定氮仪
(2) 样品磨
(3) 玻璃层析柱

2. 试剂

(1) 50%异丙醇(V/V)或70%乙醇
(2) 3%硼酸
(3) 0.5mol/L NaCl
(4) 0.1mol/L NaOH

四、操作步骤

1. 制样

谷物籽粒风干,用样品磨粉碎,放干燥器中备用。

2. 装柱

在玻璃层析柱底部过滤筛板上置一层滤纸。称取酸洗并经540℃高温处理的石英砂 60.000g，样品 2.000g 装入三角瓶中混匀，每个样品重复 3 次，设空白对照。另称取石英砂 20.000g，其中 10.000g 置于层析柱底部，将三角瓶中混合物装入柱内，再将剩余的 10.000g 石英砂加入层析柱上部。装好后用小木棒轻轻敲打把空气排出。

3. 提取

在提取前加 20ml 蒸馏水，排出柱内气体，浸湿样品，然后按下列步骤进行。

(1) 加 100ml 蒸馏水调节流速为 0.5ml/min，提取清蛋白，定容于 100ml 容量瓶中。

(2) 加 100ml 0.5mol/L NaCl 提取球蛋白，定容于 100ml 容量瓶中。

(3) 加 100ml 70%乙醇提取醇溶蛋白，定容于 100ml 容量瓶中。

(4) 加 100ml 0.1 mol/L NaOH 提取谷蛋白，定容于 100ml 容量瓶中。

4. 提取液中蛋白质含量测定

(1) 从每一容量瓶中吸取 10ml 提取液放入消化管中(摇匀后再吸)。然后加 3ml 浓 H_2SO_4，2.5g 催化剂。用 150℃加热 0.5h 蒸干溶剂，然后用 200℃消化 0.5h，400℃消化 0.5h。

(2) 消化管自然冷却后，即可用自动定氮仪进行含氮量测定。

5. 样品总蛋白质含量测定

每一样品称取 0.2000g，重复 3 次，然后按本实验Ⅰ方法用自动定氮仪测定含氮量。

五、结果处理

(1) 计算样品中蛋白质含量。

(2) 计算各蛋白组分在样品中的含量及占总蛋白质的比率。

参 考 文 献

陈毓荃. 生物化学研究技术. 北京：中国农业出版社，1995

宋治军，纪重光. 现代分析仪器与测试方法. 西安：西北大学出版社，1995

Ⅳ. 种子蛋白质亚基分析(SDS-聚丙烯酰胺凝胶电泳法)

一、目的

蛋白质分子有单链、双链和寡聚蛋白等组成形式，组成蛋白质分子的单条肽链又称亚基。通过对天然蛋白的聚丙烯酰胺凝胶电泳和变性蛋白的 SDS-聚丙烯酰胺凝胶电泳图谱的比较,可以研究种子蛋白质分子组成和结构。另外,SDS-聚丙烯酰胺凝胶电泳是测定亚基分子质量的好方法。通过本实验,学习 SDS-聚丙烯酰胺凝胶电泳的原理、技术和实际应用。

二、原理

用十二烷基硫酸钠(SDS)和还原剂(巯基乙醇或二硫苏糖醇)热处理蛋白质样品,蛋白质分子中的二硫键被还原,解离的亚基与 SDS 发生 1∶1.4 的定量结合。SDS 使蛋白质亚基带上大量负电荷,掩盖了蛋白质各种亚基间原有的电荷差异。亚基的构象均呈长椭圆棒状,各种蛋白质亚基-SDS 复合物表现出相等的电荷密度。在电场中其迁移速率仅与亚基分子质量有关,因此,SDS-聚丙烯酰胺凝胶电泳可以进行蛋白质亚基分离,并用来测量蛋白质亚基的分子质量。

三、仪器、试剂和材料

1. 仪器

(1) 稳压稳流电泳仪
(2) 垂直板电泳槽
(3) 微量注射器
(4) 烧杯　50ml×2
(5) 白瓷盘
(6) 脱色摇床
(7) 吸管　0.5ml×2, 5ml×2, 10ml×3
(8) 真空泵
(9) 台式高速离心机

2. 试剂

(1) 2%琼脂　2g 琼脂加电极缓冲液 100ml,水浴中溶化。

(2) 电极缓冲液　Tris 6g, Gly28.8g, SDS 2g, 去离子水溶解后,用 HCl 调 pH 值至 8.3,水定容至 2000ml。

(3) 30%Acr　Acr 30g,水溶后定容至 100ml,过滤,冰箱中贮存备用。

(4) 1% Bis　Bis 1g,水溶后定容至 100ml,过滤,冰箱中贮存。

(5) 分离胶缓冲液(1.5mol/L Tris, pH8.7)　Tris 18.17g, 适量水溶解,然后用 1mol/L HCl 调 pH 值至 8.7,定容至 100ml。

(6) 浓缩胶缓冲液(0.5mol/L Tris-HCl, pH6.8)　Tris 6.06g, 适量水溶解,然后用 1mol/L HCl 调 pH 值至 6.8,定容至 100ml。

(7) 10%SDS　SDS 1g, 加水 10ml 溶解。

(8) 10%过硫酸铵　1g 过硫酸铵，加水 10ml 溶解，现用现配，冰箱中最多可贮存一周。

(9) TEMED(四甲基乙二胺)　4℃，棕色瓶中贮存。

(10) 样品缓冲液(pH8.0)　Tris 6.05g，甘油 50ml，巯基乙醇 25ml，溴酚蓝 0.5g，SDS10g，溶于水，用 HCl 调 pH 至 8.0，定容至 500ml。

(11) 脱色液　甲醇：乙酸：水＝5：1：5(体积比)

(12) 染色液(0.25%考马斯亮蓝 R250)　1.00g 考马斯亮蓝 R250，用脱色液 400ml 溶解，过滤备用。

(13) 低分子质量标准蛋白溶液，包括溶菌酶(*MW*＝14 400Da)　大豆胰蛋白酶抑制剂(21 5000)、碳酸酐酶(31 0000)、卵白蛋白(45 0000)、牛血清白蛋白(66 2000)、磷酸化酶B(92 5000)。用样品缓冲液配成 2mg/ml 溶液，在沸水浴中加热3～4min，冷却后使用。

(14) 高分子质量标准蛋白溶液　包括卵白蛋白(*MW*＝45 0000)、牛血清白蛋白(66 2000)、磷酸化酶B(92 5000)、β-半乳糖苷酶(116 2500)、肌球蛋白重链(200 0000)，配制方法同(13)。

(15) 25%乙醇。

四、操作步骤

(1) 在制板支架上置一专用有机玻璃槽，将固定好的玻璃板下部插入槽内，中部用两个文具夹固定在支架竖板上，在槽内倒入已充分溶化的琼脂，冷凝后封闭胶腔底部。

(2) 取 50ml 烧杯 1 只，加 30%Acr 18.8ml，1%Bis 4.7ml，pH8.7 Tris-HCl 缓冲液 11.3ml，H_2O 9.8ml。混匀后减压抽气 5min。取出后向烧杯中再加 10% SDS 0.5ml，10%过硫酸铵 0.2ml，TEMED 50μl，轻轻摇匀后灌入玻璃板胶腔中至适当高度，加 25%乙醇约 0.5cm 封闭表面。

(3) 待分离胶聚合后，倒掉乙醇溶液，再灌浓缩胶。操作方法：另取 50ml 烧杯 1 只，加 30%Acr 3.0ml，1%Bis 3.0ml，pH6.8 Tris-HCl 缓冲液 7.5ml，H_2O 16.5ml。混匀后减压抽气。取出后向烧杯中再加入 10% SDS 0.3ml，10%过硫酸铵 0.2ml，TEMED 50μl，轻轻混匀后灌满玻璃板胶腔，迅速插入样品梳，静置聚合。

(4) 待测样品用样品缓冲液配制成 1mg/ml 左右的溶液，在沸水浴中加热 3～4min，冷却后在台式高速离心机上离心(10 000r/min，10min)，取上层液备用。

(5) 拔掉样品梳，装好电泳槽，在上、下槽中注入电极缓冲液，用微量注射器点样，每样品槽点样 20～50μl。在标准蛋白泳道点标准蛋白质溶液。

(6) 上槽为负极，下槽为正极，连接好电泳仪电源，恒压(100V 左右)或恒流(30mA 左右)电泳。当指示染料溴酚蓝到达凝胶前沿还有 1～2 cm 时停止电泳，倒掉电极缓冲液，剥胶染色。

(7) 剥胶后用蒸馏水洗涤胶片，然后浸入染色液中 4～5 h 或过夜。取出后用蒸馏水漂洗数次，浸入脱色液中振荡脱色，中途更换脱色液数次，至背景清晰透明为止。照相或进行凝胶干燥。

(8) 凝胶干燥　先在一块玻璃板上铺一张用水浸润透的玻璃纸，放上胶片，再盖上一张同样处理过的玻璃纸，用玻璃棒赶出可能窝藏的气泡。然后把玻璃纸多余的四边反向贴到玻璃板后面，在室温下自然风干，制成可以长期保存的透明胶片。

五、结果处理

量出染料及各区带迁移距离，按下式计算相对迁移率 m_R：

$$m_R=\frac{\text{样品迁移距离}}{\text{染料迁移距离}}$$

以标准蛋白分子质量的对数对相对迁移率做图，得标准曲线。根据待测样品的相对迁移率，从标准曲线上查出其分子质量的对数，再求出其分子质量。

六、注意事项

(1) Acr、Bis 有神经毒性，操作时要小心。

(2) 不同的凝胶浓度适用于不同的分子质量范围。可根据所测分子质量的范围选择最适的凝胶浓度，并尽量选择分子质量范围与待测样品分子质量相近的蛋白质作标准蛋白质。

七、思考题

1. 样品缓冲液中各种试剂的作用是什么？
2. 本实验是否需要在低温下进行？

参 考 文 献

陈毓荃. 生物化学研究技术. 北京：中国农业出版社，1995
郭尧君. 生物化学与生物物理进展. 1991，18(1)
张龙翔. 生物化学实验方法和技术. 北京：人民教育出版社，1981

实验二十八　果实菠萝蛋白酶的动力学测定

一、目的

酶是生物细胞产生的以蛋白质为主要成分的生物催化剂。酶催化生物体内各种化学反应有条不紊的高效进行。酶促反应动力学研究各种因素对反应速度的影响，包括底物浓度、酶浓度、抑制剂的种类和浓度、pH 和温度等。最基本的动力学关系是底物浓度对酶促反应速度的影响。在无抑制剂的最简情况下，米-曼方程正确地描述了这种动力学关系：

$$V=\frac{V_{max}[S]}{K_m+[S]}$$

反应速度 V 和底物浓度 $[S]$ 有一一对应的关系，要深刻认识某种酶，关键是通过实验测定其最大反应速度 V_{max} 和米氏常数 K_m。通过对米-曼方程变形，可找到4种方法，通过作图求得 V_{max} 和 K_m。其中比较常用的是 Lineweaver-Burk 作图法（双倒数作图法），其依据的变形方程为：

$$\frac{1}{V}=\frac{K_m}{V_{max}}\cdot\frac{1}{[S]}+\frac{1}{V_{max}}$$

将实验获得的一系列 $[S]$-V 值转变成 $\frac{1}{[S]}$、$\frac{1}{V}$，以 $\frac{1}{[S]}$ 为横坐标，以 $\frac{1}{V}$ 为纵坐标可得一曲线（图 28.1）。

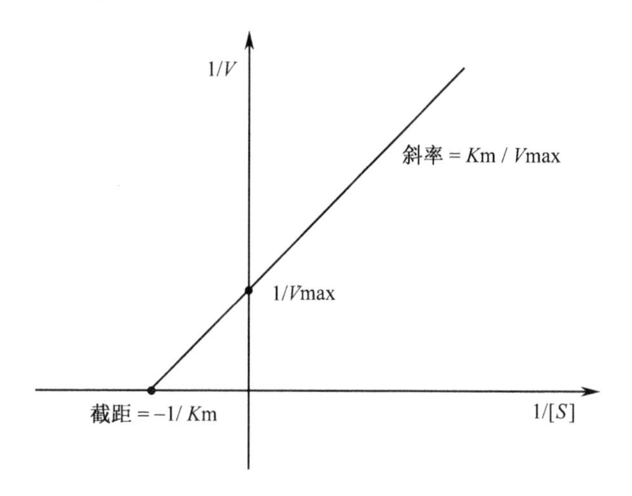

图 28.1　Lineweaver-Burk 双倒数图

该曲线在横轴上的截距为 $-\frac{1}{K_m}$，在纵轴上的截距为 $\frac{1}{V_{max}}$，这样即可通过实验求得 K_m 和 V_{max}。

本实验以果实菠萝蛋白酶粗制品为实验材料，先用离子交换柱层析纯化该酶，再通过时间进程曲线、酶活性、蛋白质含量测定，求得 K_m 值，加深对酶活性、比活和蛋白质纯化的认识，掌握酶动力学测定的一般原理和方法。

二、原理

果实菠萝蛋白酶是一种植物巯基蛋白酶，单条肽链组成，含有4%的糖组分，4℃下等电点 pI 为 9.4，分子质量约 28 100。为了缩短提纯时间，防止或减少自身降解,可采用DEAE-纤维素离子交换层析,使其作为第一个洗脱峰被洗脱下来而得到纯化。

果实菠萝蛋白酶可将底物酪蛋白水解为能溶于三氯乙酸溶液的小肽,反应一定时间后用三氯乙酸终止酶反应,用滤液中生成的小肽使吸光度的增加值表示酶促反应速度。据此可作出酶促反应的时间进程曲线,确定反应初速度 V_0 的范围。

粗酶液和纯化酶液的蛋白质含量可用考马斯亮蓝G-250法测定。据此可计算酶的回收率。

根据底物浓度和测得的反应速度,通过作图求得 K_m 值。

根据测得的反应速度和蛋白质含量,可以计算出酶的比活、纯化倍数。在本实验中,果实菠萝蛋白酶活力单位定义为:一个酶活力单位是指在该实验条件下(pH7.2,35℃时,一定底物浓度、反应体积、反应10min)水解酪蛋白产生的溶于三氯乙酸的小肽在275nm的吸光度等于0.01(1μg/ml 酪氨酸在275nm的吸光度)时所需要的酶量。其比活力定义为:每毫克蛋白所含蛋白酶活力单位的数量。

三、仪器、试剂和材料

1. 仪器

(1) 层析柱(2×20cm)
(2) 自动部分收集器
(3) 恒流泵
(4) 核酸蛋白检测仪
(5) 离心机
(6) 紫外分光光度计
(7) 恒温水浴
(8) 分析天平
(9) 药物天平
(10) 微量进样器(100μl)
(11) 容量瓶　50ml×2, 100ml×1
(12) 吸管　1ml×5, 2ml×2, 5ml×6, 10ml×2
(13) 漏斗
(14) 具塞刻度试管　15ml
(15) 试管　12支
(16) 烧杯

2. 试剂

(1) 0.002mol/L pH6.0 磷酸缓冲液

(2) 0.02mol/L pH6.0 磷酸缓冲液

(3) 0.5mol/L HCl

(4) 0.5mol/L NaOH

(5) 蛋白质标准溶液　称取 10.0mg 牛血清白蛋白，溶于少量蒸馏水，然后用蒸馏水定容至 100ml，为 100μg/ml 的原溶液。

(6) 考马斯亮蓝 G-250 试剂　称取 100mg 考马斯亮蓝 G-250，溶于 50ml 95%乙醇中，加入 85%(W/V)的磷酸 100ml，最后用蒸馏水定容至 1000ml，过滤后即可使用，此溶液在常温下可放置 1 个月。

(7) 25mmol/L 磷酸缓冲液(pH7.2)　$NaH_2PO_4 \cdot 2H_2O$ 0.109g，$Na_2HPO_4 \cdot 12H_2O$ 0.645g，水溶后定容至 100ml。

(8) 酶反应终止液(D)　称取 9g 三氯乙酸，15g 乙酸钠，19.5ml 冰乙酸，水溶后定容至 500ml。

(9) 1%酪蛋白(水浴中加热溶解)

四、操作步骤

1. 样品处理

称外购或自制的 2g 果实菠萝蛋白酶粗品溶于冷的 20ml 0.002mol/L pH6.0 磷酸缓冲液中，置冰箱内 15min。4℃下，27 000g 离心 20min。上清液在冷的 1000ml 0.002 mol/L pH6.0 磷酸缓冲液中透析 5h(冰箱内)。相同条件下离心，收集上清液，冰箱内保存备用(以后所有纯化操作均在 2℃～4℃下进行)。

2. DEAE-纤维素离子交换层析

称取 8g DEAE-纤维素，蒸馏水溶胀后用 0.5mol/L NaOH 溶液浸泡 0.5h，然后用蒸馏水洗至中性。再用 0.5mol/L HCl 溶液浸泡 0.5h，然后用蒸馏水洗至中性，最后用0.5mol/L NaOH 溶液浸泡 0.5h，再用蒸馏水洗至中性。将处理好的 DEAE-纤维素用0.02mol/L pH6.0 的磷酸缓冲液流过层析柱，充分平衡，至流出液为 pH6.0。将 10ml 菠萝蛋白酶样品液沿柱子的管壁徐徐注入(多余的酶液放回冰箱保存)，待样品全部入床后，用恒流泵输入 8～10ml 0.02mol/L pH6.0 磷酸缓冲液进行洗脱(流速 0.5ml/min)，用核酸蛋白检测仪(280nm)监测出峰情况，洗脱液用部分收集器收集，合并第 1 峰溶液，为纯化的果实菠萝蛋白酶。

3. 蛋白酶的浓度测定

(1) 制作蛋白质含量测定的标准曲线

取 6 支刻度试管，按表 28.1 配制 0～100μg/ml 牛血清白蛋白溶液 1ml。

表 28.1　牛血清蛋白标准液的配制

管　号	1	2	3	4	5	6
100μg/ml 牛血清白蛋白量(ml)	0	0.2	0.4	0.6	0.8	1.0
蒸馏水量(ml)	1.00	0.8	0.6	0.4	0.2	0
牛血清白蛋白浓度(μg/ml)	0	20	40	60	80	100

加入 5ml 考马斯亮蓝 G-250 试剂，盖好塞子，混匀，放置 2min 后，用 10mm 光径的比色杯，在 595nm 下比色，以第 1 管作参比，做出标准曲线。

(2) 果实菠萝蛋白酶样品中蛋白质浓度的测定

将菠萝蛋白酶粗提液和离子交换柱层析纯化后的酶液分别进行适当稀释，然后分别吸取 1ml，并做 1～2 个重复，放入具塞刻度试管中，加入 5ml 考马斯亮蓝 G-250试剂，充分混匀，放置 2min 后以标准曲线第 1 管为参比，同样条件下比色，记录吸光度，并通过查标准曲线计算出粗酶液和纯化后酶液的蛋白质含量。

4. 反应体系的准备

A_1(纯化酶液)　根据第 3 步的纯化酶液的蛋白质含量，取纯化酶 1250μg，用 25mmol/L pH7.2 的磷酸缓冲液定容至 50ml。

A_2(粗酶液)　根据第 3 步测得的粗酶液的蛋白质含量，取粗酶 1250μg，用 25mmol/L pH7.2 的磷酸缓冲液定容至 50ml。

B　2%酪蛋白液，用 25mmol/L pH7.2 的磷酸缓冲液配制。

C　6mmol/L EDTA/30mmol/L L-Cys，用 25mmol/L pH7.2 的磷酸缓冲液配制 25ml。

D　见试剂(8)反应终止液。

5. 进程曲线的制作

取试管 12 支，编号(0 号为空白)。在 1～11 管内各加入纯化酶液 $A_1$20ml，B 液 3.0ml，C 液 1.0ml 后混匀并立即精确计时，1～11 管在 35℃恒温下的反应时间分别为 3、5、7、10、12、15、20、25、30、40 和 50min。当酶促反应进行到上述相应时间时，在相应的试管内加入 5ml D 液终止反应。35℃下静置 30min，过滤，滤液在紫外分光光度计上 275nm 比色(0 管为对照，反应前先加等量 B、C、D 液，最后加 2.0ml A_1 纯酶液，35℃保温 30min 后过滤，滤液作参比液)。

以反应时间为横坐标，A_{275}为纵坐标绘制进程曲线，确定果实菠萝蛋白酶反应初速度的时间范围。

6. 酶活性的测定

将 A_1, A_2, B, C, D 五种溶液分别在 35℃恒温水浴中保温，取 8 支 15ml 的具塞刻度试管(纯酶及纯酶的对照、粗酶及粗酶的对照各 2 个)按表 28.2 进行操作：

表 28.2　酶活性测定

	A_1(ml)	A_2(ml)	B(ml)	C(ml)
纯酶对照	2		3	1
纯酶反应	2		3	1
粗酶对照		2	3	1
粗酶反应		2	3	1

酶反应体系中加入 A_1, A_2, B, C 后混匀，在 35℃下保温 10min，然后加入 5ml D 液终止反应，35℃下，静置 30min，过滤。实验的对照组，条件与反应组完全相同，只是在加入底物(B 液)之前，先加入 D 液，使酶失活。滤液在紫外分光光度计上 275nm 测定吸光度。

7. K_m 值的测定

反应系列的底物稀释：取 5ml 2%的酪蛋白液，加入 5ml 25mmol/L pH7.2 的磷酸缓冲液，混匀，从中吸取 5ml，同样操作(倍比稀释)，分别得到 1%，0.5%，0.25%，0.125%，0.0625%，0.0312%的溶液。

另取 6 支 15ml 具塞刻度试管，分别吸取 2ml A_1 液，3ml 上面配制的倍比稀释酪蛋白底物及 1ml C 液，混匀，35℃保温 10min。然后加入 5ml D 液终止反应，35℃下静置 30min，过滤后在 275nm 下测定吸光度。实验对照用纯酶 A_1 的对照，测定的结果填入表 28.3。

表 28.3　K_m 值测定数据表

样品号	1	2	3	4	5	6
底物浓度	1%	0.5%	0.25%	0.125%	0.0625%	0.0312%
1/底物浓度						
吸光度						
1/吸光度						

五、结果处理

(1) 将洗脱后测定得到的第一高峰的 2～3 管样品合并，然后用 0.02mol/L Na_2HPO_4 溶液将酶液 pH 调至 7.2，并测出混合后的吸光度，置于冰箱内备用。

(2) 在坐标纸上画出洗脱曲线（以洗脱体积为横坐标，吸光度为纵坐标作图）。

(3) 画出测定蛋白质浓度的标准曲线。

(4) 计算出果实菠萝蛋白酶的含量 μg/ml。

(5) 计算 1250 μg 果实菠萝蛋白酶所应取的酶液毫升数。

(6) 根据以上测定求出粗酶、纯酶的下列值：

① 活力单位数；② 比活力；③ 回收率；④ 纯化倍数；⑤ 纯酶的 K_m 值。

六、注意事项

1. 本实验为酶学大实验，为保证顺利完成，请做好预习。
2. 反应条件要保持一致，计时要准确。

七、思考题

1. 用重复相同的步骤和方法来纯化酶是否合理？为什么？
2. 简述纯化酶的主要方法和依据，比较它们的特点。
3. 离子交换剂常以离子交换树脂和离子交换纤维素为母体，比较两者的特点。
4. 常用的研究酶反应速度的方法有哪些？
5. 测定反应速度时，是测定反应物的减少好还是测定生成物的增加好？为什么？

实验二十九　苯丙氨酸解氨酶的纯化及活性测定

一、目的

掌握纯化酶的基本操作和方法；学习一种常用的酶活力测定法。

二、原理

苯丙氨酸解氨酶（L-phenylalanine：ammonia lyase，简称 PAL；EC4.3.1.5）是植物体内苯丙烷类代谢的关键酶，与一些重要的次生物质如木质素、异黄酮类植保素、黄酮类色素等合成密切有关，在植物正常生长发育和抵御病菌侵害过程中起重要作用。PAL 催化 L-苯丙氨酸裂解为反式肉桂酸和氨，反式肉桂酸在 290nm 处有最大吸收值。若酶的加入量适当，A_{290} 升高的速率可在几小时内保持不变，因此通过测定 A_{290} 升高的速率以测定 PAL 活力。规定 1h 内 A_{290} 增加 0.01 为 PAL

的 1 个活力单位。酶的比活力是指样品中每毫克蛋白质所含的酶活力单位数。在实验中将会看到,随着 PAL 逐步被纯化,其比活力也在逐步增加。

在蛋白质溶液中加入一定量的中性盐(如硫酸铵、硫酸钠等)使蛋白质沉淀析出称为盐析。溶液的盐浓度通常以盐溶液的饱和度表示,饱和溶液称 100%饱和度。沉淀某一种酶所需的具体浓度,需要经实验确定。

交联葡聚糖凝胶(商品名称为 sephadex)是由细菌葡聚糖长链,用交联剂 1-氯-2,3-环氧丙烷交联而成。凝胶商品名后面的 G 值表示每克干胶吸水量(毫升数)的 10 倍。交联度大,网孔小;交联度小,网孔大。交联度的大小还与凝胶颗粒的机械强度有关,交联度大,机械强度也大(硬胶),在柱层析过程中流速快。

根据需要,选用一定型号的凝胶作柱层析介质(蛋白脱盐一般用 G-25 或 G-50,G-100~G-200 分离不同分子质量的蛋白质组分)。由于被分离物质的分子大小和形状不同,分子质量大的由于不能进入凝胶的网孔中,而沿着颗粒间间隙最先流出柱子;分子质量小的由于进入凝胶网孔中被阻滞,从而后流出柱子,达到分离的目的。

DEAE 纤维素是以天然纤维素为母体联结了二乙基氨基乙基制备而成的。DEAE 纤维素柱层析属于阴离子交换层析中的一种,DEAE 纤维素经过处理上柱后,由于静电吸力等可吸引在固定相和流动相中的一些阴离子(如 OH^-、Cl^-等)。

蛋白质分子在水溶液中可以作两性解离,控制溶液 pH,可使蛋白质分子或成为阴离子,或成为阳离子。对于 DEAE 纤维素而言,应使酶溶液 pH 大于酶蛋白分子的 pI,使其成为阴离子。洗脱时,可以用阶段洗脱法(stepwise elution),即先后更换不同离子强度(或 pH)的洗脱液;也可以用梯度洗脱法(gradient elution),使洗脱液的 pH 或离子强度在洗脱过程中产生一个连续的梯度变化。

三、仪器、试剂和材料

1. 仪器

(1) 高速冷冻离心机
(2) 研钵
(3) 恒温水浴
(4) 电子天平
(5) 双光束分光光度计
(6) 刻度试管
(7) 烧杯
(8) 剪刀
(9) 量筒
(10) 层析柱

(11) 滴管

(12) 止水夹

2. 试剂

(1) 0.1mol/L 硼酸-硼砂缓冲液(pH8.7)

(2) 酶提取液:0.1mol/L 硼酸-硼砂缓冲液(含 1mmol/L EDTA、20mmol/L β-巯基乙醇)

(3) 0.6mol/L L-苯丙氨酸溶液

(4) 6mol/L HCl

(5) 固体硫酸铵

(6) 0.02mol/L 磷酸盐缓冲液(pH8.0,含 0.5mmol/L EDTA, 2.5%甘油, 20mmol/L β-巯基乙醇)

(7) Sephadex G-25

(8) DEAE 纤维素 52

(9) 标准蛋白质溶液(100μg/ml):准确称取 10mg 牛血清白蛋白于烧杯内,用蒸馏水溶解,完全转移到 100ml 容量瓶内,定容至刻度,混匀。

(10) 考马斯亮蓝 G-250 蛋白质染色液:称取 10mg 考马斯亮蓝 G-250,溶于 5ml 95%乙醇中,加入 85%(W/V)磷酸 10ml,混匀后即为母液。用时,按 15ml 母液加 85ml 蒸馏水的比例稀释,混匀后过滤即为稀释液。

3. 材料

供试植物材料

四、操作步骤

1. 酶液提取

(1) 以植物材料 1g,剪成小段,加入 5 倍体积的酶提取液,于冰浴上用研钵研磨。

(2) 将已匀浆的酶液,用三层纱布过滤。滤液转入离心管,10 000g 冷冻离心 30min。

(3) 取离心后的上清液(酶粗提液),量出其体积,放置冰浴中备用。

2. 硫酸铵分级沉淀酶蛋白

(1) 从酶粗提液中吸出 0.5ml,以作后面活力测定用。下余酶液根据实际体积、温度和硫酸铵饱和度用量表(见附录七),算出达到 38%饱和度应加入酶液中的硫酸铵量,并称硫酸铵。

(2) 将酶液倒入烧杯内，边缓慢搅拌边缓慢加入称好的固体硫酸铵，待全部加完后，再缓慢搅拌 10min；然后于 10 000*g* 下冷冻离心 10min，保留上清液于烧杯内。

(3) 根据硫酸铵饱和度用量表，算出从 38%到 75%饱和度所需硫酸铵用量。

(4) 按上述(2)步同法处理，离心后，弃去上清液，保留沉淀。

(5) 将沉淀溶于 1 ml 酶抽提液中。

3. Sephadex G-25 层析脱盐

(1) 凝胶溶胀：称取 Sephadex G-25 5g，加入适量 0.02mol/L 磷酸盐缓冲液，在室温下溶胀。待溶胀平衡后，虹吸去除上清液中的细小凝胶颗粒，这样处理 2～3 次。

(2) 装柱：固定好层析柱，柱保持垂直，将 20ml 蒸馏水装入柱内，打开止水夹赶去出口内气泡，当柱内保留 1 ml 左右水层时，把处理好的 Sephadex G-25，用玻璃棒搅匀，尽量一次加入柱内，待胶床表面仅有 1～2cm 液层时，旋紧止水夹。装好的胶柱应无气泡、无节痕、床面平正，床面铺 1 张圆形滤纸片。

(3) 上样：让胶床表面几乎不留液层，将 1ml 酶液小心注入胶床面中央，注意不要冲坏床面，吸取 1ml 磷酸盐缓冲液，把吸附在玻璃壁上的沉淀液洗入柱内，在床表面仅有 1ml 左右液层时，再小心地用滴管加入 5～6cm 高的磷酸缓冲液洗脱。

(4) 洗脱收集：取刻度试管 5 支(包括上面一支)，编号，柱床上面不断加磷酸盐缓冲液洗脱，出水口不断用刻度试管收集洗脱液，每管收集 3ml。

(5) 测定每管的 PAL 酶活力，合并 PAL 活力高的试管，记为酶洗脱液。

4. DEAE 纤维素柱梯度洗脱

(1) 称取 DEAE 纤维素 52 干粉 1～1.5g，加 20ml 的 0.02mol/L 磷酸盐缓冲液(pH8.0)浸泡 4h 以上(或浸泡过夜)。

(2) 装柱：把预处理的 DEAE 纤维素 52 装柱(方法及要求同凝胶层析柱)。装柱完成后，用 2～3 个床体积的 0.02mol/L 磷酸盐缓冲液(pH8.0)洗脱平衡该柱。

(3) 上样：把所得的酶洗脱液小心地注入柱床面中央，所有注意点和方法也与凝胶层析中上样相似。上样结束后，在床面以上小心地加入 0.02mol/L 磷酸盐缓冲液 2～3cm 厚液层。注意上样开始就收集流出液。

(4) 洗柱：约用 2 倍床体积的 0.02mol/L 磷酸盐缓冲液洗柱，收集洗柱液。按洗脱管编号，每隔 3 管(如 1、4、7 等)取其洗脱液 0.1ml，测各管中 PAL 的活力；合并主要含有 PAL 活力的各管洗脱液，并量出其总体积(ml)。

5. 酶活力测定

(1) 取试管 3 支，按表中所述加样(0 号为调零管，1 号为测定管，2 号为对照

管）

试 管 编 号	0	1	2
pH8.7 的 0.1mol/L 硼酸缓冲液(ml)	4.00	3.90	4.90
酶 液	—	0.10	0.10
0.6mmol/L L-苯丙氨酸溶液(ml)	1.00	1.00	—

(2) 将各管混匀，放入 40℃恒温水浴保温 1h，到时加 0.2ml 2mol/L HCl 终止反应。

(3) 紫外分光光度计预热 10min，于波长 290nm 处测定各管的 A_{290}。

6. 蛋白质测定(考马斯亮蓝染色法)

(1) 取酶液 0.1ml，用蒸馏水稀释至 5ml。

(2) 取试管 8 支，按下表加入各溶液：

试管编号	0	1	2	3	4	5	6	7
标准蛋白质溶液 (ml)	0	0.2	0.4	0.6	0.8	1.0	/	/
稀释酶液 (ml)	/	/	/	/	/	/	1.0	1.0
蒸馏水 (ml)	2.0	1.8	1.6	1.4	1.2	1.0	1.0	1.0
考马斯亮蓝 (ml)	2.0	2.0	2.0	2.0	2.0	2.0	2.0	2.0

(3) 将上述各管混匀，静置 2min，测定各管的 A_{295}。

五、结果处理

PAL 总活力、比活力、蛋白质含量的计算

步 骤	体 积 (ml)	蛋白质含量 (mg)	总活力 (m)	比活力 (m/mg protein)
粗 提				
硫酸铵沉淀				
凝胶层析				
离子交换层析				

注：(1)绘制蛋白质测定的标准曲线：以 1～5 号管溶液的 A_{595} 值为纵坐标，相应管中的蛋白质微克数为横坐标，作图。

(2) PAL 比活力计算：

$$酶比活力=\frac{酶液中\ PAL\ 总活力单位数}{酶液中蛋白质总\ mg\ 数}$$

六、注意事项

1. 往酶液中加固体硫酸铵时，注意不能有大颗粒，加的速度也不能过快。

2. 层析柱要保持与地面垂直，往柱内加样品时要小心，避免冲坏床面。

七、思考事项

1. 在 PAL 活力测定中，设置 0 号管和对照管的目的是什么？

2. 如何确定硫酸铵沉淀某所需酶蛋白质的最佳饱和度的范围？

3. Sephadex G-25 柱层析脱盐成功的关键有哪些？

4. 如果改变 DEAE 纤维素为 CM 纤维素（阳离子交换剂），其他条件均不变，问各蛋白的洗脱行为有何变化？

参考文献

苏海翔，姚侃. 深红酵母菌苯丙氨酸解氨酶的诱导纯化. 兰州医学院学报，1995，21(4)：195—197

薛应龙. 植物生理学实验. 北京：高等教育出版社，1985

赵永芳. 生物化学技术原理及其应用. 武汉大学出版社，1994

Koukol J. Conn E E. The metabolism of aromaic and properties of the phenylalamine deanninese of Hordeum Vulgafe. J. Biol. Chem，1961，236(10)：2692—2698

第五单元　选择实验

实验三十　蛋白质含量测定(双缩脲法)

一、目的

掌握双缩脲法测定蛋白质含量的原理和方法。掌握分光光度计的使用方法。

二、原理

碱性溶液中双缩脲($NH_2-CO-NH-CO-NH_2$)能与Cu^{2+}产生紫红色的络合物,这一反应称为"双缩脲反应"。蛋白质分子中的肽键也能与铜离子发生双缩脲反应,溶液紫红色的深浅与蛋白质含量在一定范围内符合朗伯-比尔定律,而与蛋白质的氨基酸组成及分子质量无关。其可测定范围为1～10mg蛋白质,适用于精度要求不高的蛋白质含量测定。Tris,一些氨基酸,EDTA等会干扰该测定。

三、仪器、试剂和材料

1. 仪器

(1) 分光光度计
(2) 分析天平
(3) 振荡机
(4) 刻度吸管:1ml×2, 5ml×2, 10ml×1
(5) 具塞三角瓶:100ml
(6) 漏斗:13个

2. 试剂

(1) 双缩脲试剂:取硫酸铜($CuSO_4 \cdot 5H_2O$)1.5g和酒石酸钾钠($NaKC_4H_4O_6 \cdot 4H_2O$)6.0g,溶于500ml蒸馏水中,在搅拌的同时加入300ml 10% NaOH溶液定容至1000ml,贮于涂石蜡的试剂瓶中。

(2) 0.05mol/L的NaOH。

(3) 标准酪蛋白溶液:准确称取酪蛋白0.5g溶于0.05mol/L的NaOH溶液中,并定容至100ml,即为5mg/ml的标准溶液。

3. 材料

小麦、玉米或其他谷物样品，风干、磨碎并通过 100 目铜筛。

四、操作步骤

1. 标准曲线的绘制

取 6 支试管，编号，按下表加入试剂：

试　剂	管　号					
	1	2	3	4	5	6
标准酪蛋白溶液(ml)	0	0.2	0.4	0.6	0.8	1.0
H_2O (ml)	1.0	0.8	0.6	0.4	0.2	0
双缩脲试剂 (ml)	4	4	4	4	4	4
蛋白质含量 (mg)	0	1.0	2.0	3.0	4.0	5.0

震荡 15min，室温静置 30min，540nm 比色，以蛋白质含量(mg)为横坐标，吸光度为纵坐标，绘制标准曲线。

2. 样品测定

(1) 将磨碎过筛的谷物样品在 80℃下烘至恒重，取出置干燥器中冷却待用。

(2) 称取烘干样品约 0.2g 两份，分别放入两个干燥的三角瓶中。然后在各瓶中分别加入 5ml 0.05mol/L 的 NaOH 溶液湿润，之后再加入 20ml 的双缩脲试剂，震荡 15min，室温静置反应 30min，分别过滤，取滤液在 540nm 波长下比色，在标准曲线上查出相应的蛋白质含量(mg)。

五、结果处理

$$\text{样品蛋白质}(\%)=\frac{\text{从标准曲线上查得的蛋白质含量(mg)}}{\text{样品重(mg)}}\times 100\times \text{酪蛋白纯度}$$

六、注意事项

1. 三角瓶一定要干燥，勿使样品粘在瓶壁上。
2. 所用酪蛋白需经凯氏定氮法确定蛋白质的含量。

七、思考题

双缩脲法测定蛋白质含量的原理是什么？

参考文献

宋治军，纪重光主编．现代分析仪器与测试方法．西安：西北大学出版社，1995
文树基主编．基础生物化学实验指导．西安：陕西科学技术出版社，1994
西北农业大学主编．基础生物化学实验指导．西安：陕西科学技术出版社，1986
张龙翔主编．生化实验方法和技术．北京：人民教育出版社，1982

实验三十一　蛋白质含量测定(Folin-酚法)

一、目的

掌握Folin-酚法测定蛋白质含量的原理方法，熟悉分光光度计的操作。

二、原理

Folin-酚法测定蛋白质含量的过程包括两步反应：第一步是在碱性条件下蛋白质与Cu^{2+}作用生成络合物，第二步是此络合物还原Folin试剂(磷钼酸和磷钨酸试剂)，生成深蓝色的化合物，且颜色深浅与蛋白质的含量成正比关系。该方法灵敏度高于双缩脲法100倍。硫酸铵、甘氨酸、还原剂如二硫苏糖醇(DTT)、巯基乙醇等会干扰反应。

三、仪器与试剂

1. 仪器

(1) 分光光度计
(2) 水浴
(3) 试管
(4) 具塞试管8支
(5) 小烧杯2支
(6) 漏斗及架
(7) 分析天平
(8) 吸管：0.5ml×1，1ml×2，5ml×1
(9) 容量瓶：100ml×2，10ml×1
(10) 滤纸、玻棒等
(11) 研钵
(12) 离心机、离心管

2. 试剂

(1) 0.5mol/L NaOH

(2) 试剂甲

1) 称取 10g Na_2CO_3，2g NaOH 和 0.25 g 酒石酸钾钠，溶解后用蒸馏水定容至 500ml。

2) 0.5g 硫酸铜($CuSO_4 \cdot 5H_2O$)溶解后，用蒸馏水定容至 100ml。

每次使用前将 A 液 50 份与 B 液 1 份混合，即为试剂甲。此混合液的有效期只有 1 天，过期失效。

(3) 试剂乙：在 1.5L 容积的磨口回流器中加入 100g 钨酸钠($Na_2WO_4 \cdot 2H_2O$)，25g 钼酸钠($Na_2MoO_4 \cdot 2H_2O$)及 700ml 蒸馏水，再加 50ml 85%磷酸，100ml 浓盐酸充分混合，接上回流冷凝管，以小火回流 10h。回流结束后，加入 150g 硫酸锂，50ml 蒸馏水和数滴液体溴，开口继续沸腾 15min，驱除过量的溴，冷却后溶液呈黄色(若仍呈绿色，须再重复滴加液体溴数滴，再继续沸腾 15min)。然后稀释至 1L，过滤，滤液置于棕色试剂瓶中保存。使用时大约加水 1 倍，使最终浓度相当于 1mol/L 盐酸。

3. 材料

绿豆芽或其他植物材料。

四、操作步骤

1. 标准曲线的绘制

(1) 配置标准牛血清白蛋白溶液：在分析天平上精确称取 0.025g 结晶牛血清白蛋白，倒至小烧杯内，加入小量蒸馏水溶解后转入 100ml 容量瓶中，烧杯内的残液用少量蒸馏水冲洗数次，冲洗液一并倒入容量瓶内，最后用蒸馏水定容至刻度，配制成标准蛋白质溶液，其中牛血清白蛋白的浓度为 250μg/ml。

(2) 系列标准牛血清白蛋白溶液的配制：取具塞试管 6 支，按下表加入牛血清白蛋白标准溶液及蒸馏水。然后各管加入试剂甲 5ml，混合后在室温下放置 10min，再加 0.5ml 试剂乙，立即混合均匀(这一步速度要快，否则会使显色程度减弱)。30min 后，以不含蛋白质的 1 号试管为对照，与其他 5 支试管内的溶液依次用分光光度计于 500nm 波长下比色。记录各试管内溶液的吸光度。

试　剂	管　号					
	1	2	3	4	5	6
250μg/ml 牛血清白蛋白(ml)	0	0.2	0.4	0.6	0.8	1.0
H_2O (ml)	1.0	0.8	0.6	0.4	0.2	0
蛋白质含量 (μg)	0	50	100	150	200	250

(3) 标准曲线的绘制：以吸光度为纵标，以牛血清白蛋白含量(μg)为横坐标，

绘制标准曲线。

2. 样品测定

(1) 称取绿豆芽下胚轴 1g 于研钵中,加蒸馏水 2ml,匀浆。转入离心管,并用 6ml 蒸馏水分次洗涤研钵,并入离心管。4000r/min 离心 20min。弃去沉淀,上清液转入容量瓶,定容至 10ml。

(2) 取具塞试管 2 支,各加入上清液 1ml,分别加入试剂甲 5ml,混匀后放置 10min,然后加试剂乙 0.5ml,迅速混匀,室温下放置 30min,于 500nm 波长下比色,记录吸光值。

五、结果处理

从标准曲线上查出测定液中蛋白质的含量 $X(\mu g)$,然后计算样品中蛋白质的百分含量。

$$样品中蛋白质含量(\%)=\frac{X(\mu g)\times 稀释倍数}{样品重(g)\times 10^6}\times 100$$

六、注意事项

Folin 试剂(试剂乙)在碱性条件下不稳定,但此实验中反应在 pH 10 时发生,因此在 Folin 试剂反应时应立即混匀,否则显色程度减弱。

本法也可用于测定游离酪氨酸和色氨酸。

七、思考题

Folin-酚法测定蛋白质含量的原理是什么?

参 考 文 献

宋治军,纪重光主编.现代分析仪器与测试方法.西安:西北大学出版社,1995
文树基主编.基础生物化学实验指导.西安:陕西科学技术出版社,1994
西北农业大学主编.基础生物化学实验指导.西安:陕西科学技术出版社,1986
张龙翔主编.生化实验方法和技术.北京:人民教育出版社,1982

实验三十二　紫外吸收法测定蛋白质含量

一、目的

学习用紫外吸收法测定蛋白质含量的方法。

二、原理

蛋白质分子中的酪氨酸、色氨酸和苯丙氨酸等残基在 280nm 波长下具有最大吸收。由于各种蛋白质中都含有酪氨酸，因此280nm的吸光度是蛋白质的一种普遍性质。在一定程度上，蛋白质溶液在280nm吸光度与其浓度成正比，故可用作蛋白质定量测定。核酸在紫外区也有强吸收，可通过校正加以消除。该方法的优点是定量过程中无试剂加入，蛋白可回收。

三、仪器和试剂

1. 仪器

（1）紫外分光光度计
（2）离心机
（3）天平
（4）研钵
（5）容量瓶：50ml×4
（6）刻度吸管：1ml×2
（7）定量加液器：2个

2. 试剂

（1）30% NaOH：称取NaOH 30g溶于适量水中，定容至100ml，置具橡皮塞试剂瓶中备用。

（2）60%碱性乙醇：称取NaOH 2g，溶于少量60%乙醇中，然后用60%乙醇定容至1000ml。

四、操作步骤

1. 提取小麦种子蛋白

称取粉碎过40号筛的小麦样品0.5g，置研钵中，加少量石英砂和2.0ml 30% NaOH，研磨2min，再加3ml 60%碱性乙醇，研磨5min。然后用60%碱性乙醇将研磨好的样品无损地洗入25ml容量瓶中，定容，摇匀后静置片刻，取部分浸提液离心10min(3500r/min)。吸取上清液1ml于25ml容量瓶中，用60%碱性乙醇稀释并定容，摇匀后即可比色。

在做样品的同时，做空白，比色时以空白调零。

2. 比色

在紫外分光光度计上，于280nm和260nm波长下分别测其吸光度，然后根据下式进行计算。

五、结果处理

$$蛋白质(\mu g/ml)=(1.45A_{280}-0.74A_{260})\times 稀释倍数$$

式中，A_{280}为蛋白质溶液在280nm处测得的吸光度。

A_{260}为蛋白质溶液在260nm处测得的吸光度。

六、注意事项

不同蛋白质酪氨酸的含量有所差异，蛋白溶液中存在核酸或核苷酸时会影响紫外吸收法测定蛋白质含量的准确性，尽管利用上述公式进行了校正，但由于不同样品中干扰成分差异较大，致使280nm紫外吸收法的准确性稍差。

七、思考题

1. 紫外吸收法测定蛋白质含量的原理是什么？

2. 比较紫外吸收法、双缩脲法、Folin-酚法、考马斯亮蓝G-250法测定蛋白质含量的优缺点。

参考文献

宋治军，纪重光主编．代分析仪器与测试方法．西安：西北大学出版社，1995

西北农业大学主编．基础生物化学实验指导．西安：陕西科学技术出版社，1986

张龙翔主编．生化实验方法和技术．北京：人民教育出版社，1982

实验三十三　还原糖含量的测定(Somogyi-Nelson比色法)

一、目的

在植物营养及代谢研究中，常需测定还原糖的含量，本实验要求掌握Somogyi-Nelson比色法的测定原理。

二、原理

还原糖是具有羰基(>C=O)的糖，能将其他物质还原而其本身被氧化。

(1) 还原糖在碱性条件下加热，在酒石酸钾钠存在的情况下，可以定量地将二价铜离子还原为一价铜离子，即产生砖红色的氧化亚铜沉淀，其本身被氧化。具体反应如下：

$$CuSO_4+2NaOH \longrightarrow Na_2SO_4+Cu(OH)_2$$

$$Cu(OH)_2+\begin{array}{l}HO—CH—COONa\\ \quad\quad\ \ |\\ HO—CH—COOK\end{array}\longrightarrow Cu\begin{array}{l}\diagup O—CH—COONa\\ \quad\quad\quad\ |\\ \diagdown O—CH—COOK\end{array}+2H_2O$$

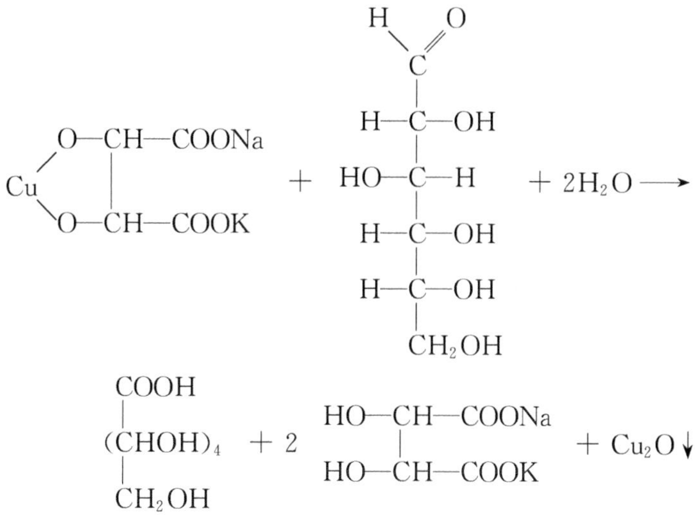

$$\mathrm{Cu}\!\begin{array}{l}\diagup \mathrm{O{-}CH{-}COONa} \\ \quad\quad\;\;| \\ \diagdown \mathrm{O{-}CH{-}COOK}\end{array} + \begin{array}{c}\mathrm{H}\;\;\;\mathrm{O} \\ \diagdown\!\!\diagup\!\!\!\!\diagup \\ \mathrm{C} \\ | \\ \mathrm{H{-}C{-}OH} \\ | \\ \mathrm{HO{-}C{-}H} \\ | \\ \mathrm{H{-}C{-}OH} \\ | \\ \mathrm{H{-}C{-}OH} \\ | \\ \mathrm{CH_2OH}\end{array} + 2H_2O \longrightarrow$$

$$\begin{array}{c}\mathrm{COOH} \\ | \\ \mathrm{(CHOH)_4} \\ | \\ \mathrm{CH_2OH}\end{array} + 2\begin{array}{c}\mathrm{HO{-}CH{-}COONa} \\ | \\ \mathrm{HO{-}CH{-}COOK}\end{array} + Cu_2O\downarrow$$

(2) 氧化亚铜在酸性条件下,可将钼酸铵还原,还原型的钼酸铵再与砷酸氢二钠起作用,生成一种蓝色复合物即砷钼蓝,其颜色深浅在一定范围内与还原糖含量(即被还原的 Cu_2O 量)成正比,用标准葡萄糖与砷钼酸作用,比色后用做标准,就可测得样品中还原糖含量。

三、仪器、试剂和材料

1. 仪器

(1) 分光光度计

(2) 水浴锅

(3) 具塞刻度试管:15ml×10

(4) 吸管:1ml×1, 2ml×4, 5ml×3

(5) 容量瓶:100ml×2

(6) 漏斗

(7) 研钵

(8) 电子顶载天平

2. 试剂

(1) 铜试剂

1) 4% $CuSO_4 \cdot 5H_2O$

2) 称取 24g 无水碳酸钠,用 850ml 水溶于大烧杯中,加 120g 含 4 分子结晶水的酒石酸钾钠,待全溶(可适当加热)后加入碳酸氢钠 16g,再加入 120g 无水硫酸钠,全溶及冷却后加水至 900ml,沉淀 1~2 天,取上清液(要求严格时过滤)即可备用。

使用前将 A 与 B 按 1∶9 混匀即可。

(2) 砷钼酸试剂:25g 钼酸铵[$(NH_4)_6Mo_7O_{24} \cdot 4H_2O$]溶于 450ml 蒸馏水中(加热溶解,但温度接近 150℃时易分解),待冷却后再加入 21ml 浓 H_2SO_4 混匀。另将 3g 砷酸氢二钠($Na_2HAsO_4 \cdot 7H_2O$)溶解于 25ml 蒸馏水中,然后加到钼酸铵溶液中,室温下放置于棕色瓶中可长期备用。

(3) 200μg/ml 葡萄糖标准液:准确称取分析纯葡萄糖 200mg,溶解定容到 1000ml。

3. 材料

新鲜植物组织。

四、操作步骤

1. 标准曲线的制作

在 7 支刻度试管中,分别加入 200μg/ml 标准葡萄糖 0、0.1、0.2、0.3、0.4、0.5、0.6 ml,再顺序加入蒸馏水 2.0、1.9、1.8、1.7、1.6、1.5、1.4 ml,配成每毫升含 0、10、30、40、50、60 μg 葡萄糖的溶液。每试管加入铜试剂 2ml,混匀后沸水浴中加热 10min,立即冷却,再加入 2ml 砷钼酸试剂,振荡两分钟后稀释到 15ml,用分光光度计在 620nm 波长下比色,测其吸光度。以糖含量(μg)为横坐标,吸光度为纵坐标,绘制标准曲线。

2. 植物样品还原糖的提取

将样品洗净,吸干其表面水分,切碎混匀,称取 1g 放入研钵中,加入石英砂约 0.5g,磨成匀浆,将样品转移至 100ml 三角瓶中,加水约 70~80ml,摇匀置于 80℃恒温水浴上浸提半小时。

待样品冷却后,沉淀蛋白质:加入 5%硫酸锌 5ml,再慢慢滴入 0.3 mol/L $Ba(OH)_2$ 5ml,以沉淀蛋白质。振荡后静置,至上层出现清液后再加一滴 $Ba(OH)_2$,直至无白色沉淀时,溶液转移至 100ml 容量瓶并加水至刻度。

3. 还原糖含量的测定

过滤上述已定容的样品液,取 5ml 滤液,再定容到 100ml(此步视样品的含糖量而定)。取已稀释的溶液 2ml,与标准葡萄糖溶液显色法相同:加铜试剂 2ml,煮沸 10min,加砷钼酸试剂 2ml,振荡 2min,定容到 15ml,620nm 波长下比色,记录吸光度。

五、结果处理

$$\text{还原糖含量}(\%)=\frac{\text{从标准曲线上查得含糖量}(\mu g)\times\text{稀释液倍数}}{\text{样品重 }W(g)\times 10^{6}}\times 100$$

六、注意事项

因材料不同，应适当调整稀释液倍数。

七、思考题

在提取样品时为何要沉淀蛋白质。

参 考 文 献

西北农业大学．基础生物化学实验指导．西安：陕西科学技术出版社，1986 年。

实验三十四　可溶性总糖的测定(蒽酮比色法)

一、目的

掌握蒽酮法测定可溶性糖含量的原理和方法。

二、原理

强酸可使糖类脱水生成糠醛，如：

```
HO—CH—CH—OH
    |    |               浓硫酸        CH——CH
 H—CH   CH—CHO        ————————→       ‖    ‖
    |    |                            CH    C—CHO＋3H2O
   OH   OH                              \  /
                                         O
  (戊糖)                               (糠醛)
```

```
          HO—CH—CH—OH
              |   |                      浓硫酸          CH——CH
HO—H2C—CH   CH—CHO               ————————→         ‖    ‖
              |   |                                      CH    C—CHO＋3H2O
             OH  OH                                     /   \  /
                                               HO—H2C      O
       (己糖)                                      (羟甲基糠醛)
```

生成的糠醛或羟甲基糖醛与蒽酮脱水缩合，形成糠醛的衍生物，呈蓝绿色，该物质在 620nm 处有最大吸收。在 10～100μg 范围内其颜色的深浅与可溶性糖含量成正比。

（蒽酮） + 糠醛 → （糠醛衍生物）

这一方法有很高的灵敏度，糖含量在 30μg 左右就能进行测定，所以可做为微量测糖之用。一般样品少的情况下，采用这一方法比较合适。

三、仪器、试剂和材料

1. 仪器

(1) 分光光度计
(2) 电子顶载天平
(3) 三角瓶：50ml×1
(4) 大试管：9 支
(5) 试管架，试管夹
(6) 漏斗，漏斗架
(7) 容量瓶：50ml×2
(8) 刻度吸管：1ml×3，2ml×1，5ml×1
(9) 水浴锅

2. 试剂

(1) 葡萄糖标准液：100μg/ml
(2) 浓硫酸
(3) 蒽酮试剂：0.2g 蒽酮溶于 100ml 浓 H_2SO_4 中当日配制使用。

3. 材料

小麦分蘖节

四、操作步骤

1. 葡萄糖标准曲线的制作

取7支大试管，按下表数据配制一系列不同浓度的葡萄糖溶液：

管　　号	1	2	3	4	5	6	7
葡萄糖标准液（ml）	0	0.1	0.2	0.3	0.4	0.6	0.8
蒸馏水（ml）	1.0	0.9	0.8	0.7	0.6	0.4	0.2
葡萄糖含量（μg）	0	10	20	30	40	60	80

在每支试管中立即加入蒽酮试剂4.0ml，迅速浸于冰水浴中冷却，各管加完后一起浸于沸水浴中，管口加盖玻璃球，以防蒸发。自水浴重新煮沸起，准确煮沸10min取出，用流水冷却，室温放置10min，在620nm波长下比色。以标准葡萄糖含量(μg)作横坐标，以吸光值作纵坐标，作出标准曲线。

2. 植物样品中可溶性糖的提取

将小麦分蘖节剪碎至2mm以下，准确称取1g，放入50ml三角瓶中，加沸水25ml，在水浴中加盖煮沸10min，冷却后过滤，滤液收集在50ml容量瓶中，定容至刻度。吸取提取液2ml，置另一50ml容量瓶中，以蒸馏水稀释定容，摇匀测定。

3. 测定

吸取1ml已稀释的提取液于大试管中，加入4.0ml蒽酮试剂，以下操作同标准曲线制作。比色波长620nm，记录吸光度，在标准曲线上查出葡萄糖的含量(μg)。

五、结果处理

$$植物样品含糖量(\%)=\frac{查表所得的糖量(\mu g)\times 稀释倍数}{样品重(g)\times 10^6}\times 100$$

六、注意事项

1. 该显色反应非常灵敏，溶液中切勿混入纸屑及尘埃。

2. H_2SO_4 要用高纯度的。

3. 不同糖类与蒽酮的显色有差异，稳定性也不同。加热、比色时间应严格掌握。

七、思考题

1. 用水提取的糖类有哪些？

2. 制作标准曲线时应注意哪些问题?

参考文献

陈毓荃. 生物化学研究技术. 北京:中国农业出版社,1995

实验三十五　可溶性总糖的测定(地衣酚-硫酸法)

一、目的

学习另一种测定可溶性总糖的方法-地衣酚-硫酸比色法。

二、原理

可溶性糖经无机酸处理脱水产生糠醛(戊糖)或糠醛衍生物(如羟甲基糠醛)(己糖),生成物能与酚类化合物缩合生成有色物质。通常使用硫酸,常用的酚有地衣酚(又名苔黑酚)、间-苯二酚、α-萘酚等。

三、仪器、试剂和材料

1. 仪器

(1) 可见光分光光度计 1 台
(2) 试管 9 支
(3) 吸管 5ml 3 支
(4) 电热恒温水浴

2. 试剂

(1) 100μg/ml 标准甘露糖溶液:10mg 甘露糖,水溶解后定容至 100ml。

(2) 地衣酚-硫酸试剂:将 600ml 冷却到 4℃的浓 H_2SO_4 小心地加入到 400ml 冷水中,为 60% H_2SO_4,4℃贮存。另配 1.6%地衣酚水溶液,置 4℃贮存。使用前将 75ml 60% H_2SO_4 加到 10ml 地衣酚溶液中,即为地衣酚-硫酸试剂。

3. 材料

玻璃球
小麦分蘖节或其他植物材料

四、操作步骤

1. 制作甘露糖标准曲线:取 7 支试管,编号,分别加 100μg/ml 甘露糖标准液 0、0.5、1.0、1.5、2.0、2.5、3.0 ml,再各加蒸馏水 3.0、2.5、2.0、1.5、1.0、

0.5、0 ml 补足至 3.0ml，各管加 8.5ml 冷却到 4℃的地衣酚-硫酸试剂，管口各加一玻璃球，将试管放入 80℃水浴中加热 15min。取出后流动水冷却，505nm 比色（以 0 管调零）。

2. 可溶性糖样品液显色：将实验三十四制备（或其他材料提取）的可溶性糖样品适量（约含糖 50～200μg）加入试管，加蒸馏水补至 3.0ml，再加 8.5ml 冷的地衣酚-硫酸试剂，同标准曲线制作一样处理。冷却后 505nm 比色。

五、结果处理

1. 以甘露糖含量（μg）为横坐标，以 A_{505} 为纵坐标，制作标准曲线。

2. 根据样品的 A_{505} 在标准曲线上查出相当的甘露糖含量（μg），再按下式计算样品中可溶性糖含量（以甘露糖计）。

$$\text{植物样品可溶性糖}(\%)=\frac{\text{查曲线所得糖量}(\mu g)\times\text{稀释倍数}}{\text{样重}(g)\times 10^6}\times 100$$

六、注意事项

1. 该法操作简便，可广泛用于测定糖蛋白中总糖含量。

2. 氨基糖存在可导致颜色降低。大量的色氨酸存在也可导致一些误差，但对中性糖的测定结果是可靠的。

3. 如果样品中含有较多葡萄糖，加热时间应延长至 45min，因为葡萄糖显色较慢。

七、思考题

样品显色过程中，试管口为何加盖玻璃球？

参 考 文 献

陈毓荃．生物化学研究技术．北京：中国农业出版社，1995

实验三十六　直链淀粉和支链淀粉的测定（双波长法）

一、目的

淀粉一般都是直链淀粉和支链淀粉的混合物。直链淀粉和支链淀粉含量和比例因植物种类而不同，决定着谷物种子的出饭率和食味品质，并影响着谷物的贮藏加工。通过本实验学习掌握双波长测定谷物中直链淀粉和支链淀粉的含量。

二、原理

根据双波长比色原理，如果溶液中某溶质在两个波长下均有吸收，则两个波长的吸收差值与溶质浓度成正比。

直链淀粉与碘作用产生纯蓝色，支链淀粉与碘作用生成紫红色。如果用两种淀粉的标准溶液分别与碘反应，然后在同一个坐标系里进行扫描（400～960 mm）或做吸收曲线，可以得到图 36.1 所示结果。

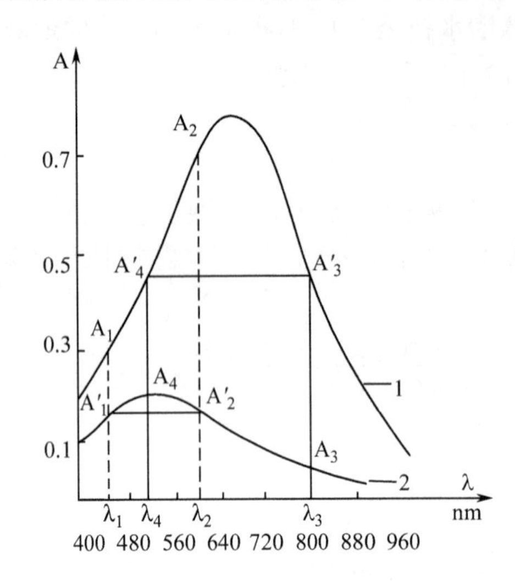

图 36.1　作图法选择直链、支链淀粉的测定波长、参比波长

图 36.1 中，1 为直链淀粉的吸收曲线，2 为支链淀粉的吸收曲线。对直链淀粉来说，选择 λ_2 为测定波长（不一定是最大吸收波长），在 λ_2 处作 x 轴垂线，垂线与曲线 1、2 分别相交于 A_2、A_2'。通过 A_2'，作 x 轴平行线，与曲线 2 相交于 A_1'。通过 A_1' 再作 x 轴垂线，垂线与曲线 1 和 x 轴分别相交于 A_1 和 λ_1，λ_1 即为直链淀粉测定的参比波长。$A_2-A_1=\Delta A_{直}$ 与直链淀粉含量成正比，在此条件下，$A_2'=A_1'$，支链淀粉的存在不会干扰直链淀粉的测定。

同样，可以通过作图选择支链淀粉的测定波长为 λ_4，参比波长为 λ_3。$A_4-A_3=\Delta A_{支}$ 与支链淀粉含量成正比，在此条件下，$A_4'=A_3'$，直链淀粉的存在也不会干扰支链淀粉的测定。

对含有直链淀粉和支链淀粉的未知样品，与碘显色后，只要在选定的波长 λ_1、λ_2、λ_3、λ_4 处作 4 次比色，利用直链淀粉和支链淀粉标准曲线即可分别求出样品中两类淀粉的含量。

三、仪器、试剂和材料

1. 仪器

(1) 电子分析天平
(2) 索氏脂肪抽提器 1 套
(3) 分光光度计 1 台
(4) pH 计
(5) 容量瓶　100ml×2，50ml×16
(6) 吸　管　0.5ml×1，2ml×1，5ml×1

2. 试剂

(1) 乙醚或石油醚（沸程 30～60℃）

(2) 无水乙醇

(3) 0.5ml/L KOH 溶液

(4) 0.1mol/L HCl 溶液

(5) 碘试剂:称取碘化钾 2.0g,溶于少量蒸馏水,再加碘 0.2g,待溶解后用蒸馏水稀释定容至 100ml。

(6) 直链淀粉标准液:称取直链淀粉纯品 0.1000g,放在 100ml 容量瓶中,加入0.5mol/L KOH 10ml,在热水中待溶解后,取出加蒸馏水定容至 100ml,即为 1mg/ml 直链淀粉标准溶液。

(7) 支链淀粉标准液:用 0.1000g 支链淀粉按(6)法制备成 1mg/ml 支链淀粉标准溶液。

3. 材料

供试谷物粉。

四、操作步骤

1. 选择直链、支链淀粉测定波长、参比波长。

直链淀粉:取 1mg/ml 直链淀粉标准液 1ml,放入 50ml 容量瓶中,加蒸馏水 30ml,以 0.1mol/L HCl 溶液调至 pH 3.5 左右,加入碘试剂 0.5ml,并以蒸馏水定容。静置 20min,以蒸馏水为空白,用双光束分光光度计进行可见光全波段扫描或用普通比色法绘出直链淀粉吸收曲线。

支链淀粉:取 1mg/ml 支链淀粉标准液 1ml,放入 50ml 容量瓶中,以下操作同直链淀粉。在同一坐标内获得支链淀粉可见光波段吸收曲线。

根据原理部分介绍的方法,确定直链淀粉和支链淀粉的测定波长、参比波长 λ_2、λ_1、λ_4 和 λ_3。

2. 制作双波长直链淀粉标准曲线:吸取 1mg/ml 直链淀粉标准溶液 0.3、0.5、0.7、0.9、1.1、1.3 ml 分别放入 6 只不同的 50ml 容量瓶中,加入蒸馏水 30ml,以 0.1mol/L HCl 溶液调至 pH 3.5 左右,加入碘试剂 0.5ml,并用蒸馏水定容。静置 20min,以蒸馏水为空白,用 1cm 比色杯在 λ_1、λ_2 两波长下分别测定 A_{λ_1}、A_{λ_2},即得 $\Delta A_{直}=A_{\lambda_2}-A_{\lambda_1}$。以 $\Delta A_{直}$ 为纵坐标,直链淀粉含量(mg)为横坐标,制备双波长直链淀粉标准曲线。

3. 制作双波长支链淀粉标准曲线:吸取 1mg/ml 支链淀粉标准溶液 2.0、2.5、3.0、3.5、4.0、4.5、5.0 ml 分别放入 6 只不同的 50ml 容量瓶中。以下操作同直链淀粉。以蒸馏水为空白,用 1cm 比色杯在 λ_3、λ_4 两波长下分别测定其 A_{λ_3}、A_{λ_4},即得 $\Delta A_{支}=A_{\lambda_4}-A_{\lambda_3}$。以 $\Delta A_{支}$ 为纵坐标,支链淀粉含量(mg)为横坐标,制备双波长支链淀粉标准曲线。

4. 样品中直链淀粉、支链淀粉及总淀粉的测定：样品粉碎过60目筛，用乙醚脱脂，称取脱脂样品0.1g左右(精确至1mg)，置于50ml容量瓶中。加0.5mol/L KOH溶液10ml，在沸水浴中加热10min，取出，以蒸馏水定容至50ml(若有泡沫采用乙醇消除)，静置。吸取样品液2.5ml两份(即样品测定液和空白液)，均加蒸馏水30ml，以0.1mol/L HCl溶液调至pH 3.5左右，样品中加入碘试剂0.5ml，空白液不加碘试剂，然后均定容至50ml。静置20min，以样品空白液为对照，用1cm比色杯，分别测定λ_2、λ_1、λ_4、λ_3的吸收值A_{λ_2}、A_{λ_1}、A_{λ_4}、A_{λ_3}。得到$\Delta A_{直}=A_{\lambda_2}-A_{\lambda_1}$，$\Delta A_{支}=A_{\lambda_4}-A_{\lambda_3}$。分别查两类淀粉的双波长标准曲线，即可计算出脱脂样品中直链淀粉和支链淀粉含量。二者之和等于总淀粉含量。

五、结果处理

$$直链淀粉(\%)=\frac{X_1\times 50\times 100}{2.5\times m\times 1000}$$

$$支链淀粉(\%)=\frac{X_2\times 50\times 100}{2.5\times m\times 1000}$$

式中，X_1—查双波长直链淀粉标准曲线得样品液中直链淀粉含量(mg)

X_2—查双波长支链淀粉标准曲线得样品液中支链淀粉含量(mg)

m—样品质量(g)

总淀粉(%)=直链淀粉(%)+支链淀粉(%)

六、注意事项

因蜡质和非蜡质支链淀粉碘复合物颜色差异较大，在制备双波长支链淀粉曲线时，应根据测定的谷物类型选择不同支链淀粉纯品(蜡质或非蜡质型)。

七、思考题

1. 双波长法测定谷物中直链、支链淀粉的原理是什么?

2. 除了双波长法外，比色法(620nm)和安培滴定法也能分别测定直链和支链淀粉。了解其原理，比较不同方法的优缺点。

参考文献

鲍士旦主编．农畜水产品品质化学分析．北京：中国农业出版社，1996

陈培榕，邓勃主编．现代仪器分析实验与技术．北京：清华大学出版社，1999

严国光，王福钧主编．农业仪器分析法．北京：农业出版社，1982

实验三十七 粗纤维的测定(酸性洗涤剂法)

一、目的

在植物性饲料和食品中,含有一定量的纤维,它包括纤维素、半纤维素、木质素和果胶物质。测定粗纤维,有助于对饲料、食品及果蔬产品进行品质评定。

二、原理

十六烷基三甲基溴化铵(Cetyltrimethyl ammonium bromide,简称 CTAB)是一种表面活性剂,在 0.50mol/L H_2SO_4 溶液中能有效地使动物饲料、植物样品中蛋白质、多糖、核酸等组分水解、湿润、乳化、分散,而纤维素和木质素则很少变化。酸-洗涤剂法就是利用这个原理,将样品用 2% CTAB 的 0.50mol/L H_2SO_4 溶液煮沸 1h,过滤,洗净酸液后烘干,由残渣重计算酸性洗涤剂纤维百分比。

三、仪器、试剂和材料

1. 仪器

(1) 电子分析天平
(2) 250ml 回流装置 1 套
(3) 量筒 100ml×1
(4) 可调电炉
(5) 玻璃坩埚滤器 2 个
(6) 多用循环水泵 1 台
(7) 干燥箱

2. 试剂

(1) 酸性洗涤剂溶液:称取十六烷基三甲基溴化铵(三级)20g,加到已标定好的0.50mol/L H_2SO_4 溶液 1000ml 中,摇动,使之溶解。

(2) 丙酮

3. 材料

(1) 酸洗石棉
(2) 植物或食品样品

四、操作步骤

(1) 称取过 1mm 筛风干样品 1g 或相当量的鲜样,放入回流装置的 250ml 三角瓶中，加酸-洗涤剂溶液 100ml。

(2) 加热，使三角瓶内容物在 5～10min 内沸腾，立即计时并装上冷凝管回流 1h(始终保持缓沸状态)。

(3) 取下三角瓶，将内容物倾入已知重量的玻璃坩埚式滤器中减压抽滤。

(4) 用玻棒搅散滤器中残渣，用 90～100℃热水倾洗 3～4 次，洗尽酸－洗涤剂。

(5) 再用丙酮洗残渣 3 次，至滤液无色为止。

(6) 抽干残渣中的丙酮，将滤器放入 100℃干燥箱中干燥 3h，冷却后称重。

五、结果处理

$$粗纤维(酸性洗涤纤维),\% = \frac{m_2 - m_1}{烘干样品质量(g)} \times 100$$

式中，m_1—玻璃滤器质量(g)

m_2—玻璃滤器加残渣质量(g)

六、注意事项

两次平行测定结果允许差：当含量＜5％时，允许差 0.5％；当含量在 5％～25％时，允许差 1％；当含量＞25％时，允许差 2％。

七、思考题

和常规酸碱洗涤法相比，酸性洗涤剂法测定粗纤维有何优点？

参考文献

鲍士旦主编．农畜水产品品质化学分析．北京：中国农业出版社，1996

实验三十八　果胶质含量测定(重量法)

一、目的

果胶物质是一种植物胶，是半乳糖醛酸及其甲酯为主要成分的聚合物。它的变化与果实、蔬菜的成熟、新鲜程度有密切关系。果胶制品在食品工业和医药上有重要用途。通过本实验学习掌握果胶质含量测定的一种方法——重量法。

二、原理

根据结构和某些性质，果胶质分为水不溶解的原果胶和能溶于水的果胶酸及果胶酯酸。将这两类果胶质从样品中分别提取出来，加入氯化钙生成不溶于水的果胶酸钙，测其重量后换算成果胶质的质量。

三、仪器、试剂和材料

1. 仪器

（1）电子分析天平
（2）烧杯　1000ml×2，250ml×1
（3）量筒　500ml×1，50ml×1
（4）容量瓶　500ml×1，250ml×2
（5）玻璃漏斗　2只
（6）250ml 回流装置1套
（7）吸管　10ml×2
（8）玻璃砂芯漏斗　$1G_2$×2

2. 试剂

（1）0.05mol/L HCl
（2）0.1mol/L NaOH
（3）1mol/L HAcO
（4）0.1mol/L $CaCl_2$ 溶液
（5）2mol/L $CaCl_2$ 溶液

3. 材料

（1）滤纸(11cm)
（2）植物样品(干样或鲜样)

四、操作步骤

1. 果胶质的提取

（1）总果胶物质

A. 新鲜样品：称取磨碎的样品 50g，置于 1000ml 烧杯中，加入 0.05mol/L HCl 400ml，在 80～90℃加热 2h，加热时随时补充蒸发损失的水分。冷却后，移入 500ml 容量瓶，加水定容。过滤，收集滤液并记录滤液容积数。

B. 干燥的样品：称 60 目的干样 5g，置于 250ml 三角瓶中，加入加热至沸的 0.05mol/L HCl 150ml，连接冷凝器，加热回流 1h，冷却至室温，用水定容至 250ml，摇匀，过滤，收集滤液并记录滤液容积数。

（2）水溶性果胶物质

将样品研碎。新鲜样品准确称取 30～50g；干燥样品准确称取 5～10g。以

150ml 水将样品移入 250ml 烧杯中。加热至沸，保持沸腾 1h。加热时随时补足蒸发所损失的水分。最后把杯内物质全部移入 250ml 容量瓶内，加水定容。过滤，收集滤液并记录滤液容积数。

2. 测定

(1) 吸取一定量滤液(其量相当于能生成果胶酸钙约 25mg)，放入 1000ml 烧杯中。中和后，加水至 300ml，再加入 0.1mol/L NaOH 100ml，充分搅拌，放置过夜以皂化之(脱去甲氧基，使生成果胶酸钠)。

(2) 加入 1mol/L HAcO 溶液 50ml。5min 后，加入 0.1mol/L $CaCl_2$ 溶液 25ml，然后，一边滴加 2mol/L $CaCl_2$ 溶液 25ml，一边充分搅拌。放置 1h。

(3) 加热 5min，趁热以直径 11cm 的折叠滤纸过滤，用热水洗涤至不含有氯化物。

(4) 用热水把滤纸上的沉淀无损地洗入原先的烧杯中，加热煮沸数分钟，用已知重量的玻璃砂芯漏斗($1G_2$)过滤，在 105℃烘 1.5h 后称重。再放入烘箱继续干燥至恒重为止。

五、结果处理

结果有两种表示方式。

$$果胶酸钙,\% = \frac{(m_1 - m_2) \times V}{V_1 \times m} \times 100$$

$$果胶酸,\% = \frac{0.9233 \times (m_1 - m_2) \times V}{V_1 \times m} \times 100$$

式中，m_1—果胶酸钙质量和玻璃砂芯漏斗质量(g)；

m_2—玻璃砂芯漏斗质量(g)；

m—样品质量(g)；

V_1—用去提取液 ml 数；

V—提取液总容积数.

0.9233—由果胶酸钙换算成果胶酸的系数，果胶酸钙的实验式定为 $C_{17}H_{22}O_{16}Ca$，其中钙含量约为 7.67%，果胶酸约为 92.33%。

六、注意事项

样品中存在果胶酶时，为了钝化酶的活性，可以加入热的 95%乙醇，使样品溶液的乙醇最终浓度调整到 70%以上。然后加热煮沸 1h，过滤后，以 95%乙醇洗涤多次，再以乙醚处理。这样，可除去全部糖类、脂类及色素。最后再提取果胶物质。

七、思考题

1. 果胶质的测定，除了重量法外，尚有果胶酸钙测定法和咔唑反应比色法等。

其测定原理各是什么?

2. 果胶质在实践中有哪些用途?

参 考 文 献

鲍士旦主编. 农畜水产品品质化学分析. 北京:中国农业出版社,1996

〔日〕农林省农林水产技术会议事务局监修,作物分析法委员会编. 邹邦基译. 南寅镐校. 栽培植物营养诊断分析测定法. 北京:农业出版社,1984

实验三十九　1398 中性蛋白酶活性的测定

一、目的

掌握测定 1398 中性蛋白酶活性的原理。学习用比色法测定酶活性的方法。

二、原理

绝大多数酶是活细胞产生的具有催化功能的蛋白质,生物体内的化学反应基本上是在酶催化下进行的。蛋白酶可以水解蛋白质分子中的肽键。蛋白酶与其底物如酪蛋白一起保温,在最适条件即最适温度、最适 pH 条件下产生的酪氨酸与福林试剂反应产生一种蓝色的复合物,颜色的深浅在一定的浓度范围内与酪氨酸的浓度成正比,这样,可以利用测定单位时间内释放出的酪氨酸的量来测定蛋白酶的活性。

三、仪器、试剂和材料

1. 仪器

(1) 恒温水浴

(2) 722 型分光光度计

(3) 试管及试管架

(4) 吸管: 100ml, 5ml, 2ml, 1ml

(5) 烧杯: 500ml

2. 试剂

(1) 1000μg/ml 的酪氨酸溶液:将酪氨酸放于 100～105℃的干燥箱中烘干 3h,冷却后,称取 0.1 g 溶于 10ml 5mol/L 的盐酸中,再用 0.1mol/L 的盐酸稀释到 100ml,放置于冰箱中保存。

(2) 酪氨酸应用液: 100μg/ml

(3) 福林试剂

称取100g钨酸钠($Na_2WO_2 \cdot 2H_2O$)、25g钼酸钠($Na_2MoO_4 \cdot 2H_2O$)置于2000ml磨口回流装置内,加蒸馏水700ml,85%磷酸50ml和浓盐酸100ml,充分混匀使其溶解。小火加热,回流10h(烧瓶内加小玻璃珠数颗,以防溶液爆沸),再加入硫酸锂Li_2SO_4 150g,蒸馏水50ml及液溴数滴。在通风橱中开口煮沸15min,以除去多余的溴。冷却后定容至1000ml,过滤即得鲜黄色溶液。使用前,取1ml加水稀释到3ml。

(4) 0.55mol/L碳酸钠溶液

(5) 10%的三氯乙酸:将10g三氯乙酸溶于100ml水中

(6) 0.5%酪蛋白溶液

称取0.5g酪蛋白放于一个150ml的小烧杯中,加入大约2ml 0.5mol/L的氢氧化钠,搅拌使其溶解,然后用0.2mol/L的磷酸盐缓冲液(pH 7.5)稀释到100ml。

(7) 0.2mol/L的磷酸盐缓冲液(pH 7.5)

1) 0.2mol/L的磷酸氢二钠溶液:将3.56g $Na_2HPO_4 \cdot 2H_2O$溶于100ml水中。

2) 0.2mol/L的磷酸二氢钠溶液:3.121g $NaH_2PO_4 \cdot 2H_2O$溶于100ml水中。

3) 把84ml 0.2mol/L的磷酸氢二钠溶液和16ml 0.2mol/L的磷酸二氢钠溶液混合即得。

3. 材料

1398中性蛋白酶制剂,纱布

四、操作步骤

1. 制作酪氨酸标准曲线

取7支试管编号,按下表制备不同浓度的酪氨酸溶液:

管号	酪氨酸溶液 (100μg/ml)(ml)	蒸馏水 (ml)	酪氨酸含量 (μg/ml)
0	0	10	0
1	1	9	10
2	2	8	20
3	3	7	30
4	4	6	40
5	5	5	50
6	6	4	60

2. 另取 7 支试管,按下表编号并加入相应试剂

管号	上表中配制的各浓度酪氨酸(ml)	0.55mol/L 碳酸钠溶液(ml)	福林试剂(ml)
0′	1	5	1
1′	1	5	1
2′	1	5	1
3′	1	5	1
4′	1	5	1
5′	1	5	1
6′	1	5	1

试剂加入后,充分混合,把各管放入 30℃水浴中精确保温 15min。各管取出后置盛有冷水的烧杯中冷却至室温。用“0′”号管作为空白对照,于 650nm 波长下测各管的光吸收值(A),以此吸收值为纵坐标,每管的酪氨酸含量(μg 数)为横坐标,绘制酪氨酸的标准曲线。

3. 1398 中性蛋白酶活力测定

精确称取 1398 中性蛋白酶 2g,溶于 100ml 0.2mol/L,pH 7.5 的磷酸盐缓冲液中,并用该缓冲液稀释到 250ml。混合振荡 15min 后用纱布过滤。吸取 5ml 滤液,放入一个 50ml 的容量瓶内,用 pH 7.5 的磷酸盐缓冲液定容,充分混合。将酶液和酪蛋白溶液放入 30℃水浴中预热 5min。取三支试管编号后按下表加入相应试剂:

试　剂	空白	样品 1	样品 2
酶液(ml)	1	1	1
10%的三氯乙酸(ml)	3	0	0
0.5%酪蛋白溶液(ml)	2	2	2
	在 30℃水浴中精确保温 15min		
10%的三氯乙酸(ml)	0	3	3

取出各管,室温下静置 15min 过滤液,滤液留用。另取三支试管,按下表加入试剂:

试　剂	空白	样品 1	样品 2
滤液(ml)	1	1	1
0.55mol/L 碳酸钠溶液(ml)	5	5	5
福林试剂(ml)	1	1	1

试剂加入后，充分混合，放于30℃水浴中精确显色15min，取出各管冷却到室温，以空白为对照，测样品的A_{650}。

五、结果处理

(1) 由样品测定的A值，在标准曲线上查出对应的酪氨酸的微克数。

(2) 1398中性蛋白酶活力(μg酪氨酸/min·g酶)

$$=\frac{\text{样品酪氨酸的质量}(\mu g)\times\text{稀释倍数}}{15(\min)\times\text{酶质量}(2g)}$$

六、注意事项

1. 配制磷酸盐缓冲液时，磷酸氢二钠以含结晶水的为好，不含结晶水的易受潮。

2. 配制的福林试剂应为鲜黄色，不带任何绿色，置于棕色瓶中，可在冰箱中长期存放。若此储存液使用过久，颜色由黄变绿，可加几滴液溴，煮沸数分钟，恢复原色仍可继续使用。

3. 酶促反应时间要准确控制。

七、思考题

1. 实验中加入Na_2CO_3溶液的目的是什么？

2. 测定蛋白酶活力时为什么要严格控制反应时间？

参考文献

陈曾燮等．生物化学实验．北京：中国科学技术大学出版社，1994
李建武等．生物化学实验原理和方法．北京：北京大学出版社，2001

实验四十　谷物种子中赖氨酸含量的测定

一、目的

学习掌握用比色法测定谷物种子蛋白质中赖氨酸含量的原理和方法。

二、原理

蛋白质可与茚三酮试剂反应生成蓝紫色物质，其中最主要的反应基团是赖氨酸残基上的ε-NH_2，反应后颜色的深浅与蛋白质中赖氨酸的含量在一定范围内呈线性关系。因此，用已知浓度的游离氨基酸制作标准曲线，通过比色分析(530nm)即可测定出样品中的赖氨酸含量。

亮氨酸与赖氨酸所含碳原子数目相同，且与肽链中的赖氨酸残基一样含有一个游离氨基，所以通常用亮氨酸配制标准液。但由于这两种氨基酸分子质量不同，以亮氨酸为标准计算赖氨酸含量时，应乘以校正系数1.1515，最后再减去样品中游离氨基酸含量。

三、仪器、试剂和材料

1. 仪器

(1) 分析天平
(2) 721型分光光度计
(3) 恒温水浴
(4) 具塞试管
(5) 漏斗
(6) 50ml三角瓶

2. 试剂

(1) 茚三酮试剂：称取1.00g水合茚三酮和2.00g氯化镉($CdCl_2 \cdot 2H_2O$)，放入棕色瓶内，加25ml甲酸-甲酸钠缓冲液及75ml乙二醇，室温下放置24h使用。若瓶内出现沉淀，可过滤后使用。该试剂放置不得超过48h。

(2) 甲酸-甲酸钠缓冲液：称取30g甲酸钠溶于60ml热蒸馏水中，再加10ml 88%甲酸，最后加水定容至100ml。

(3) 4% Na_2CO_3

(4) 95%乙醇

(5) 亮氨酸标准液(100μg/ml)：准确称取5mg亮氨酸，溶解于1ml 0.5mol/L盐酸溶液，加蒸馏水定容至50ml。

3. 材料

脱脂玉米粉

四、操作步骤

1. 制作标准曲线

按下表将亮氨酸标准液加入编号的试管中，各管加入1ml 4% Na_2CO_3，2ml茚三酮试剂，加塞后摇匀，置80℃水浴中显色30min。然后用冷水冷却，再各加95%乙醇5ml，摇匀，在530nm下比色，以吸光度为纵坐标，亮氨酸含量(μg)为横坐标，绘出标准曲线作为定量依据。

试　剂	管　号					
	1	2	3	4	5	6
亮氨酸标准液（ml）	0	0.2	0.4	0.6	0.8	1.0
蒸馏水（ml）	1.0	0.8	0.6	0.4	0.2	0
亮氨酸含量（μg）	0	20	40	60	80	100

2. 样品测定

准确称取两份约 300mg 的脱脂玉米粉，放入 50ml 三角瓶内，加入约 300mg 细石英砂和 10ml 4% Na_2CO_3、10ml 蒸馏水，充分振荡 3～4min，置 80℃水浴中提取 10min。取 2ml 提取液，然后加入 2ml 茚三酮试剂，加盖摇匀，在 80℃水浴中显色 30min。取出后用冷水冷却，各加 95%乙醇 5ml，混匀后过滤，滤液在 530nm 下比色。如果滤液颜色太深，加适量 95%乙醇稀释后比色。

五、结果处理

将所测样品的吸光度在标准曲线上查出对应的亮氨酸含量，再按下式计算：

$$赖氨酸(\%)=\frac{在标准曲线上查得的亮氨酸质量(\mu g)\times 稀释倍数\times 100\times 1.1515}{样品重\ (mg)\times 10^3}$$

$$-样品中游离氨基酸含量$$

六、注意事项

(1) 样品须预先脱脂，以免干扰显色且使滤液浑浊而影响比色。可用丙酮或石油醚浸泡数次或用索氏脂肪抽提器脱脂。

(2) 各种谷物样品中游离氨基酸含量不同，可预先测定。玉米种子中游离氨基酸含量约为 0.01%。

七、思考题

为什么可用比色法测定赖氨酸的含量？

参 考 文 献

文树基主编．基础生物化学实验指导．西安：陕西科学技术出版社，1994
西北农业大学主编．基础生物化学实验指导．西安：陕西科学技术出版社，1986

实验四十一　甲醛滴定法测定氨基氮

一、目的

初步掌握甲醛滴定法测定氨基氮含量的原理和操作要点。

二、原理

氨基酸是两性电解质，在水溶液中有如下平衡：

$$\underset{\overset{|}{\overset{+}{NH_3}}}{R-CH-COO^-} \rightleftharpoons \underset{\overset{|}{NH_2}}{R-CH-COO^-} + H^+$$

$-\overset{+}{N}H_3$ 是弱酸，完全解离时 pH 为 11～12 或更高，若用碱滴定 $-\overset{+}{N}H_3$ 所释放的 H^+ 来测定氨基酸，一般指示剂变色域小于 pH 10，很难准确指示滴定终点。

常温下，甲醛能迅速与氨基酸的氨基结合，生成羟甲基化合物，使上述平衡右移，促使 $-\overset{+}{N}H_3$ 释放 H^+，使溶液的酸度增加，中和滴定终点移至酚酞的变色域内(pH 9.0 左右)。因此可用酚酞作指示剂，用氢氧化钠标准溶液滴定。

$$\underset{\overset{|}{\overset{+}{NH_3}}}{R-CH-COO^-} \rightleftharpoons \underset{\overset{|}{NH_2}}{R-CH-COO^-} + H^+ \xrightarrow{NaOH} \text{中和}$$

$$\underset{\overset{|}{NH_2}}{R-CH-COO^-} \xrightarrow{HCHO} \underset{\overset{|}{NHCH_2OH}}{R-CH-COO^-} \xrightarrow{HCHO} \underset{\overset{|}{N(CH_2OH)_2}}{R-CH-COO^-}$$

如样品为一种已知的氨基酸，从甲醛滴定的结果可算出氨基氮的含量。如样品为多种氨基酸的混合物如蛋白质水解液，则滴定结果不能作为氨基酸的定量依据。但此法简便快速，常用来测定蛋白质的水解程度，随水解程度的增加滴定值也增加，滴定值不再增加时，表明水解作用已完全。

三、仪器、试剂和材料

1. 仪器

(1) 锥形瓶 25ml

(2) 微量滴定管 3ml

(3) 吸管 2ml×3，5ml×1

(4) 研钵

2. 试剂

(1) 300ml 0.05mol/L 标准甘氨酸溶液　准确称取 375mg 甘氨酸，溶解后定容至 100ml。

(2) 500ml 0.02mol/L 标准氢氧化钠溶液

(3) 20ml 酚酞指示剂　0.5%酚酞的 50%乙醇溶液

(4) 400ml 中性甲醛溶液　在 50ml 36%～37%分析纯甲醛溶液中加入 1ml 0.5%酚酞乙醇水溶液，用 0.02mol/L 的氢氧化钠溶液滴定到微红，储于密闭的试剂瓶中。

四、操作步骤

1. 取 3 个 25ml 的三角瓶，编号。向 1、2 号瓶内各加入 0.05mol/L 标准甘氨酸溶液 2ml 和水 5ml，混匀。向 3 号瓶内加入 7ml 水。然后向三个瓶中各加入 5 滴酚酞指示剂，混匀后各加 2ml 甲醛溶液再混匀，分别用 0.02mol/L 氢氧化钠溶液滴定至溶液显微红色。

重复以上实验两次，记录每次每瓶消耗的氢氧化钠标准溶液的毫升数。取平均值，计算甘氨酸氨基氮的回收率。

2. 取未知浓度的甘氨酸溶液 2ml，依上述方法进行测定，平行做几份，取平均值。计算每毫升甘氨酸溶液中含有氨基氮的毫克数。

五、结果处理

1. 回收率计算

$$甘氨酸氨基氮回收率\% = \frac{实际测得量}{加入理论量} \times 100$$

公式中实际测得量为滴定 1 和 2 号瓶耗用的氢氧化钠标准溶液毫升数的平均值与第 3 号瓶耗用的标准氢氧化钠溶液毫升数之差乘以标准氢氧化钠的摩尔浓度，再乘以 14.008。

2. 氨基氮计算

$$氨基氮(mg/ml) = \frac{(V_S - V_{CK}) \times C_{NaOH} \times 14.008}{2}$$

公式中 V_S 为滴定待测液耗用氢氧化钠标准溶液的平均毫升数。V_{CK} 为滴定对照液(3 号瓶)耗用标准氢氧化溶液的平均毫升数。C_{NaOH} 为标准氢氧化钠溶液的摩尔浓度。

六、注意事项

1. 氢氧化钠标准溶液应在使用前标定，并在密闭瓶中保存。不可使用隔日储存在微量滴定管中的剩余氢氧化钠。

2. 中性甲醛溶液在临用前配制，若已放置一段时间，使用前需要重新中和。

3. 本实验为定量实验，甘氨酸和氢氧化钠的浓度要严格标定，加量要准确，全部操作要按分析化学要求进行。

4. 脯氨酸与甲醛作用生成不稳定的化合物，使滴定毫升数偏低。而酪氨酸的滴定毫升数结果偏高。

七、思考题

早已证实，氨基酸在结晶状态下或在水溶液中，均以离子状态存在，为什么不能直接用碱进行滴定定量？

参考文献

刘卫群，陈建新，吴鸣建主编．基础生物化学．北京：气象出版社，2000

实验四十二　醋酸纤维薄膜电泳分离核苷酸

一、目的

学习核糖核酸碱水解的原理和方法，掌握核糖核苷酸的醋酸纤维薄膜电泳的原理和方法。

二、原理

RNA 在稀碱条件下水解，先形成中间物 2′，3′-环状核苷酸，进一步水解得到 2′和3′-核苷酸的混合物。

在 pH 3.5 时，各核苷酸的第一磷酸基（p*K*0.7～1.0）完全解离，第二磷酸基（p*K*6.0）和稀醇基（p*K*9.5 以上）不解离，而含氮环的解离程度差别很大（见附表）。因此在 pH 3.5 条件下进行电泳可将这四种核苷酸分开。

四种核苷酸在 pH 3.5 时的离子化程度：

核苷酸	含氮环的 p*K* 值	离子化程度	净负电荷
AMP	3.70	0.54	−0.46
GMP	2.30	0.05	−0.95
CMP	4.24	0.84	−0.16
UMP	—		−1.00

本实验先用稀氢氧化钾溶液将 RNA 水解，再加高氯酸将水解液调至 pH 3.5，同时生成高氯酸钾沉淀以除去 K^+，然后用电泳法分离水解液中各核苷酸，并在紫外分析灯下确定 RNA 碱水解液的电泳图谱。

三、仪器、试剂和材料

1. 仪器

(1) 电热恒温水浴
(2) 紫外分析灯(波长为254nm)
(3) 点样器
(4) 离心机
(5) 电泳仪和电泳槽

2. 试剂

(1) 100ml 0.3mol/L 氢氧化钾溶液
(2) 40ml 200g/L 高氯酸溶液
(3) 1000ml 0.02mol/L pH 3.5 柠檬酸缓冲液

3. 材料

(1) 醋酸纤维薄膜(2×8cm)
(2) 4g 核糖核酸(粉末)

四、操作步骤

1. RNA 的碱水解

称取0.2g RNA，溶于5ml 0.3mol/L 氢氧化钾溶液中，使RNA的浓度达到20～30mg/ml。在37℃保温18h(或沸水浴30min)。然后将水解液转移到锥形瓶内，在水浴中用高氯酸溶液滴定到水解液的pH为3.5。2000r/min 离心10min，除去沉淀，上清液即为样品液。

2. 点样

将醋酸纤维薄膜在pH 3.5 0.02mol/L 柠檬酸缓冲液中浸湿后，用滤纸吸去多余的缓冲液。然后将膜条无光泽面向上平铺在玻璃板上，用点样器在距膜条一端2～3cm处点样。

3. 电泳

将点好样的薄膜小心地放入电泳槽内，注意点样的一端应靠近负极。调节电压至160V，电流强度为0.4mA/cm，电泳25min。

五、结果处理

电泳后，将膜条放在滤纸上，紫外分析灯下观察，用铅笔将吸收紫外光的暗斑圈出。在记录本上绘出 RNA 水解液的醋酸纤维薄膜电泳图谱，并根据附表中的数据分析确定各斑点代表哪种核苷酸。

六、注意事项

1. 点样时，在膜条无光泽面点样，且点样量要适中。
2. 电泳时，膜条的点样端要靠近负极。

七、思考题

1. 为什么要在膜条无光泽的一面点样？
2. 为什么在 pH 3.5 时进行电泳分离核苷酸的效果最好？

参 考 文 献

刘卫群，陈建新，吴鸣建主编. 基础生物化学. 北京：气象出版社，2000

实验四十三　蛋白质脱盐(透析和凝胶过滤)

在蛋白质的研究中，经常要进行蛋白质脱盐，即将蛋白质同其他盐类小分子分离开。蛋白质脱盐的方法很多，各有优缺点。以下仅介绍常用的透析和凝胶过滤方法，可根据实验条件和要求选用。

Ⅰ. 蛋白质透析

一、目的

学习透析的基本原理和操作。

二、原理

蛋白质是大分子物质，不能通过透析膜而小分子物质可以自由透过。在分离提纯蛋白质的过程中，常利用透析的方法使蛋白质与其中夹杂的小分子物质分开。

三、仪器、试剂和材料

1. 仪器

(1) 烧杯

(2) 玻棒

(3) 离心机

(4) 离心管

(5) 冰箱

(6) 电炉

2. 试剂

(1) 1%氯化钡溶液

(2) 硫酸铵粉末

(3) 1mol/L EDTA

(4) 2% $NaHCO_3$

3. 材料

(1) 透析管(宽约 2.5cm,长 12～15cm)或玻璃纸

(2) 皮筋

(3) 鸡蛋清溶液:将新鲜鸡蛋的蛋清与水按 1∶20 混匀,然后用六层纱布过滤。

四、操作步骤

1. 透析管(前)处理:先将一适当大小和长度的透析管放在 1mol/L EDTA 溶液中,煮沸 10min,再在 2% $NaHCO_3$ 溶液中煮沸 10min,然后再在蒸馏水中煮沸 10min 即可。

2. 加 5ml 蛋白质溶液于离心管中,加 4g 硫酸铵粉末,边加边搅拌使之溶解。然后在 4℃下静置 20min,出现絮状沉淀。

3. 离心:将上述絮状沉淀液以 1000r/min 的速度离心 20min。

4. 装透析管:离心后倒掉上清液,加 5ml 蒸馏水溶解沉淀物,然后小心倒入透析管中,扎紧上口。

5. 将装好的透析管放入盛有蒸馏水的烧杯中,进行透析,并不断搅拌。

6. 每隔适当时间(5～10min),用氯化钡滴入烧杯的蒸馏水中,观察是否有沉淀现象。

五、结果处理

记录并解释实验现象。

六、注意事项

硫酸铵盐一定要充分溶解,才能使蛋白质沉淀下来。

七、思考题

在透析袋处理过程中,EDTA 和 $NaHCO_3$ 起何作用?

Ⅱ. 凝胶过滤

一、目的

学习凝胶过滤的基本操作技术,了解凝胶过滤脱盐的原理和应用。

二、原理

凝胶过滤的主要装置是填充有凝胶颗粒的层析柱。目前使用较多的凝胶是交联葡聚糖凝胶(sephadex)。这种高分子材料具有一定孔径的网络结构。高度亲水,在水溶液里吸水显著膨胀。用每克干胶吸水量(ml)的 10 倍(G 值)表示凝胶的交联度,可根据被分离物质分子的大小和工作目的,选择适合的凝胶型号。交联度高的小号胶如 Sephadex G-25 适于脱盐。

当在凝胶柱顶加上分子大小不同的混合物并用洗脱液洗脱时,自由通透的小分子可以进入胶粒内部,而受排阻的大分子不能进入胶粒内部。二者在洗脱过程中走过的路程差别较大,大分子只能沿着胶粒之间的间隙向下流动,所经路程短,最先流出。而渗入胶粒内部的小分子受迷宫效应影响,要经过层层扩散向下流动,所经路程长,最后流出。通透性居中的分子则后于大分子而先于小分子流出。从而按由大到小的顺序实现大小分子分离。

凝胶过滤的操作条件温和,适于分离不稳定的化合物;凝胶颗粒不带电荷,不与被分离物质发生反应,因而溶质回收率接近 100%,而且设备简单、分离效果好、重现性强,凝胶柱可反复使用,所以广泛使用于蛋白质等大分子的分离纯化、分子质量测定、脱盐等用途。本实验利用凝胶过滤的特点,将 $(NH_4)_2SO_4$ 同蛋白质分子分离开。

三、仪器、试剂和材料

1. 仪器

(1) 层析柱(2cm×15cm)
(2) 真空泵
(3) 真空干燥器
(4) 恒流泵
(5) 核酸蛋白检测仪
(6) 部分收集器

(7) 记录仪

2. 试剂

(1) 1%氯化钡溶液

(2) 硫酸铵粉末

3. 材料

(1) Sephadex G-25。

(2) 鸡蛋清溶液:将新鲜鸡蛋的蛋清与水按 1∶20 混匀,然后用六层纱布过滤。

四、操作步骤

1. 凝胶溶胀:取 5g Sephadex G-25,加 200ml 蒸馏水充分溶胀(在室温下约需 6h 或在沸水浴中溶胀 2h)。待溶胀平衡后,用虹吸法除去细小颗粒,再加入与凝胶等体积的蒸馏水,在真空干燥器中减压除气,准备装柱。

2. 装柱:将层析柱垂直固定,加入 1/4 柱长的蒸馏水。把处理好的凝胶用玻棒搅匀,然后边搅拌边倒入柱中(柱口保持排放)。最好一次连续装完所需的凝胶,若分次装入,需用玻棒轻轻搅动柱床上层凝胶,以免出现界面影响分离效果。最后放入略小于层析柱内径的滤纸片保护凝胶床面。

3. 平衡:继续用蒸馏水洗脱,调整流量使胶床表面保持 2cm 液层,平衡 20min。

4. 样品制备:取 5ml 蛋白质溶液于离心管中,加 4g 硫酸铵粉末,边加边搅拌使之溶解。然后在 4℃ 下静置 20min,出现絮状沉淀。将上述絮状沉淀液以 1000r/min 的速度离心 20min,离心后倒掉上清液,加 5ml 蒸馏水溶解沉淀物,即为样品。

5. 上样:当胶床表面仅留约 1mm 液层时,吸取 1ml 样品,小心地注入层析柱胶床面中央,慢慢打开螺旋夹,待大部分样品进入胶床、床面上仅有 1mm 液层时,用乳头滴管加入少量蒸馏水,使剩余样品进入胶床,然后用滴管小心加入 3~5cm 高的洗脱液。

6. 洗脱:继续用蒸馏水洗脱,调整流速,使上下流速同步。用核酸蛋白检测仪检测,同时用部分收集器收集洗脱液。合并与峰值相对应的试管中的洗脱液,即为脱盐后的蛋白质溶液。

7. 用氯化钡溶液检测蛋白质溶液和其他各管收集液,评价脱盐效果。

五、结果处理

记录并解释实验现象,讨论凝胶过滤的脱盐效果。

六、注意事项

1. 整个操作过程中凝胶必须处于溶液中，不得暴露于空气，否则将出现气泡和断层，应当重新装柱。

2. 加样时应小心注入床面中央，注意切勿冲动胶床。

七、思考题

影响凝胶过滤脱盐效果的因素有那些？

参考文献

陈毓荃主编. 生物化学研究技术. 北京：中国农业出版社，1995

文树基主编. 基础生物化学实验指导. 西安：陕西科学技术出版社，1994

实验四十四　叶绿素含量测定(分光光度法)

一、目的

叶绿素是植物光合作用的主要色素，测定叶片中叶绿素的含量对研究光合作用和氮素营养状况有重要意义。通过本实验学习并掌握叶绿素含量测定的一种常用方法——分光光度法。

二、原理

叶绿素是脂溶性色素，主要存在于以叶绿体为首的色素体中。在活体内，叶绿素与脂蛋白结合并受到还原系统的保护，对氧和光是稳定的。

Mackinney 研究了叶绿素丙酮提取液的吸收光谱，测定出在 80%的丙酮溶液中叶绿素 a 的吸光系数 $K_{a663}=82.04$，$K_{a645}=16.75$，叶绿素 b 的吸光系数 $K_{b663}=9.27$，$K_{b645}=45.6$。并建立了以下联立方程：

$$\begin{cases} A_{663}=82.04C_a+9.27C_b & (1) \\ A_{645}=16.75C_a+45.6C_b & (2) \end{cases}$$

式中，A_{663}、A_{645} 为叶绿素的 80%丙酮提取液在 663、645nm 的吸光度，C_a、C_b 分别为叶绿素 a 和叶绿素 b 的浓度，单位为 g/L。

后来 Arnon 解释了 Mackinney 的方法并发表了 Mackinney 方程的解：

$$\begin{cases} C_a=0.0127A_{663}-0.00269A_{645} & (3) \\ C_b=0.0229A_{645}-0.00468A_{663} & (4) \end{cases}$$

已知叶绿素 a 和叶绿素 b 80%丙酮提取液在 652nm 有相同的吸光系数(34.5)，因此，叶绿素的总量 C_T 有两种求法，即

$$C_T = C_a + C_b \tag{5}$$

或，

$$C_T = \frac{A_{652}}{34.5} \tag{6}$$

单位均为 g/L。

此后至今数十年来，Arnon 法在国际上广为采用。1980 年在科研工作中，运用这些公式进行结果计算时，发现用(5)式求得的数值总是小于用(6)式求得的值。在排除了仪器波长不准的基础上，引起了我们对(5)、(6)式不一致的怀疑。经过对原联立方程(1)、(2)重新求解得：

$$\begin{cases} C_a = 0.0127A_{663} - 0.00259A_{645} & (7) \\ C_b = 0.0229A_{645} - 0.00467A_{663} & (8) \end{cases}$$

用公式(7)、(8)和(5)、(6)重新计算实验结果，获得了一致。据此我们认为 Arnon 在解方程中可能存在计算差错，并建议修正叶绿素分光光度测定法中的计算系数。虽然这一建议几经周折才予发表，但与后来见到的日本学者的发现是完全一致的。为此，建议叶绿素的定量测定(分光光度法)应以(7)、(8)式为准，这两个公式中浓度单位为 g/L，若以 mg/L 表示则为：

$$\begin{cases} C_a = 12.7A_{663} - 2.59A_{645} & (9) \\ C_b = 22.9A_{645} - 4.67A_{663} & (10) \end{cases}$$

叶绿素总浓度

$$C_T = C_a + C_b$$

若以试材中的色素含量来表示，可按下式计算：

$$\text{叶绿素含量(mg/g 鲜样)} = \frac{C(\text{mg/L}) \times \text{提取液总体积(ml)}}{\text{样品重(g)} \times 1000}$$

三、仪器、试剂和材料

1. 仪器

(1) 可见分光光度计 1 台

(2) 研钵 1 个

(3) 剪刀 1 把

(4) 50ml 容量瓶 1 只

(5) 玻璃漏斗 1 个

(6) 玻璃棒 1 支

(7) 皮头滴管 1 支

2. 试剂

(1) 丙酮(分析纯)

(2) 85%丙酮
(3) 80%丙酮

3. 材料

(1) 滤纸(快速)
(2) 石英砂
(3) 碳酸镁

四、操作步骤

1. 在遮光室内取出待测样品,剪碎、混匀,称取鲜样 0.1～0.5g。

2. 样品置研钵中,加入少量碳酸镁和石英砂,加入 4 倍体积的丙酮研成匀浆,再加 85%的丙酮适量继续研磨至组织呈白色。

3. 经铺有滤纸的漏斗将匀浆液转入 50ml 容量瓶中,并用 80%丙酮分次洗净研钵和滤纸,最后用 80%丙酮定容至 50ml。

4. 以 80%丙酮为参比液,在 663、645nm 分别测定样品液的 A_{663}、A_{645}(应在 0.2～0.8 范围之内,浓度过大应用 80%丙酮适当稀释)。

五、结果处理

按公式(9)、(10)计算出叶绿素 a、叶绿素 b 的浓度,最后再算出叶绿素含量(mg/g 鲜样)。

六、注意事项

1. 在活体中,结合态叶绿素是稳定的,组织一经破坏,叶绿素易被光解。因此抽提和分析工作尽可能避光快速完成。

2. 对含大量酸性液胞的样品,应首先加入微碱性的缓冲液,仔细研磨后加磨碎液 4 倍体积的丙酮进行抽提。

3. 分光光度计的精度对测定结果有至关重要的影响,最好选用质量较好的分光光度计,对波长进行仔细校正。

七、思考题

1. 当溶液中有两种成分共存时,用分光光度法进行各成分含量的测定,如何选定测定波长?

2. 如何检验并校正一台分光光度计的波长。

3. 除了本实验介绍的方法,叶绿素的定量测定还有哪些方法?

参考文献

陈毓荃.关于叶绿素的定量测定(分光光度法)中计算系数的修改意见.西北农业大学学报,1986,14(1):

84－85

F.H. 魏海姆，D.F. 鲍勒德斯，R.M. 戴维林著，中国科学院植物研究所生理生化研究室译．植物生理学实验．北京：科学出版社，1974：74

吉田昌一，D. A. 福尔诺，J.H. 科克，K.A. 戈梅斯著．北京市农业科学院作物研究所资料情报组译．水稻生理学实验手册．北京：科学出版社，1975：38－40

〔日〕农林省农林水产技术会议事务局监修，作物分析法委员会编．邹邦基译．南寅镐校．栽培植物营养诊断分析测定法．北京：农业出版社，1984：527－531

山东农学院，西北农学院编．植物生理学实验指导．济南：山东科学技术出版社，1980：60－61

陕西师范大学化学系分析化学教研室，陕西省农林科学院分析室编．农业化学常用分析方法．西安：陕西科学技术出版社，1980：391－392

严国光，王福钧主编．农业仪器分析法．北京：农业出版社，1982：542－543

Arnon，D.I. Copper enzymes in isolated chloroplasts polyphenoloxidase in Beta Vulgaris. Plant Physiol. 1949，(24)：1－15

Draper，Simon R. Biochemical Analysis in Crop Science，Oxford University Press，1976：77－78

Mackinney，G. Absorption of light by chlorophyll solution. J. Biol. Chem. 1941，(140)：315－322

实验四十五　质膜透性与抗旱性鉴定(连续升温电导法)

一、目的

干旱是世界上最严重的一种自然灾害，是农业生产的主要限制因素。全世界年降水量少于250mm的干旱地区约占陆地的25%，250～500mm的半干旱地区约占30%。此外，有些地区降水量虽然在500mm以上，但也经常出现作物生育期内的季节性干旱。因此，对作物品种资源进行抗旱性鉴定和筛选，是进行作物布局、选育抗旱品种、挖掘干旱地区农业生产潜力的重要基础。

细胞质膜是维持细胞有序结构、沟通外界环境的屏障。植物组织受到胁迫时，质膜的结构和功能首先受到伤害，质膜透性增大，造成细胞内容物如电解质、可溶性有机物向外渗出。对环境干旱、低温、高温、盐渍、病原微生物侵染和环境污染等胁迫，不同物种、不同品种或材料的抗性存在一定的差异。这种抗性上的差异可用质膜透性的变化进行测量。通过本实验，观察抗旱性不同的小麦叶片，在连续升温条件下外渗液电导率的规律性变化，认识质膜结构与抗旱性的关系，为今后从事植物抗性研究掌握一种全新的方法。

二、原理

将一定量待测小麦叶片剪成叶段，置盛有蒸馏水的烧杯中，减压抽气后边升温边测量组织外渗液电导率的变化，在记录仪上记录到一条电导率(S)-温度(t)曲线(图45.1)。该曲线表示在连续升温条件下组织外渗液电导率的动态变化。经数学拟合表明，S-t曲线在60℃左右之前为指数曲线，在60℃左右之后为米氏曲线，两段曲线有一个数学交点。

前一段指数曲线方程为：

$U_1 = Ae^{bt} \quad (t \leqslant t_T) \qquad (1)$

(1)式中，U_1 为 OT 段曲线上的电导率值；A 为常数，即 $t=0$℃时的电导率值；b 为常数，表示温度每升高 1℃时，电导率自然对数的增值，$b=\frac{d\ln U_1}{dt}$；e 为自然对数的底(e=2.71828…)；t 为温度(℃)。方程(1)两边同时取自然对数，则

$$\ln U_1 = \ln A + bt \qquad (2)$$

令 $\ln U_1 = Y_1$，$\ln A = a$，则

$$Y_1 = a + bt \qquad (3)$$

这样，方程(1)就转换成线性方程，方程(3)中：a 为回归截距，表示 0℃时外渗液电导率值的自然对数值；b 为回归系数；t 为温度(℃)。

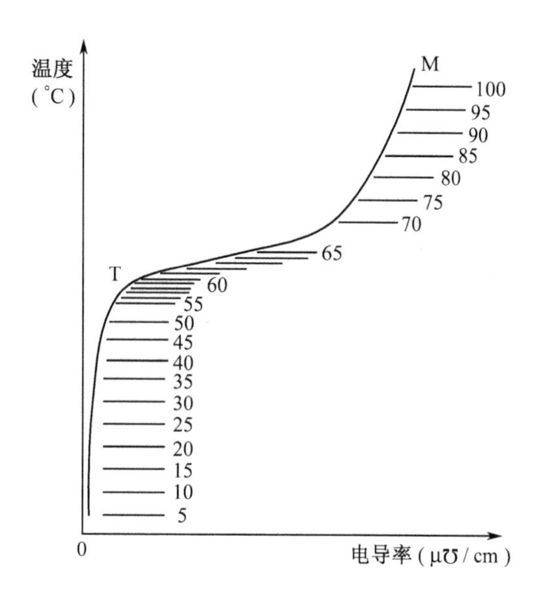

图 45.1　电导率随温度变化曲线

方程(3)实际上描述了不同温度条件下外渗液电导率的变化，如果测量不同温度下对应的外渗液电导率，根据一系列实验数据对(S,t)，对方程(3)进行直线回归，约在 55℃以后，每增加一组实验数据(S,t)，计算出一个相关系数 r 值，用该 r 值与前一个 r 值相比较，如果 r 值是增加的，就继续算下去，直到 r 值与前一个 r 值相比较开始减小为止(浮动法)。r 值减小时对应的温度叫拐点温度，这就是前后两段曲线的数学交点。根据大量研究，拐点温度越低的品种，其抗旱性越强。

三、仪器和材料

1. 仪器

(1) DDS－11A 型电导率仪及 DJS－1 电导电极

(2) 电热磁力搅拌器、磁子

(3) XWD 1－100 型自动记录仪

(4) 0～50℃精密温度计(最小分度值 0.1℃) 1 支

(5) 50～100℃精密温度计(最小分度值 0.1℃) 1 支

(6) 500ml 烧杯及木质杯盖(自制，有温度计插孔 2 个，电导电极插孔 1 个)

2. 材料

在水分供应充足的相同条件下生长的小麦功能叶片(品种：旱地小麦陕合 6 号

和水地小麦郑引1号)。

四、操作步骤

(1) 连续升温电导测量装置由电导仪、电热磁力搅拌器、记录仪3部分组成。用双芯导线把电导仪输出插口和记录仪信号输入端连接起来。电导仪电极提前活化好,插入装有蒸馏水的烧杯中,输出端与电导仪连接好。打开电导仪电源开关,指示灯亮。频率选择开关置低周档。量程开关置$\times 10^2$档。工作开关先置校正位。仪器处于预热、待机状态。

(2) 打开电热磁力搅拌器电源开关,将调速旋钮反时针方向旋到底(0位),处于待机状态。

(3) 打开记录仪电源开关,指示灯亮,预热仪器。记录纸速置慢档位,2mm/min。测量开关关闭。

(4) 选取一定叶位的小麦叶片约5g,用自来水洗净叶面,再用蒸馏水冲洗2次,用粗滤纸吸干浮水,称取4.0g样品,剪成1cm左右的叶段,放入盛有350ml蒸馏水的烧杯中(内有磁子),置真空干燥器内抽气10min,使叶片下沉。取出后将烧杯放在电热磁力搅拌器上,盖上杯盖。插上2支温度计和电导电极(下端浸入水中)。顺时针方向旋转搅拌器调速开关,使杯中的磁子旋转搅拌溶液(速度不可过高),记录初始温度。再将电导率仪的测定开关及记录仪的记录开关同步打到测量档,同时将电热磁力搅拌器的加热选择开关顺时针方向打到二档,开始测定。每个样品从室温加热到100℃,约需40min,如果只求拐点温度,只需升温到70～80℃,即可停机。记录仪会自动绘出一条电导率随温度变化的曲线。为了能在记录纸上标出温度值,采取如下操作:当温度计指示某一欲测值(例如15℃)时,瞬间关闭电导仪测定开关,然后又迅速打回到测量档。这样,曲线右侧就打出一条温度(15℃)标记线。标记线与曲线交点的横坐标,就是该温度下的电导率(St),也可以用电导电压(mV)表示(满度为10mV)。由于从起始温度到55℃电导率变化不大,因而在55℃以前每隔5℃标记1次温度。55℃以后,每隔1℃标记1次。这样就得到一条横坐标表示电导率(或电导电压)、纵坐标(走纸方向)表示温度的S-t曲线。

(5) 1个样品测定完毕之后,迅速关闭电导仪测量开关、电热磁力搅拌器选速开关、加热开关、记录仪测量开关。取下杯盖,用蒸馏水冲洗电极。倒掉烧杯内的样品和滤液,回收并冲洗磁子。然后按步骤(4)重新处理第2份样品。

五、结果处理

将S-t曲线上每一温度值与对应的电导率值一一填入预先设计好的表45.1,按方程

$$Y = a + bt$$

进行直线回归。55℃以后,每增加一组数据,求一个r值,确定出r值开始下降时,

对应的拐点温度(t_T)。

表 45.1 连续升温电导测定结果

品种	t(℃)	15	20	25	30	35	40	45	50	55	56	57	58	59	60	61
陕合 6 号	S(×10^2μʊ/cm)															
	r															
郑引 1 号	S(×10^2μʊ/cm)															
	r															

根据实验结果,确定拐点温度:

t_{T1}(陕合 6 号)=　　℃

t_{T2}(郑引 1 号)=　　℃

六、注意事项

(1) 当液温达 50℃时,应将 0～50℃精密温度计拔出,以防损坏。测下一个样品时重新插入。

(2) 操作时不可接触电热磁力搅拌器加热盘,避免烫伤。

七、思考题

1. 连续升温电导法与普通电导方法相比,有何优点?

2. 陕合 6 号小麦比郑引 1 号抗旱性强,为什么其拐点温度反而比郑引 1 号低? 试解释之。

参 考 文 献

陈毓荃. 连续升温电导——鉴定小麦抗旱性的一种新方法. 西北农业大学学报,1988,16(4)

陈毓荃. 连续升温电导及其在小麦抗旱性鉴定中应用的初步探讨. 见《作物抗逆性鉴定的原理与技术》. 北京:北京农业大学出版社,1989

陈毓荃. 农作物抗旱性鉴定仪的研制和应用. 西北农业学报,1997,6(3)

下　　篇

附　　录

一、实验室安全及防护知识

生物化学实验室是进行教学和科研的场所，稍有不慎，电、水、火、毒、伤等事故均可能发生，危及人体健康乃至生命，造成国家财产重大损失。教师和实验室管理人员应当经常对学生进行实验室安全观念的教育，并十分重视安全工作，防患于未然。学生应该熟悉实验室安全及防护知识。万一发生事故，应及时采取适当的急救措施。

（一）实验室安全知识

1. 安全用电，慎之又慎

（1）实验室管理人员必须经常检查电源线路及插座，发现电线绝缘胶皮老化或插座破裂等隐患要及时维修更换。

（2）不得超负荷使用电器设备。保险丝熔断后应寻找可能原因，排除故障或确认为无危险后用相同保险丝更换，不得用铁丝、铜丝和粗保险丝代替。

（3）使用电学仪器或设备时，要注意电压、电流是否符合铭牌规定要求。必要时应使用稳压器或调压器。

（4）严格按照电器使用规程操作，不能随意拆卸、玩弄电器。

（5）严防触电。电闸是控制局部电路、实施维修的必要装置，原则上谁拉闸（维修后）谁关闭。发现闸刀被拉下，在情况不明的情况下不能贸然合闸，以免他人触电。绝不可用湿手或在眼睛旁视时开关电闸和电器开关。检查电器设备是否漏电时应使用试电笔。凡是漏电的仪器一律不能使用。

2. 水火无情，注重防范

（1）水是宝贵的资源，应注意节约用水，使用完毕随手关闭水龙头。工作完毕离开实验室前应检查一下室内所有水龙头是否已经关严并养成习惯。水槽内不可堆积仪器或杂物，以防排水不利时溢出槽外。随时保证地板上地漏畅通。

（2）实验室必须配备一定数量的消防器材，并按消防规定保管、检修和使用。所有在实验室工作的人员，都应接受消防器材使用培训。

（3）实验室发生火灾主要是不安全用电、不正确用火及不合理使用、处置可燃易爆试剂如乙醚、丙酮、乙醇、苯、金属钠、白磷等引起。实验室内严禁吸烟。冰箱内不许存放可燃液体。实验室内必须存放的少量即将使用的可燃物，应远离火源和电器开关。倾倒可燃性液体时，室内不得有明火或开启电器。低沸点的有机溶剂不准在火焰上直接加热，只能利用带回流冷凝管的装置在水浴上加热或蒸馏。

(4) 如果不慎倒洒相当数量的可燃液体,应立即切断室内所有的火源和电加热器的电源。关上室门,打开窗户。用毛巾或抹布擦试洒出的液体,回收到带塞的瓶内。

(5) 可燃和易爆炸物质的残渣(如金属钠、白磷、火柴头等)不得倒入污物桶或水槽中,应收集在指定的容器内。可燃的有机溶剂废液也不能倒入水槽,须回收在带塞的瓶内。

3. 严防中毒,注意安全

(1) 毒物应按实验室规定办理审批手续后领取,并由专人妥善保管。生物危险品或放射性物质存放及操作的实验室、不同类型的实验化学药品存放处应有国际通用标志(图版Ⅰ)。

(2) 使用毒性物质和致癌物必须根据试剂瓶上标签说明严格操作,安全称量、转移和保管。操作时应戴手套,必要时戴口罩或防毒面罩,并在通风橱中进行。沾过毒性、致癌物的容器应单独清洗、处理。

(3) 水银温度计、气量计等汞金属设备破损时,必须立即采取措施回收汞,并在污染处撒上一层硫磺粉以防汞蒸汽中毒。

4. 规范操作,避免伤害

使用玻璃、金属器材或动力设备时,注意防止割伤、机械创伤。清除碎玻璃不可用抹布,以免涮洗抹布时划伤或扎伤手部。量取浓酸、浓碱液体需格外小心。用吸管量取液体试剂尤其是毒品时,必须用橡皮球,不得用口吸。

5. 预防生物危害

(1) 生物材料如微生物、动物的组织、细胞培养液、血液和分泌物都可能存在细菌和病毒感染的潜伏性危险。处理各种生物材料必须谨慎、小心,做完实验后必须用肥皂、洗涤剂或消毒液充分洗净双手。

(2) 使用微生物作为实验材料时,尤其要注意安全和清洁卫生。被污染的物品必须进行高压消毒或烧成灰烬。被污染的玻璃用具应在清洗和高压灭菌之前立即浸泡在适当的消毒液中。

(3) 进行遗传重组的实验室更应根据有关规定加强生物伤害的防范措施。

6. 警惕放射性伤害

放射性同位素的使用必须在有放射性标志的专用实验室中进行,切忌在普通实验室中操作或存放有放射性同位素的材料和器具。实验后应及时淋浴,定期进行体检。

7. 妥善保管和收藏科研资料

科研资料是科研人员艰苦劳动的文字记录或视听记载、实物证据，应妥善保藏，防止水淹、火烧、鼠咬、发霉或丢失。

（二）实验室灭火法

实验中一旦发生了火灾，切不可惊慌失措，应保持镇静。首先立即切断室内一切火源和电源。然后根据具体情况积极正确地行进抢救和灭火。

较大的火灾事故应立即报警，必须清楚说明发生火灾的实验室的确切地点。

导线着火时应切断电源或使用四氯化碳灭火器，不能用水及二氧化碳灭火器，以免人员触电。

可燃性液体着火时，应立即转移着火区域内的一切可燃物质。若着火面积较小时，可用石棉布、湿布或沙土覆盖，隔绝空气使之熄灭。但覆盖时切忌忙中生乱，不要碰破或打翻盛有可燃液体的器皿，避免火势蔓延。绝对不要用水灭火，否则会扩大燃烧面积。金属钠着火时可用砂子覆盖。

衣服着火切忌奔走，应卧地滚动灭火。

（三）实验室急救

实验中不慎受伤，应立即采取适当的急救措施。

(1) 有人触电时应立即关闭电源或用绝缘的木棍、竹竿等使被害者与电源脱离接触。急救者必须采取防止触电的安全措施，不可用手直接接触受害者。

(2) 受玻璃割伤及其他机械损伤时，首先检查伤口内有无玻璃或金属碎片，然后用硼酸水洗净，再涂擦碘酒或红汞水，必要时用纱布包扎。若伤口较大或过深而大量出血，应迅速在伤口上部和下部扎紧血管止血，立即到医院诊治。

(3) 烫伤　轻度烫伤一般可涂上苦味酸软膏。如果伤处红痛或红肿(一级灼伤)，可擦医用橄榄油；若皮肤起泡(二级灼伤)，不要弄破水泡，防止感染；若伤处皮肤呈棕色或黑色(三级灼烧)，应用干燥而无菌的消毒纱布轻轻包扎好，急送医院治疗。

(4) 化学试剂灼伤　强碱和碱金属引起的灼伤，先用大量自来水冲洗，再用5%硼酸溶液或2%乙酸溶液涂洗。强酸、溴等引起的灼伤，立即用大量自来水冲洗，再用5%碳酸氢钠溶液或5%氢氧化铵溶液洗涤，如酚触及皮肤引起灼伤，可用酒精洗涤。

(5) 汞容易由呼吸道进入人体，也可以经皮肤直接吸收而引起积累性中毒。严重中毒的症状是口中有金属味，呼出气体也有气味；流唾液、打哈欠时疼痛，牙床及嘴唇上有硫化汞的黑色；淋巴腺及唾液腺肿大。若不慎中毒时，应送医院急救。

急性中毒时，通常用碳粉或呕吐剂彻底洗胃，或者食入蛋白（如 1 升牛奶加 3 个鸡蛋清），或用蓖麻油解毒并使之呕吐。

二、Union Carbide 各种型号透析管的渗透范围

型　号	近似膨胀直径(湿)/cm	可透过的分子质量/Da	不能透过的分子质量/Da
8号	0.62	5 732	20 000
18号	1.40	3 300	5 732
20号	1.55	30 000	45 000
27号	2.10	5 732	20 000
36号	2.80	20 000	—
$1\frac{7}{8}$号	4.70	不详，与 8 号管大致相同	
$3\frac{1}{4}$号	8.13	不详，与 8 号管大致相同	

三、Sepctro por 再生纤维素膜透析袋的数据

型　号	规格	分子质量截留值/Da	扁平宽度/mm	直径/mm	厚度/mm	体积/(ml/cm)
Spectra por 1	7	$6\times10^3\sim8\times10^3$	10	6.4	0.051	0.32
			23	14.6	0.028	1.7
			32	20.4	0.028	3.2
			40	25.5		5.0
			50	31.8	0.046	8.0
			100	63.7		31.8
			120	76.4		45.8
Spectra por 2	6	$1.2\times10^4\sim1.4\times10^4$	4	2.5		0.05
			10	6.4	0.051	0.032
			25	15.9	0.020	2.0
			45	28.6	0.025	6.4
			105	63.7		31.8
			120	76.4		45.8
Spectra por 3	3	3.5×10^3	18	11.5	0.030	1.0
			45	28.6	0.025	6.4
			54	34.4	0.03	9.3

续表

型　号	规格	分子质量截留值/Da	扁平宽度/mm	直径/mm	厚度/mm	体积/(ml/cm)
Spectra por 4	5	$1.2\times10^4\sim1.4\times10^4$	10	6.4	0.051	0.32
			25	15.9	0.020	2.0
			32	20.4	0.028	3.2
			45	28.6	0.025	6.4
			75	47.7	0.041	17.9
Spectra por 5*	4	$1.2\times10^4\sim1.4\times10^4$	65	41.4		13.4
			100	63.7		32.2
			120	76.4		45.8
			140	89.2	0.092	63.6
Spectra SMT**	4	$1.2\times10^4\sim1.4\times10^4$	4	2.5		0.05
			8	5.1		0.20
			10	6.4	0.510	0.32
			16	10.2		0.81
Spectra por 6*** (1)	4	1×10^3	12	7.6		0.46
			18	11.5		1.0
			38	24.2		4.6
			45	28.6		6.3
Spectra por 6 (2)	4	2×10^3	12	7.6		0.46
			18	11.5	0.30	1.0
			38	24.2		4.6
			45	28.6	0.025	6.3
Spectra por 6 (3)	3	3.5×10^3	18	11.5	0.030	1.0
			45	28.6	0.025	6.4
			54	34.4	0.030	9.3
Spectra por 6 (4)	3	8×10^3	23	14.6	0.020	1.7
			32	20.4	0.028	3.2
			50	31.8	0.028	8.0
Spectra por 6 (5)	4	1×10^4	10	6.4	0.051	0.32
			25	15.9	0.020	2.0
			32	20.4	0.028	3.2
			45	28.6	0.025	6.4
Spectra por 6 (6)	4	1.5×10^4	10	6.4	0.051	0.32
			25	15.9	0.020	2.0
			32	20.4	0.028	3.2
			45	28.6	0.025	6.4

续表

型　号	规格	分子质量截留值/Da	扁平宽度/mm	直径/mm	厚度/mm	体积/(ml/cm)
Spectra por 6 (7)	3	2.5×10^4	12	7.6		0.46
			18	11.5	0.030	1.0
			14	21.6	0.025	3.7
Spectra por 6 (8)	3	5×10^4	12	7.6		0.46
			18	11.5	0.030	1.0
			14	21.6	0.025	3.7

* 新产品目录中未列入，仅供定货订购及使用参考。

* * SMT：simemicro tubing 半微量透析袋。

* * * por 6 透析袋是湿润型的，其防腐剂是1%苯甲酸钠。另有规格型号与 por 6 完全相同的产品，但不含重金属及硫化物。无需预处理即可使用。

四、纤维素酯膜透析袋的数据

型　号 Spectra por	种类	分子质量截留值/Da	扁平宽度/mm	直径/mm	体积/ml/cm
CE(1)	4	1×10^2	8	5	0.20
			10	6.4	0.32
			12	7.5	0.44
			16	10.2	0.79
CE(2)	4	5×10^2	8	5	0.20
			10	6.4	0.32
			12	7.5	0.44
			16	10.2	0.79
CE(3)	4	1×10^3	8	5	0.20
			10	6.4	0.32
			12	7.5	0.44
			16	10.2	0.79
CE(4)	4	2×10^3	8	5	0.20
			10	6.4	0.32
			12	7.5	0.44
			16	10.2	0.79
CE(5)	4	3.5×10^3	8	5	0.20
			10	6.4	0.32
			12	7.5	0.44
			16	10.2	0.79

续表

型　号 Spectra por	种类	分子质量截留值 /Da	扁平宽度 /mm	直 径 /mm	体 积 /ml/cm
CE(6)	4	5×10^3	8	5	0.20
			10	6.4	0.32
			12	7.5	0.44
			16	10.2	0.79
CE(7)	3	8×10^3	10	6.4	0.32
			12	7.5	0.44
			16	10.2	0.79
CE(8)	4	1×10^4	8	5	0.20
			10	6.4	0.32
			12	7.5	0.44
			16	10.2	0.79
CE(9)	4	1.5×10^4	8	5	0.20
			10	6.4	0.32
			12	7.5	0.44
			16	10.2	0.79
CE(10)	4	2.5×10^4	8	5	0.20
			10	6.4	0.32
			12	7.5	0.44
			16	10.2	0.79

五、Amicon 圆形超滤膜的规格和有效过滤面积的数据

超滤膜直径/mm	有效过滤面积/cm^2
14	0.92
25	4.1
43	13.4
62	28.7
76	41.8
90	63
150	162

六、Amicon 圆形超滤膜的流速

超滤膜型号	标称分子质量截留值	水流量/[ml/(min・cm²)]	溶　质	溶质流量/[ml/(min・cm²)]
YCO5	500	0.03～0.04	蔗　糖	0.03
YM1	1 000	0.02～0.04	蔗　糖	0.03
YM3	3 000	0.06～0.08	白蛋白	0.07
YM10	10 000	0.15～0.20	白蛋白	0.15
PM10	10 000	1.5～3.0	白蛋白	0.17
YM30	30 000	0.8～1.0	白蛋白	0.20
PM30	30 000	2.0～6.0	白蛋白	0.20
XM50	50 000	1.0～2.5	白蛋白	0.15
YM100	100 000	0.6～1.0	白蛋白	0.75
XM300	300 000	0.5～1.0	组分Ⅱ	0.06

七、硫酸铵饱和度的常用表

1. 调整硫酸铵溶液饱和度计算表(25℃)

硫酸铵初始浓度/%饱和度	在25℃硫酸铵终浓度/%饱和度																
	10	20	25	30	33	35	40	45	50	55	60	65	70	75	80	90	100
	每1L溶液加固体硫酸铵的克数*																
0	56	114	144	176	196	209	243	277	313	351	390	430	472	516	561	662	767
10		57	86	118	137	150	183	216	251	288	326	365	406	449	494	592	694
20			29	59	78	91	123	155	189	225	262	300	340	382	424	520	619
25				30	49	61	93	125	158	193	230	267	307	348	390	485	583
30					19	30	62	94	127	162	198	235	273	314	356	449	546
33						12	43	74	107	142	177	214	252	292	333	426	522
35							31	63	94	129	164	200	238	278	319	411	506
40								31	63	97	132	168	205	245	285	375	469
45									32	65	99	134	171	210	250	339	431
50										33	66	101	137	176	214	302	392
55											33	67	103	141	179	264	353
60												34	69	105	143	227	314
65													34	70	107	190	275
70														35	72	153	237
75															36	115	198
80																77	157
90																	79

* 在25℃下，硫酸铵溶液由初浓度调到终浓度时，每升溶液所加固体硫酸铵的克数。

2. 调整硫酸铵溶液饱和度计算表(0℃)

硫酸铵初始浓度/%饱和度	在0℃硫酸铵终浓度/%饱和度 20	25	30	35	40	45	50	55	60	65	70	75	80	85	90	95	100
	每100ml溶液加固体硫酸铵的克数*																
0	10.6	13.4	16.4	19.4	22.6	25.8	29.1	32.6	36.1	39.8	43.6	47.6	51.6	55.9	60.3	65.0	69.7
5	7.9	10.8	13.7	16.6	19.7	22.9	26.2	29.6	33.1	36.8	40.5	44.4	48.4	52.6	57.0	61.5	66.2
10	5.3	8.1	10.9	13.9	16.9	20.0	23.3	26.6	30.1	33.7	37.4	41.2	45.2	49.3	53.6	58.1	62.7
15	2.6	5.4	8.2	11.1	14.1	17.2	20.4	23.7	27.1	30.6	34.3	38.1	42.0	46.0	50.3	54.7	59.2
20	0	2.7	5.5	8.3	11.3	14.3	17.5	20.7	24.1	27.6	31.2	34.9	38.7	42.7	46.9	51.2	55.7
25		0	2.7	5.6	8.4	11.5	14.6	17.9	21.1	24.5	28.0	31.7	35.5	39.5	43.6	47.8	52.2
30			0	2.8	5.6	8.6	11.7	14.8	18.1	21.4	24.9	28.5	32.3	36.2	40.2	44.5	48.8
35				0	2.8	5.7	8.7	11.8	15.1	18.4	21.8	25.4	29.1	32.9	36.9	41.0	45.3
40					0	2.9	5.8	8.9	12.0	15.3	18.7	22.2	25.8	29.6	33.5	37.6	41.8
45						0	2.9	5.9	9.0	12.3	15.6	19.0	22.6	26.3	30.2	34.2	38.3
50							0	3.0	6.0	9.2	12.5	15.9	19.4	23.0	26.8	30.8	34.8
55								0	3.0	6.1	9.3	12.7	16.1	19.7	23.5	27.3	31.3
60									0	3.1	6.2	9.5	12.9	16.4	20.1	23.1	27.9
65										0	3.1	6.3	9.7	13.2	16.8	20.5	24.4
70											0	3.2	6.5	9.9	13.4	17.1	20.9
75												0	3.2	6.6	10.1	13.7	17.4
80													0	3.3	6.7	10.3	13.9
85														0	3.4	6.8	10.5
90															0	3.4	7.0
95																0	3.5
100																	0

* 在℃下,硫酸铵溶液由初浓度调到终浓度时,每100ml溶液所加固体硫酸铵的克数。

3. 调整硫酸铵溶液饱和度计算表(23℃)

加到 1L 溶液中的固体硫酸铵克数(23℃)

0	27.0	54.9	83.7	113.4	144.0	175.7	208.4	242.3	277.3	313.5	351.1	390.0	430.4	472.3	515.8	561.1	608.1	657.1	708.2	761.4
	·05	27.5	55.8	85.1	115.2	146.4	178.7	212.0	246.5	282.2	319.2	357.5	397.3	438.5	481.4	526.0	572.4	620.6	670.9	723.4
	0	**·10**	27.9	56.7	86.4	117.1	148.9	181.7	215.7	250.8	287.3	325.0	364.2	404.8	447.0	490.9	536.6	584.1	633.6	685.3
	5.26	**·05**	**·15**	28.4	57.6	87.9	119.1	151.4	184.9	219.5	255.3	292.5	331.1	371.1	412.6	455.9	500.8	547.6	596.4	647.2
	11.1	5.58	**·10**	**·20**	28.8	58.6	89.3	121.1	154.0	188.1	223.4	260.0	298.0	337.3	378.3	420.8	465.0	511.1	559.1	609.1
	17.7	11.8	5.88	**·15**	**·25**	29.3	59.6	90.9	123.2	156.8	191.5	227.5	264.8	303.6	343.9	385.7	429.3	474.6	521.8	571.1
	25.0	18.8	12.5	6.25	**·20**	**·30**	29.8	60.6	92.4	125.4	159.6	195.0	231.7	269.9	309.5	350.7	393.5	438.1	484.5	533.0
	33.3	26.7	20.0	13.3	6.67	**·25**	**·35**	30.3	61.6	94.1	127.7	162.5	198.6	236.1	275.1	315.6	357.7	401.6	447.3	494.9
	42.9	35.7	28.6	21.4	14.3	7.14	**·30**	**·40**	30.8	62.7	95.7	130.0	165.5	202.4	240.7	280.5	321.9	365.1	410.0	456.9
	55.9	46.2	38.5	30.8	23.1	15.4	7.69	**·35**	**·45**	31.4	63.8	97.5	132.4	168.7	206.3	245.5	286.2	328.6	372.7	418.8
	66.7	58.3	50.0	41.7	33.3	25.0	16.7	8.33	**·40**	**·50**	31.9	65.0	99.3	134.9	171.9	210.4	250.4	292.1	335.5	380.7
	81.8	72.7	63.7	54.6	45.5	36.4	27.3	18.2	9.10	**·45**	**·55**	32.5	66.2	101.2	137.5	175.3	214.6	255.5	298.2	342.6
	100.0	90.0	80.0	70.0	60.0	50.0	40.0	30.0	20.0	10.0	**·50**	**·60**	33.1	67.5	103.2	140.3	178.9	219.0	260.9	304.6
	122.2	111.1	100.0	88.9	77.8	66.7	55.6	44.4	33.3	22.2	11.1	**·55**	**·65**	33.7	68.8	105.2	143.1	182.5	223.6	266.5
	150.0	137.5	125.0	112.5	100.0	87.5	75.0	62.5	50.0	37.5	25.0	12.5	**·60**	**·70**	34.4	70.1	107.3	146.0	186.4	228.4
	187.5	171.4	157.1	142.9	128.6	114.3	100.0	85.7	71.4	57.1	42.9	28.6	14.3	**·65**	**·75**	35.1	71.5	109.5	149.1	190.4
	233.3	216.7	200.1	183.3	166.7	150.0	133.3	116.7	100.0	83.3	66.7	50.0	33.3	16.7	**·70**	**·80**	35.8	73.0	111.8	152.3
	300.0	280.0	260.0	240.0	220.0	200.0	180.0	160.0	140.0	120.0	100.0	80.0	60.0	40.0	20.0	**·75**	**·85**	36.5	74.5	114.2
	400.0	375.0	350.0	325.0	300.0	275.0	250.0	225.0	200.0	175.0	150.0	125.0	100.0	75.0	50.0	25.0	**·80**	**·90**	37.3	76.1
	566.7	533.3	500.0	466.7	433.3	400.0	366.7	333.3	300.0	266.7	233.3	200.0	166.7	133.3	100.0	66.7	33.3	**·85**	**·95**	38.1
	900	850	800	750	700	650	600	550	500	450	400	350	300	250	200	150	100	50	**·90**	**1.0**

加到 100 ml 溶液中的饱和硫酸铵 ml 数(23℃)

八、缓冲溶液的配制方法

1. 氯化钾-盐酸缓冲液(0.05 mol/L，pH 1.0～2.2，25℃)

首先配制 0.2 mol/L 氯化钾溶液(14.919 g 氯化钾溶解后定容至 1L)。然后量取 25 ml 0.2 mol/L 氯化钾＋x ml 0.2 mol/L 盐酸，加蒸馏水稀释至 100 ml。

pH	0.2mol/L HCl /ml	pH	0.2mol/L HCl /ml	pH	0.2mol/L HCl /ml
1.0	67.0	1.5	20.7	2.0	6.5
1.1	52.8	1.6	16.2	2.1	5.1
1.2	42.5	1.7	13.0	2.2	3.9
1.3	33.6	1.8	10.2		
1.4	26.6	1.9	8.1		

2. 甘氨酸-盐酸缓冲液(0.05 mol/L，pH 2.2～3.6，25℃)

首先配制 0.2 mol/L 甘氨酸溶液(15.01 g 甘氨酸溶解后定容至 1L)。然后量取 25 ml 0.2 mol/L 甘氨酸＋x ml 0.2 mol/L 盐酸，加蒸馏水稀释至 100 ml。

pH	0.2mol/L HCl /ml	pH	0.2mol/L HCl /ml
2.2	22.0	3.0	5.7
2.4	16.2	3.2	4.1
2.6	12.1	3.4	3.2
2.8	8.4	3.6	2.5

3. 邻苯二甲酸氢钾-盐酸缓冲液(0.05 mol/L，pH 2.2～4.0，25℃)

首先配制 0.1 mol/L 邻苯二甲酸氢钾(20.42 g 邻苯二甲酸氢钾溶解后定容至 1L)。然后量取 50 ml 0.1 mol/L 邻苯二甲酸氢钾＋x ml 0.1 mol/L 盐酸，加水稀释至 100 ml。

pH	0.2mol/L HCl /ml	pH	0.2mol/L HCl /ml	pH	0.2mol/L HCl /ml
2.2	49.5	2.9	25.7	3.6	6.3
2.3	45.8	3.0	22.3	3.7	4.5
2.4	42.2	3.1	18.8	3.8	2.9
2.5	38.8	3.2	15.7	3.9	1.4
2.6	35.4	3.3	12.9	4.0	0.1
2.7	32.1	3.4	10.4		
2.8	28.9	3.5	8.2		

4. 柠檬酸-柠檬酸钠缓冲液(0.1 mol/L，pH 3.0～6.2)

0.1 mol/L 柠檬酸(含柠檬酸・H_2O 21.01 g/L)

0.1 mol/L 柠檬酸三钠(含柠檬酸三钠・$2H_2O$ 29.4 g/L)

pH	0.1 mol/L 柠檬酸 /ml	0.1 mol/L 柠檬酸三钠 /ml	pH	0.1 mol/L 柠檬酸 /ml	0.1 mol/L 柠檬酸三钠 /ml
3.0	82.0	18.0	4.8	40.0	60.0
3.2	77.5	22.5	5.0	35.0	65.0
3.4	73.0	27.0	5.2	30.0	69.5
3.6	68.5	31.5	5.4	25.5	74.5
3.8	63.5	36.5	5.6	21.0	79.0
4.0	59.0	41.0	5.8	16.0	84.0
4.2	54.0	46.0	6.0	11.0	88.5
4.4	49.5	50.5	6.2	8.5	92.0
4.6	44.5	55.5			

5. 磷酸氢二钠-柠檬酸缓冲液(pH 2.6～7.6)

0.1 mol/L 柠檬酸(含柠檬酸・H_2O 21.01 g/L)

0.2 mol/L 磷酸氢二钠(含 $Na_2HPO_4 \cdot 2H_2O$ 35.61 g/L)

pH	0.1 mol/L 柠檬酸 /ml	0.2 mol/L Na_2HP_4 /ml	pH	0.1 mol/L 柠檬酸 /ml	0.2 mol/L Na_2HP_4 /ml
2.6	89.10	10.90	5.2	46.40	53.60
2.8	84.15	15.85	5.4	44.25	55.75
3.0	79.45	20.55	5.6	42.00	58.00
3.2	75.30	24.70	5.8	39.55	60.45
3.4	71.50	28.50	6.0	36.85	63.15
3.6	67.80	32.20	6.2	33.90	66.10
3.8	64.50	35.50	6.4	30.75	69.25
4.0	61.45	38.55	6.6	27.25	72.75
4.2	58.60	41.40	6.8	22.75	77.25
4.4	55.90	44.10	7.0	17.65	82.35
4.6	53.25	46.75	7.2	13.05	86.95
4.8	50.70	49.30	7.4	9.15	90.85
5.0	48.50	51.50	7.6	6.35	93.65

6. 乙酸-乙酸钠缓冲液(0.2 mol/L，pH 3.7～5.8，18℃)

0.2 mol/L 乙酸(含冰乙酸 11.7 ml/L)

0.2 mol/乙酸钠(含乙酸钠・$3H_2O$ 27.22 g/L)

pH	0.2 mol/L NaAc /ml	0.2 mol/L HAc /ml	pH	0.2 mol/L NaAc /ml	0.2 mol/L HAc /ml
3.7	10.0	90.0	4.8	59.0	41.0
3.8	12.0	88.0	5.0	70.0	30.0
4.0	18.0	82.0	5.2	79.0	21.0
4.2	26.5	73.5	5.4	86.0	14.0
4.4	37.0	63.0	5.6	91.0	9.9
4.6	49.0	51.0	5.8	94.0	6.0

7. 二甲基戊二酸-氢氧化钠缓冲液(0.05 mol/L，pH 3.2～7.6)

0.1 mol/L β∶β′-二甲基戊二酸(含β∶β′-二甲基戊二酸 16.02 g/L)。50 ml 0.1 mol/L β∶β′-二甲基戊二酸＋x ml 0.2 mol/L NaOH,加蒸馏水稀释至 100 ml。本缓冲溶液适用于要求紫外吸收值较低的酶学研究工作。

pH	0.2 mol/L NaOH /ml	pH	0.2 mol/L NaOH /ml
3.2	4.15	5.6	27.90
3.4	7.35	5.8	29.85
3.6	11.0	6.0	32.50
3.8	13.7	6.2	35.25
4.0	16.65	6.4	37.75
4.2	18.40	6.6	42.35
4.4	19.60	6.8	44.00
4.6	20.85	7.0	45.20
4.8	21.95	7.2	46.05
5.0	23.10	7.4	46.60
5.2	24.50	7.6	47.00
5.4	26.00		

8. 丁二酸-氢氧化钠缓冲液(0.05 mol/L，pH 3.8～6.0，25℃)

0.2 mol/L 丁二酸(含 $C_4H_6O_4$ 23.62 g/L)。25 ml 0.2 mol/L 丁二酸＋x ml 0.2 mol/L NaOH,加蒸馏水稀释至 100 ml。

pH	0.2 mol/L NaOH /ml	pH	0.2 mol/L NaOH /ml
3.8	7.5	5.0	26.7
4.0	10.0	5.2	30.3
4.2	13.3	5.4	34.2
4.4	16.7	5.6	37.5
4.6	20.0	5.8	40.7
4.8	23.5	6.0	43.5

9. 邻苯二甲酸氢钾-氢氧化钠缓冲液(pH 4.1～5.9，25℃)

50 ml 0.1 mol/L 邻苯二甲酸氢钾(20.42 g/L)＋x ml 0.1 mol/L NaOH，加水稀释至 100 ml。

pH	0.1mol/L NaOH /ml	pH	0.1mol/L NaOH /ml	pH	0.1mol/L NaOH /ml
4.1	1.2	4.8	16.5	5.5	36.6
4.2	3.0	4.9	19.4	5.6	38.8
4.3	4.7	5.0	22.6	5.7	40.6
4.4	6.6	5.1	25.5	5.8	42.3
4.5	8.7	5.2	28.8	5.9	43.7
4.6	11.1	5.3	31.6		
4.7	13.6	5.4	34.1		

10. 磷酸氢二钠-磷酸二氢钠缓冲液(0.2 mol/L，pH 5.8～8.0，25℃)

0.2 mol/L 磷酸氢二钠(含 $Na_2HPO_4 \cdot 12H_2O$ 71.64 g/L)；0.2 mol/L 磷酸二氢钠(含 $NaH_2PO_4 \cdot 2H_2O$ 31.21 g/L)。

pH	0.2 mol/L Na_2HPO_4 /ml	0.2 mol/L NaH_2PO_4 /ml	pH	0.2 mol/L Na_2HPO_4 /ml	0.2 mol/L NaH_2PO_4 /ml
5.8	8.0	92.0	7.0	61.0	39.0
6.0	12.3	87.7	7.2	72.0	28.0
6.2	18.5	81.5	7.4	81.0	19.0
6.4	26.5	73.5	7.5	87.0	13.0
6.6	37.5	62.5	7.8	91.5	8.5
6.8	49.0	51.0	8.0	94.7	5.3

11. 磷酸二氢钾-氢氧化钠缓冲液(pH 5.8～8.0)

50 ml 0.1 mol/L 磷酸二氢钾(13.60 g/L)＋x ml 0.1 mol/L NaOH，加水稀释至100 ml。

pH	0.1 mol/L NaOH (x ml)	pH	0.1 mol/L NaOH (x ml)	pH	0.1 mol/L NaOH (x ml)	pH	0.1 mol/L NaOH (x ml)
5.8	3.6	6.4	11.6	7.0	29.1	7.6	42.4
5.9	4.6	5.5	13.9	7.1	32.1	7.7	43.5
6.0	5.6	6.6	16.4	7.2	34.7	7.8	44.5
6.1	6.8	6.7	19.3	7.3	37.0	7.9	45.3
6.2	8.1	6.8	22.4	7.4	39.1	8.0	46.1
6.3	9.7	6.9	25.9	7.5	40.9		

12. Tris-HCl 缓冲液(0.05 mol/L, pH 7～9)

25 ml 0.2 mol/L 三羟甲基氨基甲烷(24.23 g/L)＋x ml 0.1 mol/L 盐酸,加水至 100 ml。

pH		0.1mol/L HCl /ml	pH		0.1mol/L HCl /ml
23℃	37℃		23℃	37℃	
7.20	7.05	45.0	8.23	8.10	22.5
7.36	7.22	42.5	8.32	8.18	20.0
7.54	7.40	40.0	8.40	8.27	17.5
7.66	7.52	37.5	8.50	8.37	15.0
7.77	7.63	35.0	8.62	8.48	12.5
7.87	7.73	32.5	8.74	8.60	10.0
7.96	7.82	30.0	8.92	8.78	7.5
8.05	7.90	27.5	9.10	8.95	5.0
8.14	8.00	25.0			

13. 巴比妥-盐酸缓冲液(pH 6.8～9.6, 18℃)

100 ml 0.04 mol/L 巴比妥(8.25 g/L)＋x ml 0.2 mol/L HCl 混合。

pH	0.2mol/L HCl /ml	pH	0.2mol/L HCl /ml	pH	0.2mol/L HCl /ml
6.8	18.4	7.8	11.47	8.8	2.52
7.0	17.8	8.0	9.39	9.0	1.65
7.2	16.7	8.2	7.21	9.2	1.13
7.4	15.3	8.4	5.21	9.4	0.70
7.6	13.4	8.6	3.82	9.6	0.35

14. 2,4,6-三甲基吡啶-盐酸缓冲液(pH 6.4～8.3)

0.2 mol/L 2,4,6—三甲基吡啶(含 $C_8H_{11}N$ 24.24 g/L)。25 ml 0.2 mol/L 三甲基吡啶＋x ml 0.2 mol/L HCl,加水稀释至 100 ml。

pH		0.2 mol/L 三甲基吡啶 /ml	0.2 mol/L HCl /ml
23℃	37℃		
6.4	6.4	25	22.50
6.6	6.5	25	21.25
6.8	6.7	25	20.00
6.9	6.8	25	18.75
7.0	6.9	25	17.50
7.1	7.0	25	16.25
7.2	7.1	25	15.00
7.3	7.2	25	13.75
7.4	7.3	25	12.50
7.5	7.4	25	11.25

续表

pH		0.2 mol/L 三甲基吡啶/ml	0.2 mol/L HCl/ml
23℃	37℃		
7.6	7.5	25	10.00
7.7	7.6	25	8.75
7.8	7.7	25	7.50
7.9	7.8	25	6.25
8.0	7.9	25	5.00
8.2	8.1	25	3.75
8.3	8.3	25	2.50

15. 硼砂-硼酸缓冲液(pH 7.4～9.0)

0.05 mol/L 硼砂(含 $Na_2B_4O_7 \cdot H_2O$ 19.07 g/L)

0.2 mol/L 硼酸(含硼酸 12.37 g/L)

pH	0.05mol/L 硼砂	0.2mol/L 硼酸	pH	0.05mol/L 硼砂	0.2mol/L 硼酸
7.4	1.0	9.0	8.2	3.5	6.5
7.6	1.5	8.5	8.4	4.5	5.5
7.8	2.0	8.0	8.7	6.0	4.0
8.0	3.2	7.0	9.0	8.0	2.0

16. 硼砂缓冲液(pH 8.1～10.7，25℃)

50ml 0.05mol/L 硼砂($NaB_4O_7 \cdot 10H_2O$ 9.52g/L)＋x ml 0.1mol/L HCl 或 0.1 mol/L NaOH,加水至 100 ml。

pH	0.1 mol/L HCl /ml	pH	0.1 mol/L HCl /ml	pH	0.1 mol/L HCl /ml	pH	0.1 mol/L HCl /ml
8.1	19.7	8.9	7.1	9.9	16.7	10.7	23.8
8.2	18.8	9.0	4.6	10.0	18.3		
8.3	17.7	9.3	3.6	10.1	19.5		
8.4	16.6	9.4	6.2	10.2	20.5		
8.5	15.2	9.5	8.8	10.3	21.3		
8.6	13.5	9.6	11.1	10.4	22.1		
8.7	11.6	9.7	13.1	10.5	22.7		
8.8	9.4	9.8	15.0	10.6	23.3		

17. 甘氨酸-氢氧化钠缓冲液(pH 8.6～10.6，25℃)

25 ml 0.2 mol/L 甘氨酸含(15.01 g/L)＋x ml 0.2 mol/L NaOH,加水至 100 ml。

pH	0.2 mol/L NaOH /ml	pH	0.2 mol/L NaOH /ml
8.6	2.0	9.6	11.2
8.8	3.0	9.8	13.6
9.0	4.4	10.0	16.0
9.2	6.0	10.4	19.3
9.4	8.4	10.6	22.8

18. 碳酸钠-碳酸氢钠缓冲液(0.1 mol/L，pH 9.2～10.8)

0.1 mol/L Na_2CO_3(含 $Na_2CO_3 \cdot 10H_2O$ 28.62 g/L)

0.1 mol/L $NaHCO_3$(含 $NaHCO_3$ 8.40 g/L)(有 Ca^{2+},Mg^{2+}时不得使用)

pH		0.1 mol/L Na_2CO_3 /ml	0.1 mol/L $NaHCO_3$ /ml	pH		0.1 mol/L Na_2CO_3 /ml	0.1 mol/L $NaHCO_3$ /ml
20℃	37℃			20℃	37℃		
9.2	8.8	10	90	10.1	9.9	60	40
9.4	9.1	20	80	10.3	10.1	70	30
9.5	9.4	30	70	10.5	10.3	80	20
9.8	9.5	40	60	10.8	10.6	90	10
9.9	9.7	50	50				

19. 硼酸-氯化钾-氢氧化钠缓冲液(0.1mol/L，pH 8.0～10.2)

0.1mol/L KCl-H_3BO_3 混合液各含 KCl 7.455g/L 和 H_3BO_3 9.184 g/L。取50ml 0.1mol/L KCl-H_3BO_3 混合液+x ml 0.1mol/L NaOH,加水稀释至 100ml。

pH	0.1 mol/L NaOH /ml	pH	0.1 mol/L NaOH /ml
8.0	3.9	9.2	26.4
8.1	4.9	9.3	29.3
8.2	6.0	9.4	32.1
8.3	7.2	9.5	34.6
8.4	8.6	9.6	36.9
8.5	10.1	9.7	38.9
8.6	11.8	9.8	40.6
8.7	13.7	9.9	42.2
8.8	15.8	10.0	43.7
8.9	18.1	10.1	45.0
9.0	20.8	10.2	46.2
9.1	23.6		

20. 二乙醇胺-盐酸缓冲液(0.05mol/L，pH 8.0～10.0，25℃)

0.2mol/L 二乙醇胺(21.02 g/1000ml)25ml+x ml 0.2mol/L 盐酸,加水稀释

至 100ml。

pH	0.2 mol/L HCl /ml	pH	0.2 mol/L HCl /ml
8.0	22.95	9.1	10.20
8.3	21.00	9.3	7.80
8.5	18.85	9.5	5.55
8.7	16.35	9.9	3.45
8.9	13.55	10.0	1.80

21. 硼砂-氢氧化钠缓冲液(0.05mol/L 硼酸根，pH 9.3～10.1)

0.05mol/L 硼砂(19.07g/L) 25ml＋x ml 0.2mol/L NaOH,加水稀释至 1L。

pH	0.2 mol/L NaOH /ml	pH	0.2 mol/L NaOH /ml
9.3	3.0	9.8	17.0
9.4	5.5	10.0	21.5
9.6	11.5	10.1	23.0

22. 磷酸氢二钠-氢氧化钠缓冲液(0.025mol/L，pH 11.0～11.9，25℃)

0.05mol/L Na_2HPO_4（含 $Na_2HPO_4 \cdot 12H_2O$ 17.91g/L）50 ml ＋ x ml 0.1mol/L NaOH,加水稀释至 100 ml。

pH	0.1 mol/L NaOH /ml	pH	0.1 mol/L NaOH /ml
11.0	4.1	11.5	11.1
11.1	5.1	11.6	13.5
11.2	6.3	11.7	16.2
11.3	7.6	11.8	19.4
11.4	9.1	11.9	23.0

23. 氯化钾-氢氧化钠缓冲液(0.05mol/L，pH 12.0～13.0，25℃)

0.2mol/L KCl(14.91g/L)25ml＋x ml 0.2mol/L NaOH,加水至 100 ml。

pH	0.2 mol/L NaOH /ml	pH	0.2 mol/L NaOH /ml
12.0	6.0	12.6	25.6
12.1	8.0	12.7	32.2
12.2	10.2	12.8	41.2
12.3	12.2	12.9	53.0
12.4	16.8	13.0	66.0
12.5	24.4		

24. 广范围缓冲液(pH 2.6～12.0，18℃)

混合液 A(6.008 g 柠檬酸,3.893 g 磷酸二氢钾,1.769 g 硼酸和 5.266 g 巴比妥加蒸馏水定容至 1L)

每 100 ml 混合液 A 加 0.2 mol/L NaOH x ml 至所需 pH 值。

pH	0.2mol/L NaOH /ml	pH	0.2mol/L NaOH /ml	pH	0.2mol/L NaOH /ml
2.6	2.0	5.8	36.5	9.0	72.7
2.8	4.3	6.0	38.9	9.2	74.0
3.0	6.4	6.2	41.2	9.4	75.9
3.2	8.3	6.4	43.5	9.6	77.6
3.4	10.1	6.6	46.0	9.8	79.3
3.6	11.8	6.8	50.6	10.0	80.8
3.8	13.7	7.0	52.9	10.2	82.0
4.0	15.5	7.2	55.8	10.4	82.9
4.2	17.6	7.4	58.3	10.6	83.9
4.4	19.9	7.6	58.6	10.8	84.9
4.6	22.4	7.8	61.7	11.0	86.0
4.8	24.8	8.0	63.7	11.2	87.7
5.0	27.1	8.2	65.6	11.4	89.7
5.2	29.5	8.4	67.5	11.6	92.0
5.4	31.8	8.6	69.3	11.8	95.0
5.6	34.2	8.8	71.0	12.0	99.6

25. 离子强度恒定的缓冲液(pH 2.0～12.0)

按下表配制 0.1I 或 0.2I 的缓冲液,加蒸馏水至 2L。适用于电泳中的缓冲液。

pH	5mol/L NaCl(ml)		1mol/L 甘氨酸-1mol/L NaCl/ml	2mol/L HCl /ml	2mol/L NaOH /ml	2mol/L NaAc /ml	8.5mol/L HAc /ml	0.5mol/L NaH_2PO_4 /ml	4mol/L Na_2HPO_4 /ml	0.5mol/L 二乙基巴比妥钠 /ml
	配成 0.1I 时	配成 0.2I 时								
2.0	32	72	10.6	14.7						
2.5	32	72	22.8	8.6						
3.0	32	72	31.6	4.2						
3.5	32	7.2	36.6	1.7						
4.0	32	72				20.0	33.7			
4.5	32	72				20.0	11.5			
5.0	32	72				20.0	3.7			
5.5	32	72				20.0	1.2			
6.0	32	72						9.2	6.6	
6.5	32	72						16.6	3.7	
7.0	32	72						22.7	1.6	
7.5	32	72						24.3	0.5	
8.0	32	72		10.4						80.0

续表

pH	5mol/L NaCl(ml)		1mol/L 甘氨酸-1mol/L NaCl/ml	2mol/L HCl /ml	2mol/L NaOH /ml	2mol/L NaAc /ml	8.5mol/L HAc /ml	0.5mol/L NaH_2PO_4 /ml	4mol/L Na_2HPO_4 /ml	0.5mol/L 二乙基巴比妥钠 /ml
	配成 0.1I时	配成 0.2I时								
8.5	32	72		5.3						80.0
9.0	32	72		2.0						80.0
9.5	32	72	34.5		2.7					
10.0	32	72	28.8		5.6					
10.5	32	27	23.2		8.4					
11.0	32	72	19.6		10.2					
11.5	32	72	17.6		11.2					
12.0	32	72	15.2		12.4					

26. 酸度计标准缓冲溶液的配制

(1) pH 4 缓冲溶液(0.05 mol/L 邻苯二甲酸氢钾溶液)　称取(先在 115±5℃下烘干 2～3 h 的)邻苯二甲酸氢钾 10.12 g 溶于蒸馏水,在容量瓶中稀释至 1L。

(2) pH 7 缓冲溶液(0.025 mol/L 磷酸二氢钾和 0.025 mol/L 磷酸氢二钠混合溶液)分别称取先在 115±5℃下烘干 2～3 h 的磷酸氢二钠 3.53 g 和磷酸二氢钾 3.39 g 溶于蒸馏水,在容量瓶中稀释至 1L。所用蒸馏水应预先煮沸 15～30 min。

(3) pH 9 缓冲溶液(0.01 mol/L 硼砂即四硼酸钠溶液)　称取硼砂 3.80 g(注意:不能烘!)溶于蒸馏水,在容量瓶中稀释至 1L。所用蒸馏水应预先煮沸 15～30 min。

(4)缓冲溶液的 pH 值与温度的关系对照表

温度(℃)	0.05 mol/L 邻苯二甲酸氢钾	0.025 mol/L 混合磷酸盐	0.01 mol/L 硼　砂
0	4.01	6.98	9.46
5	4.00	6.95	9.39
10	4.00	6.92	9.33
15	4.00	6.90	9.28
20	4.00	6.88	9.23
25	4.00	6.86	9.18
30	4.01	6.85	9.14
35	4.02	6.84	9.10
40	4.03	6.84	9.07
45	4.04	6.83	9.04
50	4.06	6.83	9.02
55	4.07	6.83	8.99
60	4.09	6.84	8.97

九、凝胶数据表

1. Sephadex G 型交联葡聚糖凝胶的数据*

型　号 Sephadex	粒度范围（湿球）/μm	得水值（ml/g 干胶）	床体积（ml/g 干胶）	有效分离范围		pH 稳定性（工作）	最大流速** /ml/min
				葡聚糖	球型蛋白		
G-10	55～166	1.0±0.1	2～3	$<7\times10^2$	$<7\times10^2$	2～13	D
G-15	60～181	1.5±0.2	2.5～3.5	$<1.5\times10^3$	$<1.5\times10^3$	2～13	D
G-25 粗	172～516	2.5±0.2	4～6	1×10^2～5×10^3	1×10^3～5×10^3	2～13	D
中	86～256						
细	34～138						
超细	17.2～69						
G-50 粗	200～606	5.0±0.3	9～11	5×10^2～1×10^4	1.5×10^3～3×10^4	2～10	D
中	101～303						
细	40～60						
超细	20～80						
G-75	92～277	7.5±0.5	12～15	1×10^3～5×10^4	3×10^3～8×10^4	2～10	6.4
超细	23～92				3×10^3～7×10^4		1.5
G-100	103～31	10.0±1.0	15～20	1×10^3～1×10^5	4×10^3～1.5×10^5	2～10	4.2
超细	26～103				4×10^3～1×10^5		
G-150	116～34	15.0±1.5	20～30	1×10^3～1.5×10^5	5×10^3～3×10^5	2～10	1.9
超细	29～116		18～22		5×10^3～1.5×10^5		0.5
G-200	129～388	20.0±2.0	30～40	1×10^3～2×10^5	5×10^3～6×10^5	2～10	1.0
超细	32～19		20～25		5×10^3～2.5×10^5		0.25

* 本表数值取自 Pharmacia Biotech Biodirectory 1996。

** 为 2.6×30 cm 层析柱在 25℃用蒸馏水测定之值。

D=Darcy's law.

2. Sephadex G 型交联葡聚糖凝胶溶胀所需时间*

凝胶型号 G-10～G-200	所需最小溶胀时间*	
	20～22℃(室温)	100℃(沸水浴)
Sephadex G-10	3	1
G-15	3	1
G-25	3	1
G-50	3	1
G-75	24	3
G-100	72	5
G-150	72	5
G-200	72	5

* 溶胀时要将凝胶浸泡在过量的水或缓冲液中。在整个溶胀过程中应避免剧烈的搅拌,尤其不能使用电磁搅拌,以免破坏了它的颗粒结构,以及产生许多碎末而影响洗脱时的流速。

3. 琼脂糖凝胶的数据*

琼脂糖	2B	CL-2B	4B	CL-4B	6B	CL-6B
琼脂糖含量/%	2	2	4	4	6	6
分离范围						
球蛋白	7×10^4～4×10^7	7×10^4～4×10^7	6×10^4～2×10^7	6×10^4～2×10^7	1×10^4～4×10^6	1×10^4～4×10^6
多　糖	1×10^5～2×10^7	1×10^5～2×10^7	3×10^4～5×10^6	3×10^4～5×10^6	1×10^4～1×10^6	1×10^4～1×10^6
DNA 排阻限/bp	1353	1353	872	872	194	194
颗粒范围/μm	60～200	60～200	45～165	45～165	45～165	45～165
pH 稳定度(长时)	4～9	3～13	4～9	3～13	4～9	3～13
pH 稳定度(短时)	3～11	2～14	3～11	2～14	3～11	2～14
灭　菌**	C	A	C	A	C	A
最大体积流速***	0.83	1.2	0.96	2.17	1.16	2.5
最大线性流速****	10	15	11.5	26	14	30

*引自 Pharmacia 公司 Biotech BioDirectory 1996。

** A:化学消毒,C:pH 7 时可于 120℃高压灭菌 30 分钟。

*** ml/min。

**** cm/h。

4. Superose 的数据*

	Superose 6	Superose 6 pg	Superose 12	Superose 12 pg
商品类型	预装柱 HR 10/30	大包装,125ml	预装柱 HR 10/30	大包装,125ml
床体积	24ml	—	24ml	—
柱尺寸/mm	10×300	—	10×300	—
推荐用柱	—	HR 16/50	—	HR 16/50
分离范围蛋白质 Mr	$5\times10^3\sim5\times10^6$	$5\times10^3\sim5\times10^6$	$5\times10^3\sim5\times10^6$	$5\times10^3\sim5\times10^6$
排阻限	4×10^7	4×10^7	2×10^6	2×10^6
粒径范围/μm	11～15	20～40	8～12	20～40
样品载量/μl	200	A	200	A
pH 稳定性(工作)	3～12	3～12	3～12	3～12
(清洗)	1～14	1～14	1～14	1～14
最大反压/Mpa	1.5	0.4	3.0	0.7
推荐流速/ml/min**	0.3～0.5	0.3～0.5	0.5～1.0	0.5～1.0
标称分离时间/min	20～30	A	20～30	A

* 引自 Pharmacia catalog, Pharmacia Biotech BioDirectory 1996。

A: 视柱的尺寸而定。

** 蒸馏水,25℃。

HR 10/30 的数值。

5. 琼脂糖凝胶 Bio-Gel A 型的数据*

型号 Bio-Gel A	规格	颗粒直径(湿 μm)	粒度(湿目)	琼脂糖含量/%	分级范围(球蛋白)	排阻限核酸/bp	最大承受压力/(cm 水柱)	流速/(cm/h)
A-0.5m	粗	150～300	50～100	10	$1\times10^4\sim5\times10^5$	200	>100	20～25
	中	75～150	100～200					15～20
	细	38～75	200～400					7～13
A-1.5m	粗	150～300	50～100	8	$1\times10^4\sim1.5\times10^6$	750	>100	20～25
	中	75～150	100～200					15～20
	细	38～75	200～400					7～13
A-5m	粗	150～300	50～100	6	$1\times10^4\sim5\times10^6$	2000	>100	20～25
	中	75～150	100～200					15～20
	细	38～75	200～400					7～13
A-15m	粗	150～300	50～100	4	$4\times10^4\sim1.5\times10^7$	7000	90	20～25
	中	75～150	100～200					15～20
	细	38～75	200～400					7～13
A-50m	粗	150～300	50～100	2	$1\times10^5\sim5\times10^7$	20000	50	20～25
	中	75～150	100～200					5～15
	细	38～75	200～400					7～13
A-150m	粗	150～300	50～100	1	$1\times10^6\sim1.5\times10^8$	70000	20	5～10
	细	75～150	100～200					5～15

* 新的 Bio-Rad 公司目录中 Bio-Gel A-150 未列入,但国内有些单位仍有该型号的凝胶,故仍列入供参考。表中数值取自 Bio-Rad 公司 Life Sciences Rescarch Products 1996。

6. Bio-Gel P 型凝胶的数据*

型 号	规格	粒 /目	径(湿) /μm	得水值 /(ml/g 干胶)	床体积 /(ml/g 干胶)	分级范围 Da	溶胀时间/ (20℃ 100℃)	流 速/ (cm/h)
Bio-Gel P-2	细	200～400	45～90	1.5	3	1×10^2～1.8×10^3	4　2	5～10
	特细	～400	<45					<10
Bio-Gel P-4	中	100～200	90～180	2.4	4	8×10^2～4×10^3	4　2	15～20
	细	200～400	45～90					10～15
	特细	～400	<45					<10
Bio-Gel P-6	中	100～200	90～180	3.7	6.5	1×10^3～6×10^3	4　2	15～20
	细	200～400	45～90					10～15
	特细	～400	<45					<10
Bio-Gel P-6 DG		100～200	90～180					15～20
Bio-Gel P-10	中	100～200	90～180	4.5	7.5	1.5×10^3～2×10^4	4　2	15～20
	细	200～400	45～90					10～15
Bio-Gel P-30	中	100～200	90～180	5.7	9	2.5×10^3～4×10^4	12　3	7～13
	细	200～400	45～90					6～11
Bio-Gel P-60	中	100～200	90～180	7.2	11	3×10^3～6×10^4	12　3	4～6
	细	200～400	45～90					3～5
Bio-Gel P-100	中	100～200	90～180	7.5	12	5×10^3～1×10^4	24　5	4～6
	细	200～400	45～90					3～5

* 本表所列数值取自 Bio-Rad 公司 Life Seicnces Research Products。新目录中一些老型号产品均未列入，如 Bio-Gel P-150、Bio-Gel P-200 和 Bio-Gel P-300。

7. 交联聚苯乙烯凝胶 Bio-Beads S-X 型的数据

Bio-Beads 型号	交联度 /%	粒 度 /目	颗粒大小 /μm	在苯中膨胀的体积 /(ml/g 胶)	分离范围 /Da	排阻限 /Da
Bio-Beads						
S-X 1 Beads	1	200～400	40～80	7.5	6×10^2～1.4×10^4	1.4×10^4
S-X 2 Beads	2	200～400	40～80	6.2	1×10^2～2.7×10^2	2.7×10^3
S-X 3 Beads	3	200～400	40～80	4.75	～2×10^3	2×10^3
S-X 4 Beads	4	200～400	40～80	4.2	～1×10^3	1.4×10^3
S-X 8 Beads	8	200～400	40～80	3.1	～1×10^3	1×10^3
S-X 12 Beads	12	200～400	40～80	2.75	～4×10^2	4×10^2
S-M 2 Beads	2	20～50		2.9	6×10^2～1.4×10^4	1.4×10^4

* 本表数据根据 Bio-Rad Life Sciences Rescarch Products 96 编辑。其中老产品目录中尚有 Bio-Beads S-X 2、Bio-Beads S-X 4 及 Bio-Beads S-M 2 数种规格，新目录中均未列入。这几种型号的数值均系老产品目录中的数据。

8. 制备级 Superdex 凝胶过滤介质的数据*

Superdex 型号	粒径 /μm	分离范围		pH 稳定性		耐压 (MPa)	推荐流速 /(cm/h)	应用范围
		球蛋白/Da	葡聚糖/Da	工作	清洗			
30	24～44	$<1\times10^4$		3～12	1～14	0.3	100	肽类,多糖,小蛋白等
75	24～44	$3\times10^3\sim7\times10^4$	$5\times10^2\sim3\times10^4$	3～12	1～14	0.3	100	重组蛋白,细胞色素等
200	24～44	$1\times10^4\sim6\times10^5$	$1\times10^3\sim1\times10^5$	3～12	1～14	0.3	100	单抗,大蛋白等

* Pharmacia 公司提供平均粒径为 13 μm 的预装柱和不同规格的制备级预装柱。

9. 聚乙烯醇型凝胶 Toyopearl 的数据*

Toyopearl 型 号	粒度	湿粒径 (μm)	得水值 (ml/g 干凝胶)	分 离 范 围		最大操作压力 (kg/cm^2)
				球形蛋白/Da	葡 聚 糖/Da	
HW 40	粗 细 超细	50～100 30～60 20～40	3～4	$1\times10^2\sim1.5\times10^4$	$1\times10^2\sim8\times10^3$	约 7
HW 50	粗 细 超细	50～100 30～60 20～40	4～5	$5\times10^2\sim8\times10^4$	$5\times10^2\sim2\times10^4$	7
HW 55	粗 细 超细	50～100 30～60 20～40	4～5	$1\times10^3\sim7\times10^5$	$1\times10^3\sim2\times10^5$	7
HW 60	粗 细 超细	50～100 30～60 20～40	3.5～4.5	$5\times10^3\sim1\times10^6$	$2\times10^3\sim3\times10^5$	7
HW 65	粗 细 超细	50～100 30～60 20～40	3～4	$5\times10^2\sim5\times10^6$	$1\times10^2\sim1\times10^6$	10
HW 70	粗 细 超细	50～100 30～60 20～40	3～4	$5\times10^5\sim5\times10^7$	$1\times10^5\sim1\times10^7$	7

* 本表引自井村伸正等编,生化學ハンドボック,丸善株式会社,1984。

10. 各种凝胶所允许的最大操作压

凝　胶	建议的最大静水压/cmH_2O
Sephadex	
G-10	100
G-15	100
G-25	100
G-50	100
Sephadex G-75	50

续表

凝 胶	建议的最大静水压/cmH_2O
Sephadex G-100	35
Sephadex G-150	15
Sephadex G-200	10
Bio-Gel	
P-2	100
P-4	100
P-6	100
P-10	100
P-30	100
P-60	100
Bio-Gel P-100	60
Bio-Gel P-150	30
Bio-Gel P-200	20
Bio-Gel P-300	15
Sepharose	
2B	1[a]
4B	1
Bio-Gel	
A-0.5M	100
A-1.5M	100
A-5M	100
Bio-Gel A-15M	90
Bio-Gel A-50M	50
Bio-Gel A-150M	30

a. 每厘米凝胶长度。

十、凝胶过滤用标准蛋白

1. 凝胶过滤用低分子质量标准的组成

分子质量范围 13 700～67 000	
蛋白质	分子质量/Da
核糖核酸酶 A(ribonuclease)	13 700
胰凝乳蛋白酶原 (chymotrypsinogen A)	25 000
卵清蛋白 (ovalbumin)	43 000
牛血清白蛋白 (bovine serum albumin)	67 000
蓝色葡聚糖 (blue dextran 2000)	～2 000 000

2. 凝胶过滤用高分子质量标准的组成

分子质量范围 158 000～669 000/Da	
蛋白质	分子质量/Da
醛缩酶 (aldolase)	158 000
过氧化氢酶 (catalase)	232 000
铁蛋白 (ferritin)	440 000
甲状腺球蛋白 (thyroglobulin)	669 000
蓝色葡聚糖 (blue dextran 2000)	～2 000 000

3. 凝胶过滤用分子质量标准品

分子质量标准品		分子质量/Da
中文名称	英文名称	
谷胱甘肽(还原型)	glutathioin reduced	300
谷胱甘肽(二硫化物)	glutathionim disulfide	600
维生素 B_{12}	vitamin B_{12}	1 300
杆菌肽	bacitracin	1 400
促肾上腺皮质素	ACTH	3 500
细胞色素 C	cytochrome C	13 000
肌红蛋白	myoglobin	17 000
α-糜蛋白酶原	α-chymotrypsinogen	24 500
碳酸酐酶	carbonic anhydrase	31 000
卵清蛋白	ovalbumin	43 000
牛血清白蛋白	bovin serum albumin	67 000
转铁蛋白	transferrin	74 000
免疫球蛋白 G	Ig G	158 000
血纤维蛋白原	fibrinogen	341 000
铁蛋白	ferritin	470 000
甲状腺球蛋白	thyroglobulin	670 000
病毒核酸	nucleic acid viruses	>1 000 000

十一、薄层层析分离各类物质常用的展层溶剂

被分离的物质类型	支 持 剂	展 层 溶 剂
氨基酸	硅胶 G	(1)70%乙醇,或 96%乙醇∶25%氨水＝4∶1 (2)正丁醇∶乙酸∶水＝6∶2∶2 (3)酚∶水＝3∶1(W/W) (4)正丙醇∶水＝1∶1,或酚∶水＝10∶4 (5)氯仿∶甲醇∶17%氨水＝2∶2∶1
	氧化铝	正丁醇∶乙醇∶水＝6∶4∶4
	纤维素	(1)正丁醇∶乙酸∶水＝4∶1∶5　(2)吡啶∶丁酮∶水＝15∶70∶15 (3)正丙醇∶水＝7∶3　(4)甲醇∶水∶吡啶＝80∶20∶4

续表

被分离的物质类型	支持剂	展层溶剂
多肽	硅胶 G	(1)氯仿:丙酮=9:1　(2)环己烷:乙酸乙脂=1:1 (3)氯仿:甲醇=9:1　(4)丁醇饱和的 0.1% NH_4OH
蛋白质及酶	Sephadex G-25	(1)0.05mol/L NH_4OH　(2)水
	DEAE-Sephadex G-25	各种浓度的磷酸缓冲液
水溶性维生素 B 族	硅胶 G	乙酸:丙酮:甲醇:苯=1:1:4:14
	氧化铝	甲醇,或 CCl_4,或石油醚
脂溶性维生素 B 族	硅胶 G	(1)石油醚:乙醚:乙酸=90:10:1 (2)丙酮:己烷:甲醇=15:135:13
核苷酸	纤维素 G	(1)水　(2)饱和硫酸铵:1mol/L 乙酸钠:异丙醇=80:18:2 (3)丁醇:丙酮:乙醇:5%氨水:水=3.5:2.5:1.5:1.5:1
	DEAE-纤维素	(1)0.02mol/L～0.04mol/L HCl　(2)0.2mol/L～2mol/L NaCl
	硅胶 G	(1)正丁醇水饱和溶液　(2)异丙酮:浓氨水:水=6:3:1 (3)正丁醇:乙酸:水=5:2:3 (4)正丁醇:丙酮:冰醋酸:5%氨水:水=7:5:3:3:2
脂肪酸	硅胶 G 硅藻土	(1)石油醚:乙醚:乙酸=70:30:1　(2)乙酸:甲腈=1:1 (3)石油醚:乙醚:乙酸=70:30:2
脂肪类	硅胶 G	(1)石油醚(B.P60～70℃):苯=95:5 (2)石油醚:乙醚=92:8　(3)CCl_4 (4)石油醚:乙醚:冰醋酸=90:10:1(或=80:10:1) (5)氯仿
糖类	硅胶 G-0.33 mol/L 硼酸	(1)苯:冰乙酸:甲醇=1:1:3　(2)正丁醇:丙酮:水=4:5:1 (3)氯仿:丙酮:冰醋酸=6:3:1 (4)正丁醇:乙酸乙酯:水=7:2:1
	硅藻土	(1)乙酸乙酯:异丙醇:水=65:23.5:11.5 (2)苯:冰醋酸:甲醇=1:1:3 (3)甲基乙基甲酮:冰醋酸:甲醇=3:1:1
磷脂	硅胶 G	(1)氯仿:甲醇:水=80:25:3 (2)氯仿:甲醇:水=65:25:4(或=65:2:4;或=13:6:1)
生物碱	硅胶 G	(1)氯仿+5%～15%甲醇　(2)氯仿:乙二胺=9:1 (3)乙醇:乙酸:水=60:30:10 (4)环己烷:氯仿:乙二胺=5:4:1
	氧化铝 G	(1)氯仿　(2)环己烷:氯仿=3:7,再加 0.05%乙二胺 (3)正丁醇:二丁醚:乙酸=40:50:10
酚类	硅胶 G	(1)苯　(2)石油醚:乙酸=90:10:1　(3)氯仿 (4)环己烷　(5)苯:甲醇=95:5

十二、各类物质常用的薄层显色剂

化合物	显　色　剂
氨基酸类	茚三酮液：0.2～0.3 g 茚三酮溶于 95ml 乙醇中，再加入 5ml 2,4-二甲基吡啶
脂肪类	5%磷钼酸乙醇液 三氯化锑或五氯化锑氯仿液 0.05%若丹明 B 水溶液
糖　类	2 g 二苯胺溶于 2ml 苯胺，10ml 80%磷酸和 100ml 丙酮液
酸　类	0.3%溴甲酚绿溶于 80%乙醇中，每 100ml 中加入 30% NaOH 3 滴
醛　酮	邻联茴香胺乙酸溶液
酚　类	5%三氯化铁溶于甲醇(与水 1∶1)中
酯　类	7%盐酸羟胺水溶液与 12%KOH 甲醇液等体积混合，喷于滤纸上将纸与薄层在 30～40℃接触 10～15 min，取下滤纸，喷洒 5%$FeCl_3$(溶于 0.5mol/L HCl 中)于纸上

十三、腐蚀性万能薄层显色剂

试　剂	组　成　和　用　法
浓硫酸	喷上浓硫酸，加热到 100～110℃
50% H_2SO_4	喷上后，加热到 200℃，在日光或紫外光下观察
硫酸∶醋酸酐＝1∶3	喷上后加热
H_2SO_4-$KMnO_4$	0.5g $KMnO_4$ 溶于 15ml 浓硫酸，喷后加热
H_2SO_4-$HCrO_4$	将 $HCrO_4$ 溶于浓硫酸中使成饱和溶液，喷后加热
H_2SO_4-HNO_3	喷 H_2SO_4∶HNO_3＝1∶1 后加热，或用含有 5%HNO_3 的浓硫酸，喷后加热
$HClO_4$	喷 2%(或 25%)$HClO_4$ 溶液后，加热至 150℃
I_2	喷 1%碘的甲醇溶液，或放在含有 I_2 结晶的密闭器皿内

十四、电泳染色方法

生物高分子经电泳分离后需经染色使其在支持物(如琼脂糖、聚丙烯酰胺凝胶等)相应位置上显示出谱带，从而检测其纯度、含量及生物活性。每种待检物质均有多种染色方法，读者可以选择使用。

(一) 核酸染色

核酸经电泳分离后，将凝胶先用三氯乙酸、甲酸-乙酸混合液、氯化高汞、乙酸、乙酸镧等固定，或者将有关染料与上述固定液配在一起，同时固定与染色。有的染色液可同时染 DNA 及 RNA，也有 RNA，DNA 各自特殊的染色法。

1. RNA 染色法

(1) 焦宁 Y(pyronine Y):此染料对 RNA 染色效果好,灵敏度高,可检出 0.01μg 的 RNA。脱色后凝胶本底色浅而 RNA 色带稳定,抗光,不易退色。此染料最适浓度为0.5%。方法:0.5%焦宁 Y 溶于乙酸-甲醇-水(1∶1∶8,V/V)和 1%乙酸镧的混合液中染 16 h(室温),用乙酸-甲醇-水(0.5∶1∶8.5)脱色。

(2) 次甲基蓝(methylene blue):染色效果不如焦宁 Y 和甲苯胺蓝 O,检出灵敏度较差,一般在 5μg 以上。染色后 RNA 条带宽,且不稳定,时间长了易褪色。但次甲基蓝易得,溶解性能好,所以较常用。方法:1 mol/L 乙酸中固定 10~15 min,2%次甲基蓝溶于 1 mol/L 乙酸中,室温下染 2~4 h。用 1 mol/L 乙酸脱色。

(3) 吖啶橙(acridine orange):染色效果不太理想,本底颜色深,不易脱掉。与焦宁 Y 相比,RNA 色带较浅,甚至有些带检不出。但却是常用的染料,因为它能区别单链或双链核酸(RNA,DNA),对单链核酸显红色荧光(640 nm),对双链核酸显绿色荧光(530 nm)。方法:1%吖啶橙溶于 15%乙酸和 2%乙酸镧混合液中染 4h(室温)。用 7%乙酸脱色。

(4) 甲苯胺蓝 O(toluidine blue O):其最适浓度为 0.7%,染色效果较焦宁 Y 稍差些,因凝胶本底脱色不完全,较浅的 RNA 色带不易检出。方法:0.7%甲苯胺蓝溶于 15%乙酸中,染 1~2 h,用 7.5%乙酸脱色。

2. DNA 染色法

(1) 甲基绿(methyl green):一般将 0.25%甲基绿溶于 0.2 mol/L pH 4.1 的乙酸缓冲液中,用氯仿反复抽提至无紫色,室温下染 1 h。此法适用于检测天然 DNA。

(2) 二苯胺(diphenylamine):DNA 中的 α-脱氧核糖在酸性环境中与二苯胺试剂染色 1 h,再在沸水浴中加热 10 min 即可显示蓝色区带。此法可区别 DNA 和 RNA。

(3) Feulgen 染色:用此法染色前,应将凝胶用 1 mol/L 冷 HCl 固定 30min,60℃ 1mol/l HCl 中浸 12 min,然后在 Schiff 试剂中染 1 h(室温)。Schiff 试剂配制方法:用 6%亚硫酸溶液配制 0.1%品红溶液(无色)。

3. RNA、DNA 共用染色法-荧光染料溴乙锭(ethidium bromide,简称 EB)

可用于观察琼脂糖电泳中的 RNA、DNA 带。EB 能插入核酸分子中碱基对之间,导致 EB 与核酸结合。可在紫外分析灯(253 nm)下观察荧光。如将已染色的凝胶浸泡在 1m mol/L $MgSO_4$ 溶液中 1 h,可以降低未结合的 EB 引起的背景荧光,有利于检测极少量的 DNA。

EB 染料的优点:操作简单。凝胶可用 1~0.5 mg/ml 的 EB 染色,染色时间取决于凝胶浓度，低于1%的琼脂糖凝胶染15 min即可。多余的EB不干扰在紫外灯下检测荧光。染色后不会使核酸断裂，而其他染料做不到这点，因此可将染料直接加到核酸样品中，这样可以随时用紫外灯追踪检查。灵敏度高，对1 ng RNA、DNA均可显色。

注意：EM染料是一种强裂的诱变剂，操作时应戴上聚乙烯手套，加强防护。

（二）蛋白质染色

1. 氨基黑10B

将凝胶于12.5%三氯乙酸中固定30 min，然后用0.05%氨基黑10B(12.5%三氯乙酸配制)染色3 h，再经12.5%三氯乙酸脱色，直至背景清晰为止。蛋白质条带呈蓝绿色或蓝色。

2. 考马斯亮蓝R250

将凝胶浸入固定液(乙醇∶冰醋酸∶水＝5∶1∶4，V/V)固定1 h，然后用0.25%考马斯亮蓝R250(用脱色液配制)染色3～4 h或过夜。染色后的胶片用水冲去表面染料，用脱色液(乙醇∶冰醋酸∶水＝5∶1∶5，V/V)脱色至条带清晰为止。该方法的灵敏度比氨基黑高5倍。

3. 考马斯亮蓝G250

将凝胶浸入12.5%三氯乙酸中固定30 min，然后浸入0.1%考马斯亮蓝G250溶液(用12.5%三氯乙酸配制)中染色30 min，一般无需脱色，染色灵敏度为氨基黑的3倍。

4. 荧光染料染色

(1) 蛋白质样品的荧光标记　将蛋白质溶液与等体积用1 mol/L $NaHCO_3$ 配制的2mg/ml异硫氰酸荧光素(FITC)混合，置室温下反应2 h(或在4℃冰箱中过夜最佳)，然后于上样前加入等体积的样品缓冲液，即可用于上样。

(2) 结果观察　电泳结束后，剥取凝胶，在紫外灯下观察即可看到蛋白条带。未与蛋白质结合的荧光素在前沿线形成一条荧光带。凝胶可放在30%甲醇中固定。蛋白质荧光带至少在4天内保持稳定。

5. 银染色法

(1) 电泳后立即将凝胶浸泡在固定液(乙醇∶冰醋酸∶水＝5∶1∶4)中至少30 min。

(2) 将凝胶置浸泡液(乙醇75 ml，醋酸钠17.00g，25%戊二醛1.25 ml，硫代硫酸钠·$5H_2O$ 0.50 g 用蒸馏水溶解后定至 250 ml)中 30 min。

(3) 用蒸馏水冲洗 3 次,每次 5 min。

(4) 将凝胶在银溶液($AgNO_3$ 0.25g,甲醛 25μl,用蒸馏水溶解并定容至 250 ml)中放置 20 min。

(5) 接着在显色液(无水 Na_2CO_3 6.25g,甲醛 25μl,用蒸馏水溶解并定容至 250 ml)中放置 2~10 min,视蛋白带显示深棕色为止。

(6) 终止反应:将凝胶放在终止液(EDTA-Na_2·$2H_2O$ 3.65g,用蒸馏水加至 250 ml)中 10 min。

(7) 用蒸馏水冲洗 3 次,每次 5~10 min。

(8) 凝胶于 1%甘油溶液中浸 30 min,用玻璃纸包胶,室温下晾干。

(三) 糖蛋白染色

1. 过碘酸-Schiff 试剂

将凝胶放在 2.5 g 过碘酸钠、86 ml H_2O、10 ml 冰醋酸、2.5 ml 浓 HCl、1 g 三氯乙酸的混合液中,振荡过夜。接着用 10 ml 冰醋酸、1 g 三氯乙酸、90 ml H_2O 的混合液漂洗 8 h,其目的是使蛋白质固定。再用 Schiff 试剂染色 16 h,最后用 1 g $KHSO_4$、20 ml 浓 HCl、980 ml H_2O 的混合液漂洗 2 次,共 2 h,操作是在 4℃进行,Schiff 试剂配制参见本书附录十四(一)之 2(3)。

2. DNS-Gly-$NHNH_2$ 荧光酰肼

糖蛋白经 SDS-PAGE 分离后,将凝胶用 pH 7.2 10mmol/L 磷酸缓冲液漂洗两次,用 4mmol/L $NaIO_4$ 于磷酸缓冲液(pH 7.2,10mmol/L)中避光氧化 1 h,用蒸馏水多次漂洗凝胶,再用磷酸缓冲液(pH 7.2, 10mmol/L)洗涤除去过量的 $NaIO_4$,然后用 0.06% DNS-Gly-$NHNH_2$(溶于 63%的乙醇中)于 23~25℃下避光标记过夜,标记后倒出 DNS-G$NHNH_2$ 溶液(4℃保存备用),依次用 30%、20%的丙酮漂洗凝胶数次,以除去残存的 DNS-G-$NHNH_2$。荧光标记的糖蛋白在紫外灯下呈现明亮的条带。

用荧光酰肼 DNS-G-$NHNH_2$ 在凝胶上显示糖蛋白灵敏度高(可检测 10~25 ng 的糖蛋白)、专一性强,可区分糖蛋白和非糖蛋白。

3. 阿尔山蓝染色

凝胶在 12.5%三氯乙酸中固定 30 min,用蒸馏水漂洗,放入 1%过碘酸溶液(用 3%乙酸配制)中氧化 50 min,用蒸馏水反复洗涤数次以除去多余的过碘酸盐,再放入 0.5%偏重亚硫酸钾中,还原剩余的过碘酸盐 30 min,接着用蒸馏水洗涤,最后浸泡在 0.5%阿尔山蓝(用 3%乙酸配制)染 4 h。

（四）脂蛋白染色

1. 油红 O 染色

将凝胶置于平皿中，用 5%乙酸固定 20 min，用 H_2O 漂洗吹干后，再用油红 O 应用液染色 18 h，在乙醇∶水=5∶3 中洗涤 5 min，最后用蒸馏水洗去底色。必要时可用氨基黑复染，以证明脂蛋白区带。

2. 苏丹黑 B

将 2 g 苏丹黑加 60 ml 吡啶和 40 ml 乙酸酐混合，放置过夜。再加 3000 ml 蒸馏水，乙酰苏丹黑即析出。抽滤后再溶于丙酮中，将丙酮蒸发，剩下粉状物即乙酰苏丹黑。将乙酰苏丹黑溶于无水乙醇中，使呈饱和溶液。用前过滤，按样品总体积 1/10 量加入乙酰苏丹黑饱和液，将脂蛋白预染后进行电泳。

（五）同工酶染色

1. 过氧化物酶

染色液组成：70.4 mg 抗坏血酸，20 ml 联苯胺贮液(2 g 联苯胺溶于 18 ml 冰醋酸中再加水 72 ml)，20ml 0.6%过氧化氢，60 ml 水。

染色方法：电泳完毕，剥取凝胶，用蒸馏水漂洗数次后，放入染色液，约 1～5 min 出现清晰的过氧化物酶区带，迅速倾出染色液，用蒸馏水洗涤数次，于 7%乙酸中保存。

2. 酯酶同工酶

染色液组成：坚牢蓝 RR 盐 30mg 溶于 30ml pH 6.4 的 0.1mol/L 磷酸缓冲液中，2ml 1%α-醋酸萘酯(少许丙酮溶解，用 80%酒精配)，1ml 2%β-醋酸萘酯(配制同 α-醋酸萘酯)，混匀即可。

染色方法：电泳完毕，剥取凝胶，立即转移至上述染色液中，37℃保温数分钟，当呈现棕红色的酯酶同工酶谱带时，迅速倾出染色液，用蒸馏水漂洗，于 7%乙酸中保存。

3. 细胞色素氧化酶同工酶

染色液组成：1%二甲基对苯二胺 3 ml，1%α-萘酚(溶于 40%乙醇)3ml，0.1mol/L pH 7.4 磷酸缓冲液 75 ml，混匀后即可。

染色：剥取凝胶，放入上述染色液中，37℃保温数分钟，直至条带清晰时，立即倒掉染色液，用无离子水冲洗数次，立即照相或记录结果，否则天蓝色的酶带会褪去，在水中只能做短期保存。

4. 淀粉酶同工酶

(1) 电泳凝胶中加可溶性淀粉的负染色方法

剥取凝胶置于200ml 0.15mol/L，pH 5.0的醋酸缓冲液中，37℃保温1.5 h，倾去保温液，用0.15 mol/L，pH 5.0的醋酸缓冲液冲洗数次以除去多余的淀粉，然后加入显色碘液（0.5 g碘用95%乙醇溶解，0.80 g碘化钾，用蒸馏水定容至1L），胶板逐渐变成蓝色，在蓝色背景上出现各种透明条带，即淀粉酶带。

(2) 凝胶中未加可溶性淀粉的染色方法

电泳毕，吸取适量1%可溶性淀粉（沸水中煮沸至无色透明无沉淀才可使用）均匀地倒在胶板面上，静置1 h，待淀粉溶液被胶板吸收后，用pH 5.0，0.15mol/L醋酸缓冲液洗去胶板表面的剩余淀粉，然后加200ml 0.15mol/L，pH 5.0的醋酸缓冲液，37℃保温1.5 h。倾去保温液，加显色碘液200ml（显色碘液配法同上），在蓝色背景上出现白色透明、粉红、红或褐色条带，即为淀粉酶带。

5. 乙醇脱氢酶同工酶

染色液组成：NAD 20mg，NBT 15mg，PMS（吩嗪二甲酯硫酸盐）1mg，0.2mol/L Tris-HCl（pH 8.0）缓冲液7 ml和重蒸水41 ml。染色前加2 ml 95%乙醇作底物。

染色：电泳后剥下的凝胶板放在染色液中，37℃保温至显现深蓝色的条带时，停止染色，用7%乙酸固定保存。

6. 苹果酸脱氢酶同工酶

染色液组成：NAD 25mg，NBT 15mg，PMS 1mg，0.2mol/L Tris-HCl（pH 8.0）10ml，水35ml，底物溶液5ml（13.4g L-苹果酸溶于50 ml预冷的24.3%的$Na_2CO_3 \cdot H_2O$溶液中，定容至100 ml）。

染色：用上述染色液浸没凝胶，37℃黑暗中保温，酶活性区带呈蓝色，染色后的凝胶用水漂洗数次，于固定液（乙醇∶乙酸∶甘油∶H_2O=5∶2∶1∶4）中保存。

7. 酸性磷酸酯酶同工酶

染色液组成：100mg α-磷酸萘酯钠盐、100 mg坚牢蓝RR盐、100ml 0.2mol/L，pH 5.0醋酸缓冲液。

染色：取经蒸馏水漂洗数次的凝胶浸入染色液，37℃保温至出现玫瑰红区带为止，用7%乙酸终止反应及保存。

8. 碱性磷酸酯酶同工酶

染色液组成：100mg α-萘酚酸性磷酸钠盐、100mg坚牢蓝RR盐、100ml

0.1mol/L Tris-HCl 缓冲液(pH 8.5)、10% $MgCl_2$ 10 滴,1% $MnCl_2$ 10 滴。

染色:凝胶置于混合液中 25℃保温 2~8 h,待出现橘红色的酶带后,用水冲洗,拍照。

9. 乳酸脱氢酶同工酶

染色液组成:NAD50mg,NBT30mg,PMS2mg,1mol/L D,L-乳酸钠 10ml,0.1mol/L NaCl 5.2ml,0.5mol/L Tris-HCl 缓冲液(pH 7.4)15.2ml,加水至100ml。该溶液应避免低温保存,一周内有效,如溶液呈绿色,即失效。

染色:将凝胶浸入上述染色液 1h 左右,凝胶片上可显示出蓝紫色的乳酸脱氢酶同工酶区带图谱,染色后的凝胶用重蒸水冲洗两次,放入 50%~70%乙醇中保存。

1mol/L D,L-乳酸钠溶液(pH 7.0)的配制:称取 6.07g $Na_2CO_3 \cdot H_2O$ 溶解于50ml 水中,置冰浴中并在搅拌时慢慢加入(一滴滴的加)85%的 D,L-乳酸 10.6 ml,加水至 100 ml。

10. 异柠檬酸脱氢酶同工酶

染色液:0.1 mol/L pH 7.0 异柠檬酸钠盐(三钠盐 25.8 g 溶于 100 ml 水中,用 1 mol/L 盐酸调至 pH 7.0)8 ml, NADP 15mg,NBT 15mg,PMS 1mg,$MgCl_2$50 mg,0.2 mol/L Tris-HCl(pH 8.0)缓冲液 10 ml,水 32 ml。

染色:凝胶浸入染色液中在黑暗中 37℃保温,直至出现深蓝色的酶活性区带,停止染色,用水漂洗凝胶,浸入固定液中保存(乙醇∶乙酸∶甘油∶水=5∶2∶1∶4,V/V)。

11. 过氧化氢酶同工酶

染色液:3% H_2O_2 25ml,0.1mol/L 磷酸缓冲液(pH 7.0)5ml,0.1mol/L $Na_2S_2O_3 \cdot 5H_2O$ 3.5ml,配制成染色 A 液。另取 0.09 mol/L KI 25ml,加水25ml,配成 B 液。

染色:凝胶浸泡在 A 液中,室温下放置 15min 后,倾出 A 液,用蒸馏水彻底冲洗干净残液,加入 B 液,酶活性区带为蓝色背景上的白色带。水洗后,可在甘油溶液中保存(甘油∶水=1∶1,V/V)。

12. ATP 酶同工酶

染色液:0.1mol/L pH 8.0 Tris-甘氨酸缓冲液 100ml,ATP 0.3116g,$CaCl_2$ 0.555g,摇匀溶解。

染色:凝胶置于染液中 30℃保温 4 h 以上,即显现出乳白色的条带。

13. 6-磷酸葡萄糖酸脱氢酶同工酶

染色液:6-磷酸葡萄糖酸(三钠盐)100 毫克,NADP 15mg,NBT 15mg,PMS 1mg,$MgCl_2$ 50mg,0.2mol/L Tris-HCl 缓冲液(pH 8.0)10ml,水 40ml,溶解摇匀即为染液。

染色:凝胶于染色液中 37℃黑暗中保温,酶活性区带为深蓝色。凝胶用水冲洗,固定液中保存(乙醇∶乙酸∶甘油∶水=5∶2∶1∶4,V/V)。

14. 谷氨酸草酰乙酸转氨酶同工酶

染色液:室温下,依次加入以下组分(在加下一种组分之前,每种组分必须溶解):0.2 mol/L Tris-HCl(pH 8.0)50ml,吡哆醛-5′-磷酸盐 1ml,L-天冬氨酸 200mg,α-酮戊二酸 100mg,坚牢蓝 BB 盐 300mg,用 1 mol/L NaOH 调 pH 在 7.0~8.0之间。

染色:凝胶于染液中 37℃黑暗保温,酶活性区带呈深蓝色。染色后凝胶用水漂洗数次,用甘油水溶液(甘油∶水=1∶1,V/V)固定。

15. 谷氨酸丙酮酸转氨酶同工酶

染色液:NADH 15mg,L-丙氨酸 20mg,α-酮戊二酸 10mg,0.2mol/L Tris-HCl (pH 9.0)1ml,水 4 ml,乳酸脱氢酶 150 单位。

染色:用滴管吸取染色液然后一滴一滴的加在凝胶上,让染色液渗入凝胶中,在紫外光(375nm)下观察并注意整个胶面上的荧光。出现荧光的暗带即为酶活性的区带。立即通过一个黄色滤光镜拍照。

16. 超氧化物歧化酶同工酶

(1) 正染色法

正染色液:10mmol/L pH 7.2 磷酸缓冲液中含 2mmol/L 茴香胺,0.1mmol/L 核黄素。

正染色:凝胶在室温下于上述缓冲液中浸泡 1 h,快速水洗两次,光照 5~15 min显示棕色 SOD 活性谱带。染色后的凝胶经蒸馏水漂洗数次用于照相或制成干胶片。

(2) 负染色法

负染色液:0.05mol/L pH 7.8 的磷酸缓冲液中含有 0.028mol/L 四甲基乙二胺,2.8×10^{-5}mol/L 核黄素,1.0×10^{-2}mol/L EDTA。

17. 肽酶同工酶

染色液:0.2mol/L pH 8.0 Tris-HCl 缓冲液 25ml,水 25ml,$MgCl_2$50mg,邻联

大茴香胺(二盐酸盐)50mg,过氧化物酶 1500 单位,蛇毒 10mg,待完全溶解后,加入 80mg 2 肽或 3 肽作为底物(如甘氨酰-L-亮氨酸、L-亮氨酰-L-丙氨酸,L-亮氨酰-甘氨酰-甘氨酸)。

染色:将凝胶置于上述溶液中,室温过夜(或至少 6h),酶活性区带为褐色。水洗后,在甘油溶液中保存(甘油:水=1:1,V/V)。

18. α-半乳糖苷酶同工酶

染色液:4-甲基伞形酮-α-D-吡喃半乳糖 10mg,0.5mol/L 柠檬酸盐-磷酸盐缓冲液(pH 4.0)2.5ml,水 2.5ml。

染色:将凝胶浸入上述混合液中 37℃保温 45min。水洗后,在凝胶面上喷洒 7.4mol/L 的 $NH_3 \cdot H_2O$,在 375nm 紫外光下观察,显荧光处即为酶活区带,立即通过一个黄色滤光镜拍照。

19. 葡萄糖磷酸异构酶同工酶

染色液:果糖-6-磷酸(钠盐)80mg,NADP 10mg,PMS 1mg,MTT(甲基噻唑基四唑)10mg,$MgCl_2$ 40mg,0.2mol/L Tris-HCl 缓冲液(pH 8.0)25ml,水 25ml,葡萄糖-6-磷酸脱氢酶 80 单位。

染色:将凝胶浸入上述溶液中,4℃黑暗中保温,深蓝色条带为酶活区带。水洗后,于甘油水溶液中保存(甘油:水=1:1,V/V)。

20. 6-磷酸葡萄糖脱氢酶同工酶

染色液:葡萄糖-6-磷酸(二钠盐)200mg,NADP 15mg,NBT 15mg,PMS 1mg,$MgCl_2$ 50 mg,0.2mol/L Tris-HCl 缓冲液(pH 8.0)10 ml,水 40 ml。

染色:用水漂洗凝胶后,浸入上述溶液中,37℃黑暗中保温,酶活性区带为深蓝色。水洗后,用固定液保存(乙醇:乙酸:甘油:水=5:2:1:4,V/V)。

21. 醛缩酶同工酶

染色液:果糖-1,6-二磷酸(四钠盐)275mg, NAD 25mg, NBT 15mg, PMS 1mg, 砷酸钠 75mg,0.2mol/L Tris-HCl 缓冲液(pH 8.0)10ml,水 40ml 以及甘油醛-3-磷酸脱氢酶 100 单位。

染色:凝胶浸入上述溶液中,37℃黑暗保温,酶活性区带为深蓝色。水洗后,用固定液保存(乙醇:乙酸:甘油:水=5:2:1:4,V/V)。

22. 腺苷脱氨酶同工酶

染色液:腺苷 40mg,NBT15mg,PMS5mg,砷酸钠 50mg,0.2mol/L Tris-HCl 缓冲液(pH 8.0)1 ml,水 4ml,黄嘌呤氧化酶 1.6 单位和腺苷磷酸化酶 5 个单位。

染色:用滴管吸取上述染色液滴在凝胶上并浸没凝胶,让染色液渗入胶内,37℃黑暗中保温,酶活性区带呈深蓝色。

23. 延胡索酸酶同工酶

染色液:延胡索酸钠盐 385mg,NAD 40mg,NBT 15mg,PMS 1mg,加入 0.2mol/L Tris-HCl 缓冲液(pH 8.0)10 ml,水 40 ml,苹果酸脱氢酶 600 单位。

染色:将凝胶浸入上述染液中,37℃黑暗保温,酶活性区带呈深蓝色。

24. α-磷酸甘油脱氢酶同工酶

染色液:1.0mol/L α-甘油磷酸钠(即 21.6g α-甘油磷酸钠溶于适量水中,用 1mol/L HCl 调至 pH 7.0,定容至 100ml) 5ml,NAD 25mg,NBT 15mg,PMS 1mg,0.2mol/L Tris-HCl 缓冲液(pH 8.0) 10ml,水 35ml。

染色:凝胶浸入染液中,37℃黑暗保温,酶活性区带呈深蓝色,用蒸馏水冲洗数次,置于固定液中保存(乙醇∶乙酸∶甘油∶水=5∶2∶1∶4,V/V)。

25. 核苷磷酸化酶同工酶

染色液:肌苷 100mg,NBT 15mg,PMS 5mg,砷酸钠 100mg,0.2mol/L Tris-HCl 缓冲液(pH 8.0) 10 ml,水 40 ml,黄嘌呤氧化酶 1.6 单位。

染色:凝胶浸入上述溶液中,37℃黑暗中保温,酶活性区带为深蓝色。蒸馏水冲洗数次,于固定液中保存。固定液为乙醇∶乙酸∶甘油∶水=5∶2∶1∶4 (V/V)。

26. 亮氨酸氨肽酶同工酶

染色液:40mg L-亮氨酸 β-萘酰胺盐酸,50mg 氨基黑钾盐和 100ml 0.2mol/L Tris-顺丁烯二酸盐缓冲液(pH 6.0)。

染色:凝胶在上述溶液中染色 1 h。其余同前。

27. γ-谷氨酰移换酶同工酶

染色液:5mg 固酱 GBC 溶于 5ml 0.1mol/L 醋酸缓冲液(pH 4.7)中即为染液。

染色:凝胶浸入上述染液中约 15min 即显示出酶谱带。置 5%乙酸中固定。

28. 磷酸甘油酸激酶

染色液:3-磷酸甘油酸钠盐 10mg,NADH 15mg,ATP 10mg,$MgCl_2$ 5mg,EDTA 1mg,0.2mol/L Tris-HCl 缓冲液(pH 8.0) 1 ml,水 4 ml,甘油醛-3-磷酸脱氢酶 100 单位。

染色:凝胶浸入上述染色液中,在 375 nm 紫外光下观察,并注意整个胶面均匀的荧光,酶活性区带为荧脱光的带。

29. 磷酸葡萄糖变位酶同工酶

染色液：葡萄糖-1-磷酸（二钠盐）300mg，NADP 15mg，MTT 20mg，PMS 1mg，$MgCl_2$ 50mg，0.2mol/L Tris-HCl 缓冲液（pH 7.0）10 ml，水 40 ml，葡萄糖-6-磷酸脱氢酶 80 单位。

染色：凝胶浸入上述染色液中，37℃黑暗中保温，酶活性区带呈深蓝色。

30. RNA 酶同工酶

染色液：酵母 RNA 250mg，黑钾盐 100mg，0.05mol/L 醋酸缓冲液（pH 5.0）100ml，磷酸酶 10mg。

染色：凝胶在上述染液中 37℃ 保温，酶活性区带呈蓝色。凝胶显色后用水冲洗，于 5%乙酸中保存。

十五、实验误差与提高实验准确度的方法

（一）实验误差

生化分析过程中，由于受分析方法、测量仪器、所用试剂和分析工作者等方面的限制，测量值与真实值之间存在一定差异即误差。分析工作者不仅要测定出样品中待测组分的含量，还应对测定结果作出评价，判断它的准确度和可靠程度，找出产生误差的原因，并采取有效措施减少误差。

1. 准确度和误差

准确度表示实验分析测量值与真实值相接近的程度。称测定值与真实值之间的差值为误差，误差越小，准确度越高。误差可用绝对误差和相对误差来表示：

$$\Delta N = N - N'$$

$$相对误差(\%) = \frac{\Delta N}{N'} \times 100$$

式中，ΔN 为绝对误差

N 为测定值

N' 为真实值

因真实值是不知道的，实际工作中用精确度代替准确度来评价分析结果。

2. 精确度和偏差

在分析测定中，常在相同条件下对同一试样进行多次重复测定（称平行测定）。但所得结果并不完全一致。若取它们的平均值，就有可能更接近真实值。如果多

次重复的测定值比较接近，表示测定结果的精确度较高。

精确度表示在相同条件下，进行多次实验的测定值相近的程度。一般用偏差来衡量分析结果的精确度。偏差也有绝对偏差和相对偏差两种表示方法。

设一组测定数据（n 次平行测定）为 $x_1, x_2, \cdots, x_n$，其算术平均值为：

$$\overline{x} = \frac{x_1 + x_2 + \cdots + x_n}{n} = \frac{1}{n}\sum_{i=1}^{n} x_i$$

即：

$$d_i = x_i - \overline{x}$$

$$相对偏差(\%) = \frac{绝对偏差}{算术平均值} \times 100 = \frac{d_i}{\overline{x}} \times 100$$

此外，精确度也常有平均绝对偏差和平均相对偏差来表示。平均绝对偏差是个别测定值的绝对偏差的算术平均值。

在分析实验中，有时只做 2 次平行测定，这时就用下式表达结果的精确度（%）：

$$精确度 = \frac{2\ 次分析结果的差值}{平均值} \times 100$$

3. 准确度和精确度的关系

准确度和精确度、误差和偏差各有不同的含义，既有区别又有联系，不能混为一谈。准确度表示测定值与真实值相符合程度，用误差来衡量，误差越小，测定准确度越高。精确度则表示在相同条件下多次重复测定值相符合程度，用偏差来衡量，偏差越小，测定的精确度越好。

用精确度来评价分析的结果有一定的局限性，分析结果的精确度很高（即平均相对偏差很小），并不一定说明实验的准确度也很高。这是由于存在系统误差造成的。但是，精确度不高，不可能保证准确度，所以精确度是保证准确度的先决条件。

（二）误差来源

所有的测量都可能产生误差，误差分为系统误差（可测误差）和偶然误差（随机误差）两类。

1. 系统误差

它是由于测定过程中，某些经常发生的原因所造成的，它对测定结果的影响比较稳定，在同一条件下重复测定中常重复出现，使测定结果不是偏高，就是偏低，而且大小有一定规律，它的大小与正负往往可以测定出来，故又称可测误差。系统误差主要有 4 个来源：方法误差、仪器误差、试剂误差和个人操作误差。

2. 偶然误差

它来源于某些难以预料的的偶然因素，或是由于取样不随机，或是因为测定过程中某些不易控制的外界因素（如测定时环境、温度、湿度和气压的微小波动）的影响。为了减少偶然误差，一般采取平均取样或多次取样的方法。

（三）提高实验准确度的方法

提高分析结果的准确度除了减少偶然误差外，主要是通过设置标准物对照和设置空白试验减少系统误差。校正所用仪器也是十分必要的。

十六、常用仪器使用方法

（一）恒温箱

1. 恒温箱的分类与结构

恒温箱是实验室常用加热设备之一。按最高使用温度分为干燥箱（又称烘箱、烤箱）、保温箱（又称培养箱）两类。干燥箱最高温度 300℃，用以烘干样品、药品、容器等的水分，灭菌及零配件的热处理，功率 1000～4000W。保温箱最高使用温度 60℃，用以培养、孵化等，功率 500W。

按特殊用途恒温箱又可分为真空干燥箱、隔水式恒温箱、鼓风干燥箱、防爆干燥箱等。

恒温箱一般由箱体、发热体（镍铬电热丝）、测温仪或温度计、控温机构、信号系统等组成，特殊用途的恒温箱还有水箱、鼓风马达、防爆装置等。进气孔一般在箱体底部，排气孔在顶部。外壳为铁皮或木质箱体，内为保温层，常用石棉板、玻璃纤维或珍珠岩等做绝热材料。电热丝装在底层，单根或多根并联，分主加热丝和辅加热丝，有的在侧壁也装有电热丝。箱外涂烤漆，箱体内壁涂耐高温银粉防腐。

2. 恒温箱的正确使用方法

（1）使用前做好内、外检查，箱内如有他人存物，取出放好。试验开关、调温手柄等是否灵活好用。打开风顶（排气孔），插好温度计（干燥箱一定要用 250℃或 300℃的高温竹节温度计）。注意电源和铭牌上标称电压是否相符。箱壳要接好地线，以防漏电。

（2）通电后指示灯应亮，如加热指示红灯不亮应将调温旋钮顺时针方向转动至红灯发亮。恒温箱如有辅助加热丝及鼓风马达，应将它们的开关都打开。若时间充裕，可关掉主加热丝以延长其使用寿命。

（3）当箱内温度（由温度计读出）接近所需温度时，关掉辅助加热丝，只用主加热丝继续加热，箱内温度即将达到所需温度时，反时针旋转调温旋钮使红灯刚灭，绿灯刚亮。待红绿灯自动交替明灭时，表示箱内温度已处恒温状态。由温度计读数看是否为所需温度，如有偏离可稍调节调温旋钮。

(4) 当箱内温度稳定在所需温度后放入待干燥或待培养(保温)样品。温度计指示最上层网架中心 2/3 面积的近似温度，所以样品尽量放在这个部位，其他层次和部位实际温度要偏高一些。

(5) 使用完毕，关掉各个开关，并把调温旋钮反时针退回零位。

(6) 要等箱内温度不很高时才可打开箱门，以防骤然降温造成玻璃门破裂。

(7) 调温旋钮所指刻度并非箱内温度。每次恒温后可把恒温温度及旋钮所指刻度对应记录，以后使用时作为参考，可以节省时间。

(二) 电热恒温水浴

电热恒温水浴是另一种常用加热设备。工作温度从室温以上至 100℃，恒温波动范围±0.5℃。

1. 使用方法

(1) 关闭水浴底部外侧的放水阀门，向水浴内注入蒸馏水至适当的深度。

(2) 接好电源，插座的粗孔必须安装地线。

(3) 打开电源开关，接通电源，将调温旋钮沿顺时针方向旋转至红灯亮，表示电热管开始加热。

(4) 当水温接近所需温度时，沿反时针方向旋转调温旋钮至红灯刚灭、绿灯刚亮为止。此后，红绿灯交替熄、亮，达到恒温状态。如果实际水温与所需温度有偏差，可微调调温旋钮使达到要求。

(5) 使用完毕，将调温旋钮回零，关闭电源开关，拔下插头。若长时间不再使用，应放尽水浴槽内的全部存水。

2. 注意事项

(1) 水浴内的水位绝对不能低于电热管，否则电热管易被烧坏。使用过程中严防蒸干。

(2) 控制箱部分切勿受潮见水。

(3) 调温旋钮度盘的刻度并不表示水温，实际水温应以温度计读数为准。

(三) 电动离心机

为了使固相和液相分开，常使用离心方法，以小型落地式电动离心机为例，说明其使用方法。

1. 使用方法

(1) 离心机平稳放置于水平地面或坚实的台面上。调速杆应位于零点(最右侧)。

(2) 将离心液转移到大小合适的离心管内,最多装到2/3体积处,将离心管放入外套内。

(3) 一对外套连同离心管放在台秤上平衡,平衡时可用小吸管调整左右离心管内容物,也可在一侧放待测离心液,在另一侧放一支水管,通过增减水管内的水量使其平衡。绝不允许将平衡用水直接加入皮套内、外。

(4) 将平衡好的一对套管对称放到离心机转头吊环内,把不用的空离心套管取出,盖严离心机盖。

(5) 打开电源开关,缓缓向左拨动调速杆,顶部转速表内液面逐渐下降,指示转速大小。当达到要求转速时,按要求计时。停止时,先将调速杆向右拨至零位,再关闭电源开关,待离心机自动停止后,才能打开离心机盖取出样品。

2. 注意事项

(1) 安全、正确使用离心机,关键在于做好离心前的平衡。

(2) 离心过程中如果离心管破碎,应立即减速停止离心。小心清理掉玻璃碎渣(不得倒入下水道),重新换管装样,平衡后再离心。

(3) 应不定期检查电机的电刷与整流子磨损情况,严重时更换电刷或轴承。

(四) 722型光栅分光光度计

722型光栅分光光度计能在近紫外、可见光谱区对样品作定性、定量分析。

1. 使用方法

(1) 将灵敏度旋钮调至“1”档(放大倍率最小)。

(2) 打开样品室盖(光门自动关闭)。开启电源,指示灯亮,仪器顶热20 min。选择开关置于“T”旋钮,使数字显示为“00.0”。

(3) 旋动波长手轮,把所需波长对准刻线。

(4) 将装有溶液的比色皿放置比色架中,令参比溶液置于光路。

(5) 盖上样品室盖,调节透光率“100%T”旋钮,使数字显示为“100.0T”。如显示不到100%T,则可适当增加灵敏度的档数,重复(2)步调零操作。

(6) 顺次将被测溶液置于光路中,数字表上直接显示出被测溶液的透光率(T)值。

(7) 吸光度A的测量:仪器调T为0和100%后将选择开关转换至A,旋动A调零旋钮使数字显示为“.000”。然后移入被测溶液、数字显示值即为试样的吸光

度 A 值。

(8) 浓度 C 的测量：将选择开关由 A 旋至 C，将标定浓度的溶液移入光路，调节浓度旋钮，使数字显示为标定值。再将被测溶液移入光路，即可读出相应的浓度值。

2. 注意事项

实验中如果大幅度改变测试波长，在 2 种波长下测定的时间应间隔数分钟，使光电管有足够的平衡时间。其他注意事项参照本书附录十六之(五)751G 型分光光度计。

(五) 751G 型分光光度计

751G 型分光光度计(上海分析仪器厂出品)是紫外光和可见光分光光度计，其波长范围为 200～1000 nm。在 200～320 nm 范围内用氢灯作光源，在 320～1000 nm 范围内用钨灯作光源。可对在紫外光区、可见光区及近红外光区有吸收光谱的物质进行定性、定量分析。

1. 使用方法

(1) 将主机与稳压电源、稳流电源用专用缆线相连，插上电源插头。

(2) 根据使用波长进行光源灯选择，拨动主机右后方的光源选择杆到所需要的方向，在一定波长下只能选用一灯，两灯不能同时打开。

(3) 检查各种开关及旋钮使处于关闭位置。首先打开放大器稳压电源开关，预热仪器。如果做可见光及近红外光比色，打开稳压电源上的钨灯开关；如果做紫外光比色时，不打钨灯灯源开关，需要打开稳流电源的氢灯开关，当继电器吸合后，氢灯即点燃，此时工作电流应为 300 mA。若有偏离，用稳流电源左下方的电位器仔细进行调整，以保证必要的亮度，又能最大限度的维持氢灯使用寿命。

(4) 装样品液。350 nm 以下用石英比色杯，350 nm 以上用玻璃比色杯。一个装参比液，三个装待测液。液层高度不超过杯高的 3/4。用擦镜纸将比色杯外的液体擦净。将透光面对准比色架透光孔，垂直插入比色架。一般参照液放在靠近操作者的第一孔，按浓度递增的顺序插入待测液。打开样品室盖，把比色架放入样品室内的滑板上，梢钉对准梢孔，放稳后盖上样品室盖。用试样选择拉杆把参比溶液送入光路。

(5) 转动波长选择旋钮，使波长分度盘刻线对准所需波长。转动读数电位器旋钮，使读数盘上刻线对准光吸收 A 的 0 位(透光率 T 为 100%)。

(6) 根据所用波长，选择适当的光电管，以获得最大的灵敏度，波长为 200～625 nm 时，选用蓝敏光电管，将光电管选择拉杆推入。波长为 625～1000 nm 时选用红敏光电管，将光电管选择拉杆全部拉出。

(7) 调节狭缝调节旋钮。稀溶液或吸光小的溶液调大狭缝，反之调小，一般设在 0.02 左右。

(8) 灵敏度旋钮控制一个多圈电位器，一般从关闭位置顺时针旋转 5 圈左右作为起点，便于进行正负调整。

(9) 将选择开关由关闭位置右旋一档进入“校正”位。旋转暗电流旋钮使电表指零。

(10) 将选择开关由校正档再右旋一档至“×1”测量档。此时电表指针如果偏离零位，用暗电流旋钮使其回零。拉出光闸拉杆使透过参比溶液的单色光照射到光电管上。此时电表指针迅速偏离零位，停于右侧，用灵敏度旋钮使电表指针回零，仪器校正完毕，开始比色。

(11) 拉动试样选择拉杆，使第 1 份待测液位于光路，由于光吸收发生变化，电表指针又偏离零位。此时右旋读数电位器旋钮，使电表指针回零，读取度盘上的吸光度或透光率值。拉出第 2 份待测液，再旋转读数旋钮，使电表回零，读取第 2 份待测液的吸光度或透光率值。如是测定第 3 份样品，这一组比色完成。

(12) 将光闸拉杆迅速推入切断光路，令读数盘回光吸收零位。打开样品室盖，取出比色架，保留参比溶液，倒掉 3 份样品液，重新装 3 份待测液，放进样品室，重复第(10)、(11)步。

(13) 测量完毕，将光闸拉杆推入。选择开关左旋回零，光电管拉杆推入，关闭放大器和灯源开关。打开样品室盖，取出比色架，清洗比色杯。在样品室内放入烘干的变色硅胶，拔下电源插头，盖好仪器防尘罩衣。

2. 注意事项

(1) 751G 型分光光度计是用电桥测量的，灵敏度很高，而仪器的结构比较复杂，操作旋钮、拉杆等很多，不熟练时易出现操作错误，调整时应缓慢微调。

(2) 比色一般在稀溶液条件下进行，如果吸光度>1，透光度<10%时，需把选择开关拨到“×0.1”档，读得的吸光度结果加上 1.0，透光率则除以 10。

(3) 同套比色杯吸光度肯定有差异，如果 4 个比色杯内装上蒸馏水，在相同波长下吸光度有较大差值，应选用空白吸收值最小的杯子装参比溶液，其他杯子在读数后应减去空白读数值以做校正。

(4) 比色杯必须成套使用，注意保护。清洗时用 0.1mol/L HCl 和乙醇溶液或稍加稀释的洗涤液浸泡去污，用蒸馏水充分清洗干净，晾干备用。

(5) 仪器每年或每搬动 1 次，应请有经验的人对波长做一次校正。

(六) 自动部分收集器

自动部分收集器是柱层析的重要配套仪器，通过时间或滴数的预置，可以定量地分部收集洗脱液，把柱层析分离的各种组分收集到不同试管中。

自动部分收集器有圆形和长方形两种类型，收集管数有100、160、200管等数种，计量有计时和计滴两种方式。可以单独使用，也可以和恒流泵、计滴器、梯度仪、组分信号器、记录仪、核酸蛋白检测仪等联合使用，组成一套完整的常压液相系统，以圆形收集器为例简介用法。

1. 使用方法

(1) 首先要熟悉仪器外观结构　正面板上从左至右有时间选择旋钮、时间选择紧固螺钉、自动手动选择开关、手动按钮、顺反开关、电源开关及相应指示灯。背面板上有计滴器、记录仪、安全阀、恒流泵、报警器、电源线、保险管等插口。仪器正上方有承接盘、带有试管的拎盘、承接盘的凹槽内置报警探测线路板、立柱上有安全阀及滴头或计滴器探头。用专用接线连好各装置，因各接口电压不尽相同，不可接错。

(2) 调整仪器　首先确定控制方式。如果是用计滴器控制收集体积，把自动手动选择开关置于手动位。若用定时器控制换管，则把自动手动选择开关置自动位。然后在电源关闭情况下旋松时间选择紧固螺钉，旋转时间选择旋钮，使刻线对准盘上所需时间(分钟)，再拧紧紧固螺钉。以下调整按定时情况进行叙述。为了确定首管的正确位置，暂时将自动手动选择开关拨向手动位，顺反开关拨向顺时针位，手指压住手动位按钮不放，此时收集盘开始按顺时针方向连续转动。等听到"嘟、嘟"报警声及闪光后，释放手动按钮。接着把顺反开关拨到反时针位。接下来调整滴头对准外圈第1管，仪器调整完成。首管的定位也可反向进行，此时首管将是内圈第1管，按顺时针方向进行收集。

(3) 收集　自动手动选择开关在手动位时，时间选择开关处于关闭位置，不起作用，此时可用手动按钮控制换管，压1次旋即释放，收集盘向前走1步。如想进行自动收集，只需将自动手动开关拨向自动位，定时器即开始计时，到了设定时间后，安全阀吸合止住管道，收集盘转动换1支收集管。

2. 注意事项

(1) 设置收集时间必须在关闭电源状况下进行操作，首先拧松紧固螺钉，方可拧动时间选择旋钮，然后再拧紧紧固螺钉。不可在螺钉紧固状态下任意旋动时间选择旋钮，也不能在自动运行状态下倒拧时间选择旋钮。时间选择禁置"0位"，因为它表示连续转动。

(2) 收集盘首管(内端或外端)的正确定位是自动收集的关键，否则会造成漏滴或越管收集。

(3) 安全阀的动作距离应仔细调整，否则不是不止流就是吸合过紧管内无液流。

（七）核酸蛋白检测仪

核酸蛋白检测仪是一种在线紫外流动比色计，可对层析柱流出组分的紫外吸收进行跟踪检测。配合使用记录仪，可连续绘出洗脱液中各种组分的出峰图谱。以 8802 型核酸蛋白检测仪为例，简介用法。

1. 使用方法

（1）接好主机、记录仪电源线及二者之间的信号线。

（2）主机进样管接层析柱出口，出样管接部分收集器，管道内不得有气泡。

（3）选择所需波长，量程拨到 100％T 档。

（4）打开主机：打开主机电源开关，指示灯亮。如汞灯不亮，压一下主机背面下方的“汞灯启动”按钮。仪器预热 1 h 左右。

（5）打开记录仪电源开关，指示灯亮。按下 10 mV 按键。

（6）调 100％T：顺时针旋转光量旋钮，使记录仪笔头达 10 mV 满刻度即 100％T。

（7）A 调零：把量程拨到所需 A 档（通常 1A 档），此时记录笔回到零位附近，用 A 调零旋钮准确调零。仪器校好，可以开始启用。

（8）去掉笔帽，压下抬笔杆，按要求压下走纸和纸速按钮，仪器开始记录。

（9）实验结束，抬起抬笔杆，给笔尖带上笔帽，关闭电源。

2. 注意事项

（1）0.2A 以下量程，仪器灵敏度高，易漂移，需预热 4 h 以上，基线才能平直。

（2）更换样品池架时，必须先关闭电源。

（八）电子顶载天平

电子顶载天平是粗天平的更新换代产品，最大载荷 280 g，感量 0.001 g，对使用环境要求不太高，在现代实验室中广泛应用。采用压力传感器进行单盘称量，有称量范围选择开关，最大称量量设 280 g（精度 0.01 g）和 28 g（精度 0.001 g）两档，变换自如。有消除键（TARE），可方便除皮、连续称量。数字显示反应灵敏，一目了然。机后有打印机接口，面板上有打印键（PRINT），对多数样品称量时可自动编号，打印称量结果，免去手工记录数据，准确无误。称量盘上有防风圈，能防止或减弱空气流动对称量造成的影响，所以可以在普通实验室内使用。面板上有水准仪，能方便调整仪器的水平。

3. 使用方法

（1）去掉防尘罩，首先检查称量盘和防风圈内有无撒落的药品，必要时小心取下称量盘、探头和防风圈，清扫干净后重新装好。

(2) 观察仪器是否水平，必要时进行调整。

(3) 根据称样量和盛装容器的重量，将称量范围选择开关拨至适当档位(280 g 或 28 g)。

(4) 插上电源，打开天平左后方的电源开关。显示屏闪烁几次之后出现"0.00"或"0.000"，如有读数，按清除键使回零，初次称量最好预热 10 min。

(5) 将称量瓶(称量纸或小烧杯)轻轻放在称量盘中央。待数值显示稳定后，按消除键扣除皮重使数字显示为 0。然后小心加入被称量物，待数字显示稳定后，即可读数。如不符合要求，可酌情增减。记录称量结果或用打印机自动记录。

(6) 称量完毕，取下被称量物，关闭电源开关，拨下插头。

(7) 检查并做必要的清洁工作，最后盖上防尘罩(布)。

(8) 每个使用者均应在天平使用记录本上登记，记载天平最终状况。

(九) 电子分析天平

德国 Sartorius 电子分析天平结构紧凑，性能优良，最大载荷 200 g，感量 0.1 mg，自动计量，数字显示，操作简便。清除键可方便去皮，适于累计连续称量。

1. 使用方法

(1) 使用天平前，首先清洁称量盘，检查、调整天平的水平。

(2) 接通电源，显示屏左下角显出一个"○"，预热 15 min。

(3) 反时针扭动右侧的开关旋钮，显示屏上很快出现"0.0000"。如果空载时有读数，按一下清除键回零。

(4) 称量：推开天平右侧门，将干燥的称量瓶或小烧杯轻轻放在称量盘中心，关上天平门，待显示平衡后按消除键扣除皮重并显示零点。然后推开天平门往容器中缓缓加入待称量物并观察显示屏，显示平衡后即可记录所称取试样的净重。

(5) 称量完毕，取下被称物。如果不久还要继续使用天平，可暂时不关闭，天平将自动保持零位，或者关闭开关但不拨下电源插头，天平将处于待机状态，此时显示屏上数字消失，左下角出现一个"○"。再次称样时打开开关就可使用。

(6) 如果称量后较长时间内不再使用天平，应拨下电源插头，盖好防尘罩。

2. 注意事项

(1) 被称量物的温度应与室温相同，不得称量过热或有挥发性的试剂，尽量消除引起天平示值变动的因素，如空气流动、温度波动、容器潮湿、振动及操作过猛等。

(2) 开、关天平的停动手钮，开、关侧门，放、取被称物等操作，其动作都要轻、缓，不可用力过猛。

(3) 调零点和读数时必须关闭两个侧门,并完全开启天平。

(4) 使用中如发现天平异常,应及时报告指导教师或实验室工作人员,不得自行拆卸修理。

(5) 称量完毕,应随手关闭天平,并做好天平内外的清洁工作。

(十) pHS-3C 型数字酸度计

pHS-3C 型数字酸度计是较为新式的国产酸度计,可用于 pH 和电动势(mV)测定。由于采用了复合电极和数字显示,使用极为方便。面板上设有温度补偿旋钮、斜率调节旋钮、定位调节旋钮等,使仪器标定十分容易。pH 和 mV 选择旋钮,使得 pH 和 mV 测定实现瞬间转换。

1. 使用方法

(1) 按下电源开关,仪器预热 30 min。

(2) 标定:仪器在连续使用时,每天要标定一次。

① 在测量电极插座处插上复合电极。

② 把选择旋钮调到 pH 档。

③ 调节温度旋钮,使旋钮刻线对准溶液温度值。

④ 把斜率调节旋钮顺时针方向旋到底。

⑤ 把清洗过的复合电极插入 pH 7 标准缓冲液,调节定位旋钮使读数与当时温度条件下中性缓冲液的 pH 值一致(参见本书附录八之 26(4))。

⑥ 取出电极,用蒸馏水清洗后再插入 pH 4 或 pH 9 的标准缓冲液中,调节斜率旋钮到显示当时液温条件下的 pH 值(参见本书附录八之 26(4))。仪器标定完成。

(3) 测量 pH 值　当被测溶液与标准溶液液温相同时,把清洗过的电极浸入被测溶液,用玻棒搅匀溶液后在显示屏上读出溶液的 pH 值。

当被测溶液与标准溶液温度不同时,需将温度调节旋钮调节到实际温度值,此时测出的 pH 值为被测溶液的 pH 值。

2. 注意事项

(1) 电极输入插头应保持清洁干燥。

(2) 缓冲溶液应严格配制,祥见本书附录八之 26(1)～(3)。

(3) 电极球泡应注意保护,防碰、防污。

(十一) pHS-2 型酸度计

1. 仪器安装

按照仪器的要求接上电源。

2. 电极安装

先将玻璃电极和甘汞电极固定在电极夹上，并调整二者使之处于适当的高度，电极插在电极插孔内并固定，新使用或长期不用的玻璃电极用前应在蒸馏水中浸泡活化 48 小时，甘汞电极在使用时应把上面的小橡皮塞和下端橡皮套拔去，以保持液位压差。

3. 校正

如要测量 pH 值，先按下＃7 键，＃5 保持不按下状态，左上角指标灯亮，一般短时间测量，只需预热数分钟，但要保持仪表零点稳定，必须预热 0.5～1 h 以上。然后用标准缓冲液校正仪器：

(1) 测量标准缓冲溶液的温度。

(2) 调节＃11 温度调节器使旋钮指示该温度值。

(3) 将 2＃分档开关放在“6”，调节＃10 使指示在 pH“1”。

(4) 将 2＃分档开关放在校正位置，调节＃3 校正调节器使指针达满刻度。

(5) 将＃2 放在“6”位置，重复检查 pH“1”位置。

(6) 重复(3)、(4)二步骤(调整不能立即进行，须保持半分钟左右稳定后进行)。

(7) 将＃2 放在“6”位置。

4. 定位

(1) 在试杯内放入标准缓冲溶液，按该溶液温度表[附录八之 26(4)]查出在该温度的 pH 值。

(2) 按下读数开关＃5。

(3) 调节定位＃4 使指示在该 pH 值(即＃2 档开关的指示数加表针指示值)。并摇动试杯使指示稳定为止。重复调节＃4 调节器。

5. 测量

(1) 被测溶液温度应与标准溶液温度相同。

(2) 放开读数开关＃5。

(3) 将电极头部用蒸馏水清洗，并用滤纸吸干，将电极移入被测溶液中，并摇动试杯。

(4) 按下读数开关＃5，调节＃2 分档开关使读出指示值，重复数次直至读数稳定为止。此值(分档开关值加表针指示值)即为被测溶液的 pH 值。

（十二）移液器的使用

移液器是生化与分子生物学实验室常用的小件精密设备，移液器能否正确使用，直接关系到实验的准确性与重复性，同时关系到移液器的使用寿命，下面以连续可调的移液器为例说明移液器的使用方法：

移液器由连续可调的机械装置和可替换的吸头组成，不同型号的移液器吸头有所不同，实验室常用的移液器根据最大吸用量有 2μl，10μl，20μl，200μl，1ml，5ml，10ml 等规格。

移液器的正确使用包括以下几个方面：

(1) 根据实验精度选用正确量程的移液器(使用者可根据移液器生产厂家提供的吸量误差表确定)。当取用体积与量程不一致时，可通过稀释液体，增加吸取体积来减少误差。

(2) 移液器的吸量体积调节

移液器调整时，首先调至取用体积的 1/3 处，然后慢慢调至所需刻度，调整过程动作要轻缓，切勿超过最大或最小量程。

(3) 吸量

将吸头套在移液器的吸杆上，有必要可用手辅助套紧，但要防止由此带来的污染，然后将吸量按钮按至第一档(first stop)，将吸嘴垂直插入待取液体中，深度以刚浸没吸头尖端为宜，然后慢慢释放吸量按钮以吸取液体；释放所吸液体时，先将吸头垂直接触在受液容器壁上，慢慢按压吸量按钮至第一档，停留 1～2 秒钟后，按至第二档(second stop)以排出所有液体。

(4) 吸头的更换

性能优良的移液器具有卸载吸头的机械装置，轻按卸载按钮，吸头会自动脱落。

注意事项：

1. 连续可调移液器的取用体积调节要轻缓，严禁超过最大或最小量程；
2. 在移液器吸头中含有液体时禁止将移液器水平放置，平时不用时置移液器架上；
3. 吸取液体时，动作应轻缓，防止液体随气流进入移液器的上部；
4. 在吸取不同的液体时，要更换移液器吸头；
5. 移液器要进行定期校准，一般由专业人员来进行。